A Natural History of Ferns
양치식물의 자연사

A NATURAL HISTORY OF FERNS by Robbin C. Moran

Copyright © 2004 by Robbin C. Moran
All rights reserved.

This Korean edition was published by GEOBOOK in 2010 by arrangement with Timber Press, Portland, Oregon through KCC(Korea Copyright Center Inc.), Seoul.

이 책은 (주)한국저작권센터(KCC)를 통한 저작권자와의 독점계약으로 지오북에서 출간되었습니다.
저작권법에 의해 한국 내에서 보호를 받는 저작물이므로 무단전재와 복제를 금합니다.

A Natural History of Ferns
양치식물의 자연사

로빈 C. 모란 지음 | 김태영 옮김 | 이상태 감수

GEO BOOK 지오북

4 … 양치식물의 자연사

1 공작고사리(*Adiantum pedatum*)는 북아메리카 동부와 동아시아에 자생한다.

2 차꼬리고사리(*Asplenium trichomanes*). 한 종에 2배체(사진), 4배체, 6배체의 염색체를 갖는 품종들이 나타난다.

3 부영양화 된 물속에서 자라고 있는 물부추류(*Isoetes*). 녹조류에 덮여 있다. Carl Taylor 사진.

4 고사리의 전엽체. 갈라진 부분 아래의 검은 점들이 경란기(頸卵器)이다. Gordon Foster 사진.

5 테일러처녀이끼(*Hymenophyllum tayloriae*)의 배우자체(gametophyte). 가장자리를 따라 생성된 무성아. 무성생식의 수단이 된다. Donald R. Farrar 사진.

6 코스타리카의 엘라포그로숨 호프만니(*Elaphoglossum hoffmannii*). 채광성으로 남청색에서 녹색까지 색조의 변화를 보여준다. Mauricio Bonifacino 사진.

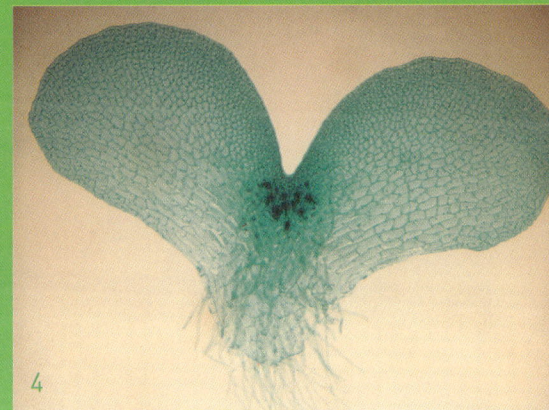

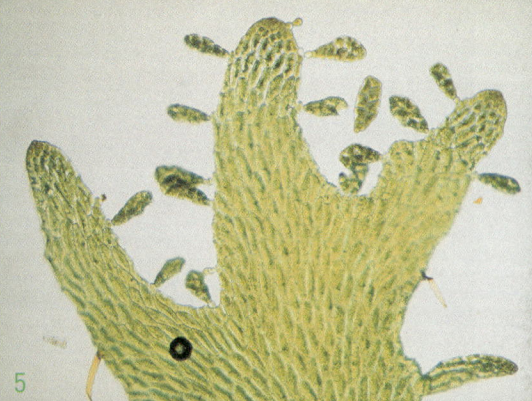

7 새둥지고사리(*Asplenium nidus*)의 원예품종인 라자냐고사리.

8 안데스 산맥 빠라모 지역의 특징적인 고사리 제임소니아속(*Jamesonia*). 에콰도르의 키토 지역에서 식물채집을 했던 스코틀랜드의 식물학자 윌리엄 제임손(1796~1873)의 이름에서 유래한다. John T. Mickel 사진.

9 코스타리카에 자생하는 석송류 탈라만카나석송(*Huperzia talamancana*). 엽액 사이의 노란 부분이 포자낭이다. Mauricio Bonifacino 사진.

10 북아메리카 동부에 자생하는 북미거미고사리(*Asplenium rhizophyllum*). 동아시아에 자생하는 거미고사리의 근연종이다.

11 대만에서 촬영한 디프테리스 콘주가타(*Dipteris conjugata*). 과거 중생대 동안에는 이 종의 근연종들이 지구상에 광범위하게 번성하고 있었다.
S. J. Moore 사진.

12 멕시코에서 시판 중인 나무고사리 줄기로 만든 공예품. 받침대의 구멍은 나무고사리 덮개뿌리(root mantle) 속에 줄기가 차 있던 부분이다.
Blanca Pérez-Garcia 사진.

13 콜롬비아의 나무고사리 키아테아(*Cyathea*)의 일종.
Bill McKnight 사진.

10 ··· 양치식물의 자연사

A Natural History of FERNS ··· 11

14 수분이 충분할 때의 비늘미역고사리(*Pleopeltis polypodioides*). John T. Mickel 사진.

15 건조할 때의 비늘미역고사리

16 코스타리카 원산인 미역고사리류(*Polypodium*)의 포자낭군. 고란초과(Polypodiaceae)의 식물들은 포막이 없고 포자가 노란색을 띤다.

12 ··· 양치식물의 자연사

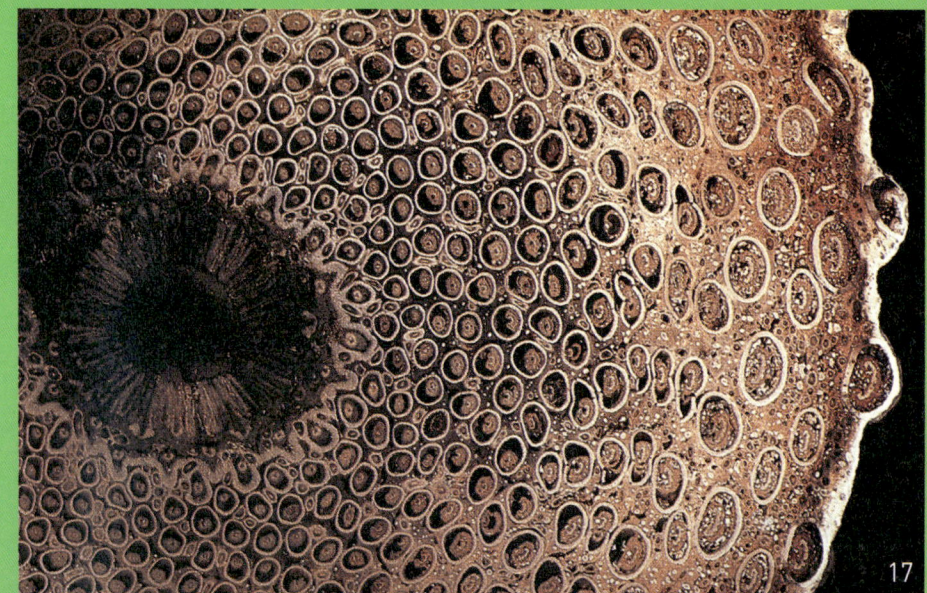

17

18

17 태즈메이니아에서 출토된 페름기 팔레오스문다
(*Palaeosmunda*)의 수간(樹幹) 화석. 중앙의 검은
부분이 줄기이고, 주변에 무수히 퍼진 작은 원들은
줄기를 감쌌던 엽적(葉跡)들이다. White(1986). James
Frazier 사진.

18 태국에서 자생하는 채광성 양치식물 윌데노부처손
(*Selaginella willdenowii*).

19 말레이시아에 자생하는 마토니아 펙티나타
(*Matonia pectinata*). 중생대 대부분의 시기 동안
지금은 멸종하고 없는 이 양치류의 근연종들이 전
세계에 퍼져 있었다. S. J. Moore 사진.

20 멕시코에 자생하는 납작솔잎란(*Psilotum complanatum*). John T. Mickel 사진.

14 … 양치식물의 자연사

21

22

23

A Natural History of FERNS ··· 15

21 몰레스타생이가래(*Salvinia molesta*)가 밀생하는 모습. S. J. Moore 사진.

22 몰레스타생이가래의 물속 잎. 뿌리 같은 열편과 흰색의 둥근 포자낭과를 달고 있다. S. J. Moore 사진.

23 몰레스타생이가래가 퍼져 자라는 모습. S. J. Moore 사진.

24 참새발고사리(*Athyrium filixfemina*)의 전엽체와 첫 번째 잎(연두색의 갈라진 열편을 보여줌). Gordon Foster 사진.

25 코스타리카의 감자고사리(*Solanopteris brunei*). 개미들이 거주하는 괴경 내부의 빈 공간을 보려고 괴경의 단면을 잘랐다.

26 플로리다의 야자나무 엽액에서 자라는 구두끈일엽아재비(*Vittaria lineata*).

양치식물의 자연사

한국어판서문 Preface to Korean Edition

　　1998년 1월 한국 제주도의 한 습지에서 주목할 만한 고사리가 발견되었다. 제주대학교의 식물학자 김문홍 박사에 의해 채집되었는데 나중에 이 식물은 새로운 종일 뿐 아니라 새로운 속屬 식물로 공인을 받게 되었다. 근래에는 이 고사리처럼 다른 종들과 생김새가 확연하게 다른 양치류를 새로이 발견하는 일이 매우 드물기 때문에 이 고사리는 아예 새로운 제주고사리삼속屬으로 등재되었다. 이 식물은 전북대의 선병윤 박사, 제주대 김문홍 박사 외 발표자들에 의하여 제주고사리삼(*Mankyua chejuense*)이라는 학명이 붙여졌다.

　　이와 같은 라틴어 학명은 세계 각지의 학자들 간에 해당 식물에 대한 정확한 정보를 교류하는데 있어 대단히 중요하기는 하지만, 단순히 학명만으로는 식물의 생태에 대해서 알 수 있는 것이 없다. 제주고사리삼 역시 생태계에서의 역할이 어떠한지에 대하여 다양한 의문을 제기할 수 있을 것이다. 가령, 포자를 방출하는 시기는 언제이며 전엽체는 어떻게 생겼는가? 주요 번식 방식이 포자를 통한 것일까 아니면 뿌리로 번식하는가? 혹시 제주고사리삼을 먹고 사는 동물은 없을까? 왜 하필이면 마른 땅이 아닌 습지에서만 서식하는 것일까? 식물의 뿌리가 다른 여러 양치류처럼 균류와 공생관계를 맺고 있을까? 제주고사리삼과 가장 가까운 근연종은 무엇일까? 제주도 이외 한국 국내 또는 아시아의 다른 지역에 분포하지는 않을까? 어떻게 지금과 같은 서식 분포를 띠게 되었을까? 유감스럽게도 아직 우리는 이러한 질문들에 대하여 거의 아는 바가 없다.

그런데 시중에 나와 있는 대다수의 양치류 관련 서적들은 주로 식물 종의 동정 문제를 다룰 뿐, 생태와 관련된 문제들은 별로 논의되지 않는 경향이다. 양치류의 동정에 관한 안내서도 물론 필요하기는 하다. 필자 역시 뉴잉글랜드 지방과 중앙아메리카의 양치류 동정에 대한 2권의 도감을 저술한 바 있다.

『양치식물의 자연사 A Natural History of Ferns』는 고사리들이 자연속에서 어떻게 살아가고 있는지를 다루고 있는 책이라는 점에서 다른 양치류 서적들과 차이가 있다. 이 책은 양치류의 동정 문제뿐 아니라, 양치류가 자연에서 어떻게 생장하고 번식하며 진화해왔는지, 그리고 사람들에 의해 어떻게 이용되고 있는지 등에 대해 보다 폭넓게 알고자 하는 사람들을 위한 안내서이다.

한마디로, 『양치식물의 자연사』는 고사리의 생태를 다룬 책이라고 할 수 있을 것이다. 이 책은 전문가들이 아닌 학생들과 일반 독자들을 위해 집필되었기 때문에 제목에도 지나치게 학구적인 인상을 주는 '생태학'이라는 용어 대신 '자연사'라는 표현을 선택하였다. 생각컨대 '생태학'에 여러 가지 흥미로운 일화들이 첨가되어 보다 더 독자들의 흥미를 자아낼 수 있다면 '자연사'라는 명칭을 써도 무방하지 않을까.

『양치식물의 자연사』의 한국어판은 옮긴이 김태영씨의 노고와 열의

가 없이는 불가능했다. 전문적인 식물학 관련 학술용어들은 번역하기가 만만치 않았을 텐데도 김태영씨는 영어 원서를 바탕으로 세심하고 철저하게 번역을 해주었다. 이 자리를 빌어 책을 출간하는데 있어 열정과 수고를 아끼지 않은 옮긴이에게 감사드린다. 또한 필자의 저서를 높이 평가하여 출판을 결정해준 지오북에게도 감사의 뜻을 전한다. 이 책을 통해 이 매력적인 식물군 양치류에 대한 대중의 관심과 이해가 더욱 커지기를 기대해본다.

2008년 4월 14일
뉴욕식물원 로빈 C. 모란

서문 foreword

올리버 색스 Oliver Sacks*

책이란 무릇 실제적인 사례들로 구성되어야 한다고 비트겐슈타인은 말한 바 있다. 『양치식물의 자연사』가 바로 그런 책이다. 이 책은 모란 박사가 양치식물에 대해서 쓴, 33꼭지의 흥미진진하면서도 깊이 있는 에세이들로 이루어져 있다. 세계적인 양치식물 전문가이자 뉴욕식물원의 큐레이터인 지은이가 탁월한 저술가이기도 하다는 점은 독자들에겐 대단한 행운이다. 이 책은 식물학자나 전공자뿐만 아니라 일반인들도 쉽게 이해할 수 있도록 씌어져 있다.

책의 상당 부분은 이 책을 통해 처음 발표되는 것이며, 그 외에 미국 양치식물학회에서 양치식물 애호가들을 위해 발행하고 있는 학술지 「피들헤드 포럼 Fiddlehead Forum」에 실었던 글들을 모아 내용을 보태고 다듬은 것들도 있다. 「피들헤드 포럼」의 독자들은 모란 박사가 다음 호에는 어떤 주제로 글을 쓸 것인지 짐작하기조차 힘들다. 어느 달에는 전설적인 스키타이의 양¥에 대한 글이 나오는가 하면, 그 다음달에는 고사리 새순에 나타나는 나선구조의 로가리듬 logarithm에 관한 글이 실리기 때문이다. 그의 글들은 양치식물의 세계에 대해 끊임없이 독자들의 흥미를 북돋운다. 그의 글에는 깊이 있는 학술적인 내용과 개인적인 경험담이 아무런 어색함 없이 자연스레 결합되어 있기 때문이다. 모란 박사는 고사리뿐만

올리버 색스 Oliver Sacks : 신경학 전문의이자 작가이며 미국 알버트 아인슈타인 의과대학의 신경학 교수이다. 1985년 『아내를 모자로 착각한 남자』로 세계적 명성을 얻었으며 『소생』, 『뮤지코필리아』, 『색맹의 섬』 외 다수의 저서가 있다. 식물원 산책을 즐기고 멕시코로 식물탐사여행을 다녀왔으며 양치식물 정원을 가지고 있다.

아니라 다방면에 관심을 갖고 있는데, 작고한 스티븐 제이 굴드 Stephen Jay Gould 교수처럼 그 역시 어떤 주제든 간에 그것을 흥미진진하게 풀어 쓰는 재능을 지니고 있다.

이 책에 실린 에세이들은 모두 그 자체로 독립된 글이므로 아무 곳이나 펼쳐서 읽더라도 무방하다. 동시에 각각의 글들은 서로 긴밀하게 관련되어 있다. 전체적으로 보면 고사리의 생활환, 고사리의 분류, 고사리의 3억 년에 걸친 진화역사, 고사리의 적응을 위한 특수한 형태, 고사리의 지리적 분포와 생태, 인류사회에서의 이용과 역할 등 6개의 큰 주제로 나누어져 있다. 『양치식물의 자연사』는 양치식물의 개괄적인 역사, 압도적인 매력과 아름다움 그리고 이 세계에서 양치식물이 차지하는 위치에 대해서, 그 어느 식물학 서적이나 분류학 논문보다도 훨씬 더 생생하게 전달하고 있다.

독자들은 이 책을 통해 지은이와 함께 수많은 곳을 누비게 된다: 볼리비아의 라빠스와 베네수엘라의 테푸이스, 매년 여름 지은이가 강의와 연구를 하고 있는 코스타리카, 차茶를 만들기 위해 나도고사리삼을 채취하는 할머니를 만난 대만, 석탄기의 거대한 인목류의 근연인 물부추를 찾으러 떠난 유틀란트 반도의 칼가르드 호수 등 지은이의 여정은 끝을 모른다.

또한 오랜 과거의 시간을 넘나들며 고사리 여행을 떠나기도 한다. 인편으로 싸인 거대한 인목류(鱗木類; lepidodendrids)에 대한 이야기는 너무나 생생해서 마치 석탄기 늪지가 광활하게 펼쳐졌던 모습을 직접 보고 있는 듯하다. 페름기로 접어들면 기후가 건조해지면서 석탄기 동안 무성했던 식물들이 점차 소멸해 가는 것을 알게 된다. 그리고 다시 중생대가 되면 디프테리스과와 마토니아과의 양치류들이 대초원을 이루고 있는 장관과 마주치게 된다. 이후 양치류는 현화식물들과 큰키나무들이 등장하면서 숲의 아래 부분에 햇빛이 차단됨에 따라 거의 멸종의 길을 걷게 된다. 중생대가 끝나갈 무렵의 백악기에 접어들면, 드디어 고사리 세계의 '포유류'라고 할 수 있는 고란초과가 생겨나 진화해 가는 것을 볼 수 있다. 마지막으로 지금으로부터 6,500만 년 전 지구상에 생물 종들의 비극적인 대멸종 이후 고사리들이 황폐한 땅에 다시 정착하게 되면서 나타난, 저 유명한 '양치류 스파이크 fern spike'도 이 시간여행을 통해 확인할 수 있다.

책의 어느 곳을 펼쳐 보더라도 지은이가 그동안 열정을 가지고 해온 현지 조사와 연구를 통해 얻은 심오한 지식들이 잘 드러나 있다. 또한 윌슨 E. O. Wilson이 생명애生命愛; biophilia라고 규정했던, 자연계의 모든 동식물의 존재와 삶에 대한 애정이 그의 글 속에 고스란히 녹아 있다. DNA 분석에 의해 혁신적으로 바뀐 최근의 식물 분류체계를 소개하면서 모란 박사는 이렇게 말한다. "요즘처럼 계통분류학을 연구하는 일이 흥미로운 때도 없었다."

한편, 고사리라고 하면 사람들은 흔히 잎이 넓게 펼쳐진 우아한 식물만을 연상할 뿐, 고사리의 생활환 중 눈에 잘 띄지 않는 작은 우산이끼 모양의 배우자체配偶子體; gametophyte에 대해서는 거의 주의를 기울이지 않는 경향이 있다. 대중들로부터 별다른 관심을 끌지 못하는 이 배우자체들을 비중 있게 소개하고 있다는 것이 이 책이 갖는 매력들 중 하나다. 모란 박사는 이 작은 배우자체에 매료된 나머지 트리코마네스속(Trichomanes)의 배우자체를 '초록색을 띤 강철솜 패드', 그리고 애팔래치아일엽아재비의 배우자체를 '잘게 다진 양상추' 식의 친근한 모습으로 비유하고 있다.

사실 이런 배우자체들은 훈련되지 않은 일반인의 눈으로는 찾기가 거의 불가능하다. 모란 박사 역시 자신의 학창 시절 독립배우자체가 많다고 알려진 곳을 2년 동안 뒤져도 단 하나도 찾지 못했다고 한다. 후에 도서관에서 자료를 찾고 표본을 확인하고 난 뒤 그가 이전에 샅샅이 뒤지고 다녔던 장소에서 무수하게 많은 독립배우자체들을 발견했던 경험을 술회하고 있다. 이처럼 『양치식물의 자연사』에서는 지은이가 처음에는 같은 종류라고 확인할 수 없었던 고사리라든지, 또는 생태 메커니즘을 정확하게 이해하지 못한 데에서 비롯한 과거의 실패담을 솔직하게 토로하고 있다.

하지만 이러한 착오와 이해 부족이야말로 학자에게는 올바른 연구와 깨우침을 위한 훌륭한 자극제가 되어 줄 것이라 생각한다. 직접적인 관찰 또는 개인적인 체험은 언제나 학구적인 연구의 자극제가 된다. 물부추의 뿌리에 엉겨 붙은 철분을 함유한 붉은색 진흙을 특이하다고 본 것도 그렇고, 건조기에 바싹 말린 비늘미역고사리의 잎이 비가 내리면 아무런 손상 없이 다시 펴지는 모습을 신기하게 관찰한 것도 마찬가지이다. 또 전기톱을 망가뜨릴 정도로 억세기 짝이 없는 나무고사리의 줄기 이야기도 빼놓을 수 없다. 이렇게 개인적 체험을 통해 의문을 품게 되면서 그것에 자극 받아 연구에 착수하게 되고, 여러 실험과 조사를 통해 마침내 과학적 결론에 도달하게 되는 것이다.

그러므로 각각의 에세이 속에는 진리를 규명하기 위해 떠나는 지은이의 정신적인 모험담이 깃들어 있다. 바로 이런 점에서 이 책이 단순히 자연사의 근간을 이루는 문제에 대하여 열정적이고 상세하게 기술한 글이라는 차원을 넘어 보다 깊은 깨달음을 성취하기 위한 보편적인 패턴과 메커니즘을 모색하고 있다고 할 수 있다. 『양치식물의 자연사』는 탁월한 과학서적일 뿐 아니라 우리 시대의 대표적인 식물학자의 안내를 따라 새롭고 신기한 세계를 찾아 나서는 즐거운 모험담이기도 하다. 양치식물 애호가라면 그 누구에게든 이 책이 지적이고 매혹적이면서, 또한 아름다운 동반자가 되어 주리라 믿는다.

지은이서문 preface

우선 한 가지 고백하고 넘어갈 것이 있다. 다름 아니라 'A Natural History of Ferns'라는 책의 제목이 아주 정확한 것만은 아니라는 것이다. 이 책은 '고사리(ferns)'에 대한 책이기는 하지만, 고사리류처럼 관다발조직이 있고 포자로 번식하는 석송류(lycophyte)의 식물들도 함께 다루고 있다. 석송류는 석송속(*Lycopodium*), 다람쥐꼬리속(*Huperzia*), 물석송속(*Lycopodiella*), 필로그로숨속(*Phylloglossum*), 그리고 부처손속(*Selaginella*)과 물부추속(*Isoetes*) 등의 식물들로 구성되어 있다. 고사리류와 석송류는 둘 다 모두 포자로 번식할뿐더러 생활환도 닮은 구석이 있기 때문에 종자식물과 구분하기 위하여 이들을 한데 묶어 '양치식물(pteridophytes)'로 총칭하기도 한다. 이런 이유로 제목에 'fern'이라는 용어 대신 'pteridophytes'라는 용어를 쓸까 고민을 하기도 했다. 하지만 'A Natural History of Pteridophytes'라는 생소한 제목을 보고서 누가 선뜻 책을 구입하겠는가?

이 책은 양치식물에 대한 필드가이드가 아니다. 양치식물의 식별을 위한 필드가이드북이라면 이미 시중에 많이 나와 있다. 이 책은 오히려 필드가이드북에서 다루지 못하는 양치식물의 생태-이 식물들이 어떻게 자라서 번식하는지, 또한 환경에 어떻게 적응하며 진화해 가는지-에 대해서 고찰하고 있다. 이 책에서는 양치식물이 야생에서 환경과 상호작용하며 살아가는 생태와 화석 기록으로 본 과거의 모습이 어떠했는지를 살펴보는 데 중점을 두었다. 또한 양치식물이 사람들의 생활에 어떻게 영향을 미치고 있는지를 보여주는 사례들도 적어 놓았다.

아무쪼록 이 책이 양치식물 전문가들뿐만 아니라 일반 독자들에게도 흥미를 불러일으킬 수 있기를 바란다. 이 책은, 여러 분야의 식물학 관련 문헌들 속에 산재해 있어 전문가조차도 검색이 쉽지 않은 다양한 정보들을 한데 모아 정리했다는 데 그 의의가 있다. 생물학의 기초 과정을 이수한 수준 정도라면 누구든 이 책을 읽고 이해하는 데 큰 어려움은 없을 것이다. 아울러 식물학에 대한 배경지식이 전혀 없는 독자들을 위해 익숙하지 않은 학술용어들은 처음 나오는 부분에서 개념에 대한 정의를 간략하게 설명해 놓았다.

이 책에 실린 글들은 원래 미국양치식물학회의 기관지인 「피들헤드 포럼 Fiddlehead Forum」에 실렸던 것들이 많다. 또 13장은 원래 영국양치식물학회의 기관지인 「양치식물학자 Pteridologist」에 기고했던 글이다. 이 원고들을 기본 텍스트로 한 다음, 여기에 최신 연구 성과들을 반영하여 그 내용을 증보하고 때론 대폭적으로 개정해, 마침내 이 한 권의 책으로 묶어 내놓게 되었다.

감사의 말 Acknowledgments

이 책을 쓰는 데 많은 분들의 도움을 얻었다. 만일 그분들의 지원 없이 나 혼자 책을 써야 했다면 그 결과가 얼마나 빈약해졌을지 실감하지 않을 수 없다. 「피들헤드 포럼」의 편집자들인 John Mickel, Carol Mickel, Cindy Johnson-Groh는 원고의 감수와 편집을 도와주었다. 또한 이 책을 쓰도록 격려를 아끼지 않은 Oliver Sacks와 Kenneth R. Wilson에게도 감사의 마음을 전하고 싶다.

이 책에는 많은 삽화들이 실려 있다. 삽화의 상당수를 그려준 Haruto M. Fukuda 씨에게도 감사를 드리고 싶다. 책 속에서 별도의 출처를 달지 않은 삽화들은 모두 Fukuda 씨의 작품임을 다시금 밝혀 둔다.

또 세계 각지의 여러 동료들이 양치식물에 대한 그들의 지식을 공유하도록 허락해 주었고, 이 책의 내용에 대한 감수를 해주었다. 그들의 아낌없는 협조와 도움에 깊이 감사를 드리고 싶다: Brad Boyle(열대생태학), Gillian Cooper-Driver(Pteridium, 양치류의 생화학적 연구), Peter Crane(고식물학), John Earl(네가래속, 티아민 분해효소), Joseph Ewan(식물학의 역사), Donald Farrar(독립배우자체; independent gametophytes), Else Marie Friis(고식물학), Luis Gómez(양치식물), Judy Garrison Hanks(포자), Jim Harbison(박막간섭), Cindy Johnson-Groh(양치식물), Paul Kenrick(고식물학), Johanna H. A. van Konijnenburg-van Cittert(화석 디프테리스과와 마토니아과), Cheng-meng Kuo(대만의 양치식물), Thomas Lammers(섬생

물지리학, 후안페르난데스 제도), David Lee(채광성 고사리), David Lellinger (양치식물), Carol Mickel(편집), John Mickel(양치식물), John Milburn(포자낭의 열개와 공동화 현상), Cirri Moran(편집), Scott Mori(열대생물학), Michael Nee(종자식물), Benjamin Øllgaard(양치식물, 특히 석송과), James Peck(양치류 생태학), Tom Ranker(교잡, 배수성), Erika Rohrbach(편집), Peter Room(*Salvinia molesta*, 생물학적 방제), Oliver Sacks(소철, 양치류, 식물학의 역사), Judith Skog(고식물학), Alan Smith(양치류 계통분류학, 생물지리학), Elizabeth Socolow(양치류, 셰익스피어), Brian Sorrell(물부추의 생리학 및 생태학적 연구), Dennis Stevenson(양치식물 계통분류학), Tod Stuessy(섬생물지리학, 후안페르난데스 제도), Michael Sundue(양치류 분류학), W. Carl Taylor (물부추), Barry Thomas(고식물학), Hanna Tuomisto(열대성 양치류 생태학), Florence Wagner(양치식물), Warren H. Wagner, Jr.(양치식물), Paul Wolf (고사리 분자계통분류학), George Yatskievych(양치식물).

아울러 이처럼 좋은 책이 출판될 수 있게 된 것은 전적으로 출판사인 팀버 프레스Timber Press의 역량 덕분이다. 마지막으로, 미국양치식물학회의 뉴욕지부 회원들에게 감사를 드리고 싶다. 10월에서 5월 사이에 뉴욕식물원에서 개최되는 월례모임에서 본인이 이 책의 일부 내용을 발표할 수 있었기에 책에 대한 구상을 보다 구체적으로 다듬을 수 있었다. 식물 전반에 대한 회원들의 열정과 깊은 관심이 본인에게 정말 큰 도움이 되었음을 밝히고 싶다.

Contents

한국어판 서문..........18
서문 _ 올리버 색스 Oliver Sacks..........21
지은이 서문..........26
감사의 말..........28

양치식물의 생활환 _____ 33

01 • 고사리의 씨앗을 찾아서..........34
02 • 포자는 어떻게 퍼뜨릴까..........46
03 • 포자 이야기..........54
04 • 무수정생식의 혁명..........63
05 • 또 다른 생존전략, 무성아 번식..........69
06 • 진화의 메커니즘, 잡종형성과 배수성..........82

양치식물의 분류 _____ 91

07 • 잘못된 이름, 고사리 근친군..........92
08 • 진화적 계통으로 본 고사리류..........106
09 • 재미있는 속명의 유래..........123
10 • 영화 속에서..........137

양치식물의 화석 _____ 145

11 • 석탄기의 거인들..........146
12 • 거대한 속새의 속삭임..........156
13 • 중생대 최후의 생존자..........164
14 • 고사리류 스파이크..........171
15 • 고사리의 나이는 얼마나 될까?..........176

양치식물의 적응력 ____ 185

16 • 감자를 닮은 고사리..........186
17 • 나무가 되어버린 고사리들..........192
18 • 채광성고사리의 현란한 생태..........200
19 • 인편은 어떤 구실을 할까..........208
20 • 물부추의 생존전략..........215
21 • 독살자 고사리..........222
22 • 불가사의한 나선 '스피라 미라빌리스'..........230

양치식물의 지리적 분포 ____ 237

23 • 로빈슨 크루소의 고사리..........238
24 • 양치류를 통해 본 북미-아시아 관계..........248
25 • '잃어버린 세계'의 고사리..........257
26 • 고사리, 손전등 그리고 제3기의 숲..........265
27 • 열대지방의 종 다양성..........274

양치식물과 사람들 ____ 283

28 • 나도고사리삼 차..........284
29 • 생이가래의 무서운 번식력..........290
30 • 물개구리밥은 작은 질소공장..........301
31 • 죽음을 부른 날두빵..........310
32 • 빅토리아시대 고사리 열풍..........318
33 • 타타르의 식물양(植物羊)..........328

용어해설..........338
참고문헌..........342
찾아보기-가나다순..........350
찾아보기-ABC순..........358
옮긴이 후기..........364
감수자 후기..........366

The Life C

The Life Cycle of Ferns

cle of Ferns
양치식물의 생활환

- 01 _고사리의 씨앗을 찾아서
- 02 _포자는 어떻게 퍼뜨릴까
- 03 _포자 이야기
- 04 _무수정생식의 혁명
- 05 _또 다른 생존전략, 무성아 번식
- 06 _진화의 메커니즘, 잡종형성과 배수성

01 고사리의 씨앗을 찾아서

윌리엄 셰익스피어의 희곡 『헨리 4세』에는 주요 등장인물인 팔스타프, 할 왕자, 포인즈가 야밤에 런던으로 가는 어느 부유한 상인을 털기로 함께 모의하는 장면이 나온다. 그런데 강도질을 하는 데 도움이 필요했기 때문에 팔스타프의 심복 하나가 다른 도둑에게 다음과 같이 거사에 가담하도록 설득한다.

"절대적으로 안전하게 훔칠 수 있다네. 우린 고사리 씨앗을 지니고 있어 눈에 띄지 않게 다닐 수 있으니까."

"글쎄, 내가 보기엔 그대들은 고사리 씨앗 때문이라기보다는 밤이니까 모습을 숨길 수 있으리라 기대하는 것 같은데."

― 2막 1장 ―

도둑들이 고사리 씨앗이라고 한 것은 도대체 무슨 뜻일까? 식물학에 대한 기본적인 소양을 갖춘 이라면 누구나 고사리에는 씨앗이 없다는 것을 익히 알고 있지 않은가? 고사리는 씨앗이 아닌 미세한 먼지 같은 포자에 의해 번식하는 식물이다. 그렇다면 셰익스피어 시대의 사람들은 고사리에 씨앗이 있다고 믿었다는 말일까? 그리고 '눈에 띄지 않게' 다닌다는 것은 도대체 무슨 말일까?

셰익스피어가 『헨리 4세』를 완성하여 초연했던 1597년에는 고사리도 씨앗이 있다는 것이 일반적인 상식이었다. 물론 실제로 고사리의 씨앗을 본 사람은 아무도 없었다. 하지만 식물이라면 어떻게 씨앗 없이 번식할 수 있단 말인가. 그러므로 고사리도 당연히 씨앗이 있음이 틀림없다는 것이 당시 사람들의 사고방식이었다.

"모든 식물들이 씨앗이 있을 것이라는 사람들의 견해는 대단히 합당한 추론에 근거를 두고 있다." 이것은 1694년에 프랑스의 저명한 식물학자인 투르느포르Joseph Pitton de Tournefort가 남긴 말이다.

문제는 이러한 추론이 때로는 지나치게 멀리 가버린다는 것이다. 초기의 식물학자들은 아무도 고사리의 씨앗을 본 사람이 없으므로 고사리의 씨앗은 사람 눈에 보이지 않는다고 주장했다. 심지어는 고사리의 씨앗을 몸에 지닌 사람들 역시 모습을 감출 수 있다고 주장하기에 이르렀다. 또한 고사리의 씨앗을 채취하는 방법에 대해서도 구체적으로 설명하고 있다. 이 주장에 따르면, 고사리는 일 년에 딱 한 차례, 연중 밤이 가장 짧은 성 요한 축일Midsummer's Day; 6월 24일 전날 밤에만 씨앗을 떨어뜨린다. 이때 고사리 잎 아래에 백랍으로 만든 접시 열두 장을 층층이 쌓아두면 고사리의 씨앗이 열한 개의 접시를 통과해서 마지막 열두 번째 접시 위에 멈춘다는 것이다. 하지만 이렇게 했음에도 고사리의 씨앗을 얻지 못하는 이유는, 일 년 중 그날 하룻밤만 자유롭게 나다니는 짓궂은 요정들과 도깨비들이 씨앗이 떨어지는 순간 그것을 허공에서 가로채기 때문이라고 하였다. 셰익스피어의 『한여름 밤의 꿈』에서 요정의 왕인 오베론과 그의 부하 퍼크가 벌이고 다녔던 장난질처럼 말이다.

물론 사람들이 모두 다 고사리 씨앗의 마법을 믿었던 것은 아니다. 그럼에도 고사리가 씨앗이 있다는 믿음 자체에는 아무런 의문의 여지가 없었다. 문제는 과연 무엇이 고사리의 씨앗이냐 하는 것이었다. 초기 식물학자들 중 대다수는 고사리 잎 뒷면의 검은 점이나 줄무늬포자낭균에서 발출되는 먼짓가루가 씨앗이라고 생각했다.그림 2, 화보사진 16 반면에 이 먼짓가루가 씨앗이 아니라 식물체 어딘가에 있는 자성기관female organ을 수정시키는 역할을 하는 꽃가루 같은 것이라고 믿었던 식물학자들도 있었다.

    고사리에서 나오는 이 먼짓가루를 최초로 과학적으로 규명하고자 했던 사람은 이탈리아의 해부학자인 마르첼로 말피기Marcello Malpighi였다. 그는 1600년대 후반, 고사리 잎 뒷면에 있는 정체 모를 검은 반점(또는 줄무늬)을 현미경으로 관찰하였다. 이를 통해 그는 이 반점(또는 줄무늬)들이 무수한 수의 작은 구체球體;포자낭들이 한데 모여 이루어진 것이며, 각각의 구체마다 마디가 진 두툼한 띠환대로 둘러싸여 있음을 확인하였다.그림 1 바로 이 작은 구체 안에 먼짓가루 같은 것이 들어차 있는데, 각각의 가루는 둥글거나 콩 모양을 하고 있었다. 그는 이 먼짓가루들이 투석기投石器같이 작동하는 환대에 의해 구체 밖으로 튕겨져 나가는 모습에 주목했다. 이후 반세기가 지나서 영국의 현미경 학자인 느헤미야 그루Nehemiah Grew가 이 현상을 재확인한 뒤 보다 상세하게 기록했다. 하지만 이 먼짓가루가 꽃가루나 씨앗 어느

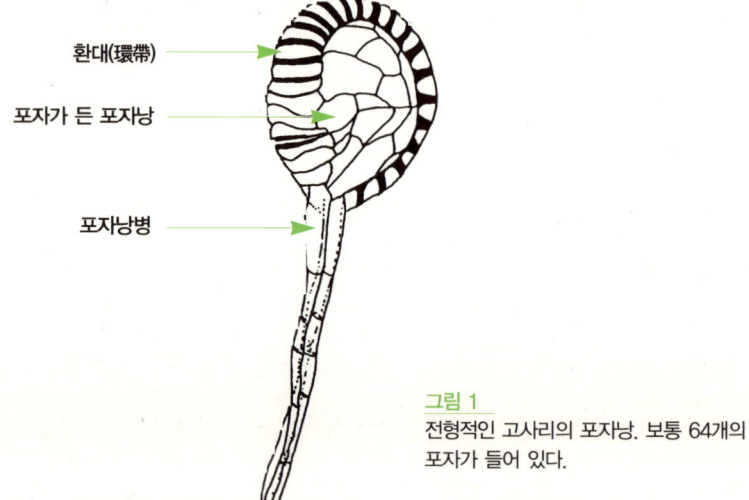

그림 1
전형적인 고사리의 포자낭. 보통 64개의 포자가 들어 있다.

그림 2

고사리의 포자낭군. ❶ 가시나무고사리(*Dryopteris carthusiana*), 각각의 포자낭군이 포자낭을 보호하는 얇은 포막으로 덮여 있다. ❷ 좀미역고사리(*Polypodium virginianum*), 포막이 없다. ❸ 북미거미고사리(*Asplenium rhizophyllum*), 포자낭은 맥을 따라 선형으로 달린다. 얇은 막질의 포막이 수축하며 성숙한 포자낭에 의해 밀려나고 있다. ❹ 공작고사리(*Adiantum pedatum*), 잎의 가장자리가 말려 위포막(false indusium)을 형성하고 있다.

쪽에 상응하는 것인지에 대한 의문은 여전히 풀리지 않았다.

    심지어 스웨덴의 위대한 식물학자 칼 린네Carl Linnaeus마저도 고사리에서 나온 가루의 정체에 대해 혼란을 겪고 있었다. 그는 1737년 스위스의 식물학자인 할러Albrecht von Haller에게 보낸 편지에서 "이 먼짓가루를 현미경으로 들여다보면 다른 식물들의 꽃가루와 정확히 일치하고 있다."라고 했다. 그러나 불과 한 달 뒤에 쓴 편지에서는 "나는 불완전식물군imperfect tribes of plants; 이끼류와 양치류에 대해서는 아무것도 모르겠네. 내가 본 것이 씨앗인지 꽃가루인지 모르겠다는 사실을 실토해야만 할 것 같네."라고 토로하고 있다. 하지만 그는 1751년 이 먼짓가루가 다름 아닌 고사리의 씨앗이라고 주장했다. 이렇게 생각이 오락가락했지만 린네도 한 가지 사실만은 굳게 믿고 있었다: 즉, 고사리도 씨앗이 있다는 것이다.

    이런 불확실성은 1794년 영국의 외과의사인 존 린제이John Lindsay가 고사리가 이 먼짓가루로부터 번식한다는 사실을 최초로 입증할 때까지 지속되었다. 그는 자메이카에 체류하던 당시, 비가 온 후에 뒤집힌 새 토양 위에서 어린 고사리가 수북하게 돋아나는 것을 보면서 이 사실을 발견하였다. 그는 고사리의 씨앗을 찾을 수 있으리라는 기대를 가지고 그 토양을 현미경으로 관찰하였지만, 결과는 역시 실패로 끝나고 말았다. 하지만 이에 굴하지 않고 그는 채취한 먼짓가루들을 흙 위에 직접 뿌려 보기로 작정하였다. (무슨 이유에서인지 고사리의 전엽체들은 나출된 지 3년이 넘지 않는 토양 위에서 무성하게 번성하는 습성이 있다. 물론 나출된 토양 위에서는 다른 식물들과 섞이지 않으므로 전엽체를 찾기도 쉽다. 하지만 새로 나출된 토양에는 전엽체의 성장을 촉진하는 그 무언가가 있는 것 같다. 나출된 토양도 시간이 지나면서 이끼류나 풀 따위의 다른 식물들을 제거해 준다 하더라도 고사리 전엽체 수가 점점 감소하게 된다. 고사리의 전엽체를 자생지에서 찾으려면 길가나 나무 밑동, 흙이 무너져 내린 곳과 같이 토양이 새로이 나출된 주변을 뒤져봐야 한다.)

린제이는 인근의 고사리에서 먼짓가루^{粉子}를 채취한 다음 이를 화분 속 흙 위에 뿌렸다. 그런 다음 이 화분을 그의 방 창가에 놓아두고 매일 물을 주면서 1~2일 간격으로 흙의 일부를 현미경으로 관찰하였다. 1794년 그는 관찰한 바를 다음과 같이 기술하였다:

> 씨앗인지는 몰라도 이 먼지 같은 것을 흙과 구별해서 보는 데는 별 문제가 없었다. 한데 파종한 지 12일째가 되어서야 비로소 변화의 조짐이 보였다. 이때가 되니 첨부된 삽화 6^{그림 3}에 보이는 작은 씨앗들이 녹색을 나타내기 시작했고, 일부는 삽화8처럼 작은 돌기 같은 싹을 틔우기 시작했다. 이 작은 돌기가 점점 자라면서 점차적으로 삽화 9, 10, 11의 모습을 띠었다. 씨앗에서는 작은 뿌리들이 생겨났는데, 뿌리가 돋아난 부위에 작은 종자의 형태가 여전히 남아 있었다. 이 시기에는 현미경으로 어린 고사리의 모습을 뚜렷하게 확인할 수 있었지만, 육안으로는 흙의 표면이 마치 크기가 매우 작은 이끼로 덮여 있는 것처럼 녹색을 띠는 것 이상을 알아볼 수는 없었다. 이것은 다름 아닌 파종한 씨앗에서 무성하게 발아한 모종들이다. 이 이끼처럼 보이던 것들은 몇 주가 지나자 삽화 13처럼 작은 비늘 같은 모양이 되었다가, 삽화 14처럼 점점 커지는 것이 육안으로 확인되었다. 모종들은 일반적으로 둥그스름한 모양에 두 개의 열편으로 갈라져 있었지만 모양이 불규칙적인 경우도 있었다.
> 이것들은 일부 소형 지의류나 태류^{苔類}와 유사한 막질^{膜質}이었고, 암녹색을 띠었다. 그리고 마침내 이 막질의 인편으로부터 삽화 15처럼 형태와 색깔이 전혀 다른 소형의 잎이 돋아나기 시작해서 얼마 지나지 않아 삽화 16처럼 더 많은 잎들이 나오기 시작했다. 나중에 나오는 잎일수록 이전보다 더 크게 자라 마침내 각각의 종^種의 특색이 분명하게 드러나는 완전한 형태의 잎으로 자라났다.

린제이는 의심할 여지없이 자신이 한 점의 먼지로부터 성체^{成體}의 고사리가 자라나는 것을 관찰했다고 믿었다. 그는 이 먼지 같은 물질이야말로 다름 아닌 고사리의 씨앗이라고 확신했다.

　하지만 본업인 의료활동에 종사하느라 바빴던 린제이는 더 이상의 관찰을 진행할 수 없었다. 그러던 어느 날, 그는 런던의 왕립학회 회장이자 큐왕립식물원Royal Botanical Gardens, Kew의 자문역인 조셉 뱅크스 경으로부터 한 통의 편지를 받게 되었다. 뱅크스는 편지에 영국에서 재배할 수 있도록 자메이카의 식물들, 그중에서도 특히 양치류들을 채집해서 보내줄 것을 요청했다. 이에 린제이는 고사리의 생체를 그렇게 먼 거리까지 수송할 때의 위험을 감안하여 그 대신에 고사리의 씨앗을 보내주겠다고 회신했다. 아마 린제이가 고사리의 씨앗을 언급한 답신을 읽고 나서 뱅크스는 깜짝 놀랐을 것이 틀림없다. 뱅크스는 다시 린제이에게 편지를

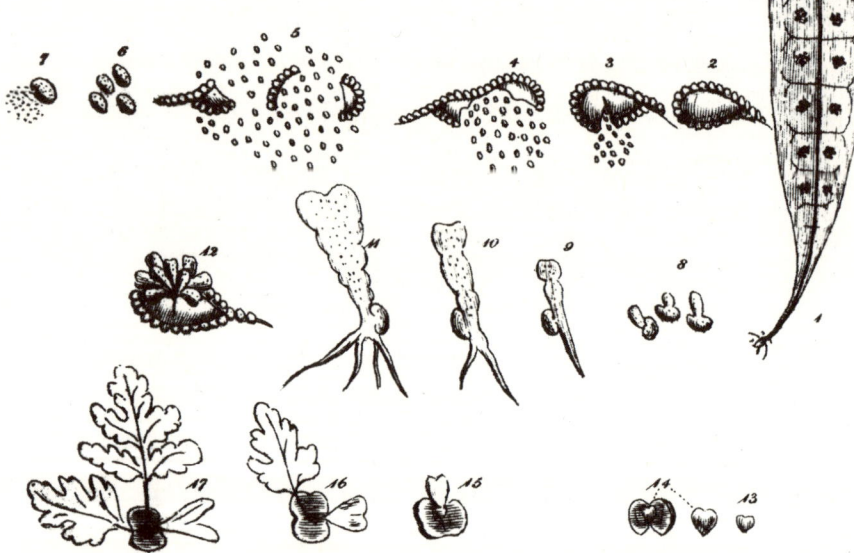

그림 3
존 린제이의 1794년 기고문 속에 나오는 삽화, 열대아메리카에 흔한 마이크로그라마석송(*Microgramma lycopodioides*)이 포자에서 성체로 자라는 모습을 묘사하고 있다. 왼쪽 하단에 어린잎을 묘사한 3점의 삽화들(15~17)은 다른 정체 미상의 고사리에 속하는 그림들이다.

보내어, 만일 그가 씨앗으로부터 고사리를 키울 수 있는 방법을 제시할 수 있다면 대단히 귀중한 발견을 한 당사자로서의 영예를 누릴 것이며, 뱅크스 자신이 직접 이를 린네학회에 보고할 것이라고 통지하였다.

린제이는 뱅크스에게 고사리의 씨앗과 함께 파종 설명서를 동봉하여 보냈고, 그 결과는 양치식물학의 역사에 기념비적인 사건이 되었다. 린제이가 제공한 정보 덕분에 영국의 정원사들은 포자로 고사리를 번식하는 법을 깨우치게 되었고, 다시 이 재배법을 다른 나라의 동료들에게 전파했다. 그 이후 고사리는 세계 각지의 온실과 정원 그리고 공원들을 장식해 나갔다. 나아가서 큐왕립식물원의 원예가들은 대영제국 전역에서 보내온 고사리 포자들을 성체로 키워냄으로써 세계에서 가장 다양하고 풍부한 고사리 생체 컬렉션을 소장할 수 있게 되었다. 이러한 영예는 오늘날까지 그대로 이어지고 있다(큐왕립식물원의 컬렉션은 원예 분야뿐만 아니라 과학적으로도 대단히 중요하다). 후에 양치식물학자이자 영국의 대표적인 식물학자인 제임스 에드워드 스미스James Edward Smith는 열대성 양치류의 한 속에 린제이의 이름을 따서 명명함으로써 그의 업적을 기렸다. 그것이 바로 비고사리속(*Lindsaea*)이다.

하지만 린제이의 관찰 기록은 더 많은 의문점들을 야기하기도 하였다. 과연 그가 관찰한 '막질의 인편'이라는 것이 현화식물의 떡잎에 상응하는 것일까? 만일 그 먼짓가루 같은 것이 씨앗이라고 한다면, 꽃가루를 만드는 꽃밥은 도대체 어디에 있단 말인가? (씨앗이 형성되기 위해서는 꽃가루가 필요한 것이 당연하다.) 또 언제 어떻게 수분授粉: 꽃가루받이이 이루어진단 말인가?

오늘날 고사리라는 식물은 씨앗을 만들지 않는다는 사실을 익히 알고 있는 우리들로서는 이러한 질문을 들으면 실소를 금할 수 없을 것이다. 하지만 1700년대와 1800년대 초기의 식물학자들에게는 이것은 대단히 타당한 질문들이었다. 1844년이 되어서야 비로소 스위스의 식물학자인 칼 폰 뇌겔리Karl von Nägeli가 고사리의 씨앗을 둘러싼 의문점들에 대하여 올바른 방향으로 해답을 찾기 시작했다. 그는 현미경으로 전엽체(린제이가 막질의 인편이라고 묘사한 것)의 뒤쪽을 관찰하다가 어두운 색의 나선형 필라멘트가 들어 있는 소형의 둥그스름한 혹 같은 부분에 주목하게 되었는데, 그는 이를 유두돌기papillae라고 명명하였다. 그는 이 돌기가 물기를 함유하면 끝부분이 터지면서 속에서 나선형 필라멘트가 삐져나와 꿈틀거리며 주변으로 이동하는 것도 확인하였다.^{그림 4} 그는 이와 유사하게 생긴 돌기나 필라멘트가 이끼와 태류에서도 나타나며, 그것이 꽃의 꽃밥을 암시하는 장정기藏精器; antheridia로 불린다는 사실을 이미 알고 있었다. 그리하여 뇌겔리는 고사리의 전엽체에서 발견한 돌기에 대하여 장정기라는 명칭을 붙였다. 그렇다면 이 나선형 필라멘트들은 도대체 어디로 헤엄쳐 가는 것일까?

이 의문은 1848년 식물학 부분에 박식한 소양을 갖추고 있던 폴란드의 귀족 수민스키 공작Michael Jérôme Leszczyc-Suminski에 의하여 풀리게 되었다.(Domanski 1993) 그는 이 나선형의 필라멘트들도 전엽체의 뒷면에 위치한 또 다른 돌기 쪽으로 헤엄쳐 가는 것을 발견했던 것이다. 오늘날 우리들이 경란기頸卵器; archegonium라고 부르는 이 돌기는 내부의 기저에 하나의 큰 세포가 든, 목이 긴 병 모양을 띤 기관이다.^{그림 4} 경란기로 헤엄쳐 간 정자는 이 병목 사이로 꿈틀거리며 기어들어가 기저세포를 관통하는 것이 확인되었다. 이 과정을 거치면서 기저세포(그때까지는 아직 그것이 난자임이 밝혀지지 않음)는 뿌리와 줄기, 잎이 달린 어린 포자체로 자라났다. 그리고 이 포자체가 더 자라나 마침내 포자엽을 갖춘 성숙한 고사리가 되었다.

수민스키 공작의 관찰을 근간으로 하여 정립된 고사리의 생활환은 오늘날에도 그대로 통용되고 있다. 우선 포자엽 뒷면의 포자낭 안에서 포자가 생성된다. 이후 포자낭에서 발출된 포자가 환경이 적합한 토양 위에 떨어지면 그것이 발아하여 전엽체로 자라난다.^{화보사진 4} 전엽체는 각각 정자와 난자를 만드는 장정기와 경란기라는 생식기관을 가지고 있는데(종에 따라 전엽체에 자웅 생식기관들 중 하나만 생기기도 한다). 주변에 물기가 충분하면 장정기에서 발출된 정자가 경란기로 헤엄쳐 가서 난자와 수정하게 된다(경란기는 동일한 전엽체에 있을 수도 있고, 아니면 별개의 전엽체에 있을 수도 있다). 그 결과로 생성되는 세포인 접합자 接合子; zygote 는 뿌리와 줄기, 그리고 잎을 갖춘 어린 포자체로 자라난다. 이 어린 포자체의 줄기가 확장, 비

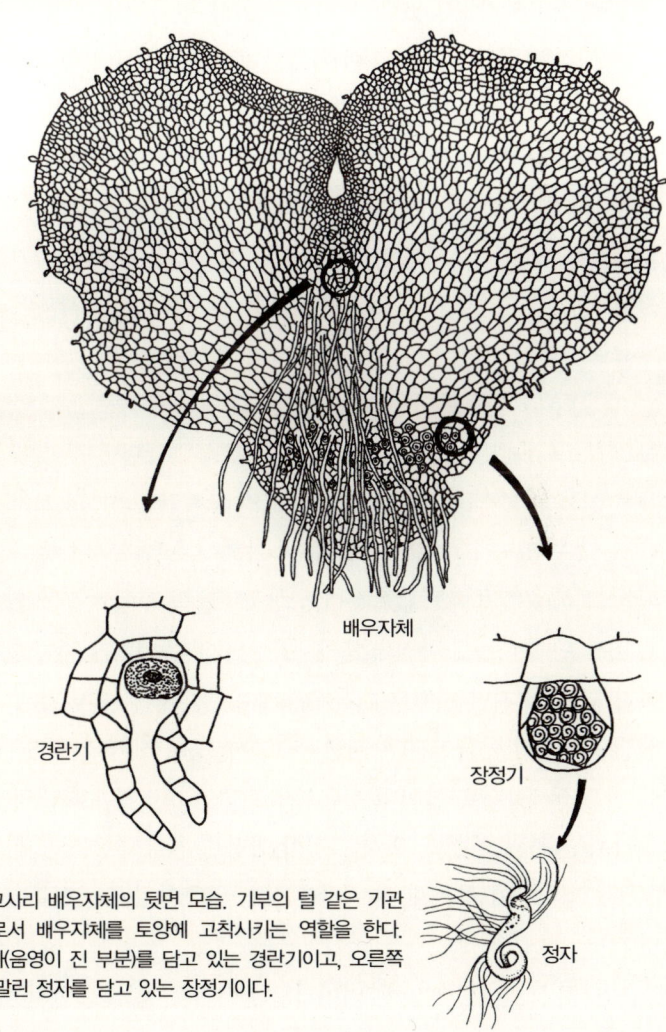

그림 4
전형적인 고사리 배우자체의 뒷면 모습. 기부의 털 같은 기관은 헛뿌리로서 배우자체를 토양에 고착시키는 역할을 한다. 왼쪽은 난자(음영이 진 부분)를 담고 있는 경란기이고, 오른쪽은 둥글게 말린 정자를 담고 있는 장정기이다.

대해지면서 점점 더 큰 잎들이 돋아나고, 마침내 포자엽을 갖춘 성체로 성장한다.^{화보사진 24} 이렇게 하여 고사리의 생활환이 완결되는 것이다.

그런데 이 생활환의 주기를 완결하는 데 걸리는 시간은 고사리마다 차이가 있다. 나무고사리 종류처럼 2~3년씩이나 소요되는 종種이 있는가 하면, 물고사리류(Ceratopteris)^{그림 18}처럼 최적의 환경에서는 불과 한 달 정도 걸리는 고사리들도 있다.

이러한 일련의 과정이 바로 식물학개론 수업을 듣는 학생들이 질색하는 고사리의 생활환으로 알려져 있다. 고사리의 생활환은 크게 배우자gametes를 만드는 배우자체세대gametophyte generation와 포자spore를 만드는 포자체세대sporophyte generation의 두 세대로 나뉜다. 이 중 배우자체는 전엽체를 말하고, 포자체는 우리가 흔히 고사리라고 부르는 뿌리와 줄기 그리고 잎을 지닌 식물체를 일컫는다. 각각의 세대는 단세포에서 시작되어 포자가 배우자체로 자라고, 접합자가 포자체로 자라는 것이다.

그런데 이 두 세대 간에는 잘 알려지지 않은 차이점이 있다. 배우자체는 성세포인 난자와 정자를 생성하므로 유성有性세대이다. 이에 비하여 포자체는 성세포를 만들지 않는 대신 무성인 포자만을 생성하므로 무성無性세대라고 할 수 있다. 그러므로 여러분이 야외에서 잎이 무성한 고사리를 보게 되면 그 식물은 성별도 없을뿐더러 성적性的활동도 아예 하지 않음을 명심하기 바란다. 우리는 고사리의 포자체를 사람과 동일하게 비유하는 오류를 범하기 쉽다. 하지만 사람과 다른 동물들은 식물과는 달리 감수분열에 의해 성세포를 직접 만들어낸다. 사람을 포함한 동물의 경우에는 유사분열有絲分裂에 의해 성세포를 만들어내는 유성세대를 거치지 않는다.(동식물의 유성생식에 대한 관념의 변화, 특히 그것이 어떻게 성에 대한 사회의 지배적인 가치를 반영하는가 하는 문제는 팔레이가 1982년 발표한 연구에서 설명하고 있다.)

다시 고사리의 씨앗種子 이야기로 돌아가 보자. 오늘날의 식물학자들은 포자와 종자가 구조적으로 완전히 다르다는 것을 인식하고 있다. 포자는 단세포로 이루어져 있고 사전에 형성된 배아胚芽 조직이 없는 반면, 종자는 전형적으로 수백 수천 개의 세포들로 구성되어 있으며 배아와 더불어 양분을 저장하기 위해 특화된 배젖endosperm이라는 세포조직을 갖고 있다. 그리고 이것들은 모두 대개의 경우 다세포로 이루어진 단단한 외벽인 종피種皮: 씨껍질로 싸여 있다. 더욱이 포자와 종자는 나중에 생성되는 결과물에서도 차이가 난다. 고사리의 포자는 유성세대의 전엽체로 자라는 반면, 종자는 새로운 무성세대의 어린 모종으로 자라난다.

 포자와 종자 간의 차이가 이처럼 너무나 명백한 점을 생각할 때, 옛날 식물학자들이 어떻게 포자를 그저 종자로 여길 수 있었는지 그저 놀라울 따름이다. 하지만 우리가 느끼는 이러한 놀라움 역시 달리 본다면, 식물학 분야가 비약적으로 진보해 왔다는 사실을 입증해 주는 명확한 증거일 것이다. 오늘날 사람들의 눈에 띄지 않는 것은 고사리의 씨앗이 아니라 고사리에 씨앗이 있다는 잘못된 믿음 그 자체이다.

02 포자는 어떻게 퍼뜨릴까

"어머, 교수님!" 해부현미경을 들여다보고 있던 곤잘레스 양이 별안간 외쳤다. "여기 와 보세요! 움직이고 있어요!" 나는 곤잘레스 양이 작업하고 있던 실험실 테이블로 서둘러 다가갔다. 그녀의 현미경 아래에는 초록색의 싱싱한 고사리의 잎조각이 놓여 있었는데, 마침 그 위에서 수많은 포자들이 톡톡 튀어나오고 있는 중이었다. 허공으로 2.54cm 이상 튀어오르는 포자의 모습은 마치 팝콘이 튀는 것 같았다.

현미경으로 그 모습을 좀 더 자세히 관찰해 보니 무수하게 많은 작은 둥근 형태의 포자낭이 화면을 가득 채우고 있었다. 포자로 가득 찬 포자낭이 횡으로 벌어지면서 상부가 뒤로 서서히 젖혀지는 모습이 마치 투석기(投石器)를 장전하고 있는 것 같았다. 그림 5 그러다가 별안간 육안으로는 도저히 따라갈 수 없을 정도로 빠른 움직임이 일어났다. 하지만 뒤로 젖혀졌던 포자낭이 원래의 위치로 되돌아가 있는 모습을 볼 수 있었고, 잠시 후에는 현미경 재물대 위로 다시 떨어져 내린 갈색의 포자들이 보였다. 나는 이 현상을 예전부터 많이 보아오기는 했지만, 매번 볼 때마다 놀라움을 금할 수가 없다. 이것이 바로 포자낭 주머니가 갈라져 포자가 방출되는 포자낭 열개^{裂開}; sporangial dehiscence의 모습인 것이다.

어느새 몇몇 학생들이 이 장면을 보려고 모여들었다. 이들은 볼리비아의 수도 라파스에 있는 국립수목원에서 나의 양치식물학 강의를 수강하는 학생들이다. 현미경 관찰을 끝낸 학생들은 나에게 포자의 방출 원리에 대하여 질문하였다. 하지만 유감스럽게도 그 대답은 약간 복잡할 것 같다. 포자의 구조를 이해하려면 고사리 포자낭의 구조에 대해서 알아야 할 뿐 아

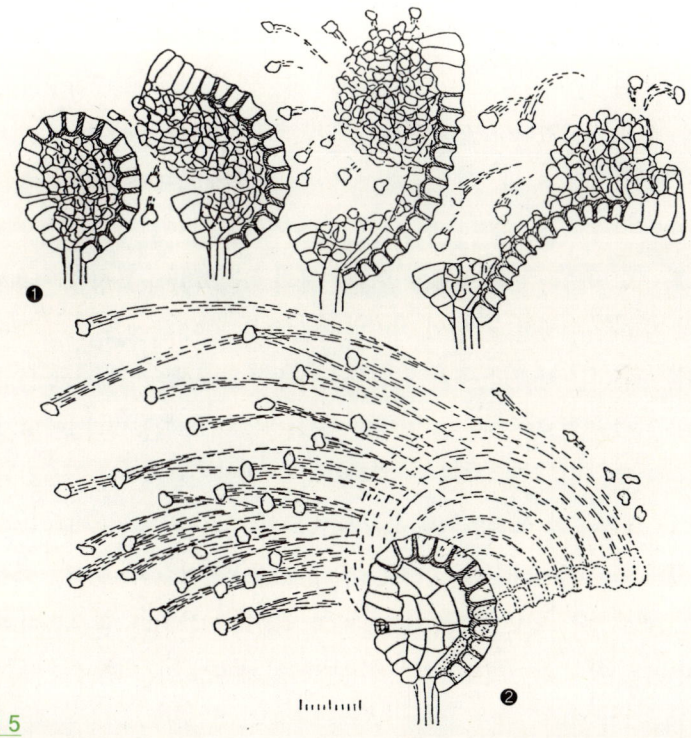

그림 5
크리스마스고사리(*Polystichum acrostichoides*)의 포자낭에서 포자가 방출되는 여러 단계의 모습. 상부를 싸고 있는 두툼한 띠가 바로 환대(環帶)이다. ❶ 구변세포(口邊細胞) 사이가 가로로 균열이 생기면서 열개(裂開; dehiscence)가 시작되는 모습. ❷ 각각의 환대세포 내부의 물기둥이 공동화(空洞化; cavitation)함으로 인하여 포자가 산포하는 모습. 척도, 1mm. Slosson(1906)

니라, 어떻게 그 기관이 물의 물리적·화학적 특성과 상호작용을 하는지도 알아야 하기 때문이다.

전형적인 고사리의 포자낭은 가는 줄기 위에 지름이 0.25mm 정도 되는 둥그런 주머니의 형태를 띠고 있다. 반투명한 색을 띤 주머니의 격벽은 세포 한 개 두께에 불과할 정도로 얇기 때문에 매우 연약하다. 그런데 주머니 상부에 한 줄로 늘어서 있는 세포열이 유독 두드러지게 보인다. 환대環帶; annulus라고 부르는 이 세포열은 주머니의 약 3분의 2를 둘러싸고 있는데 약간 어두운 색을 띠고 있다. 그림 2, 5 이 세포들의 내벽과 측벽은 상대적으로 두꺼운 반면, 외벽은 얇고 탄력이 있는 점이 특징이다. 어두운 색의 측벽에 의해 마치 환대에 마디가 진 것처럼 보여서 환대를 처음 보는 학생들은 흔히 작은 벌레를 닮았다고 말하곤 한다. 그리고 주머니의 앞쪽에는 구변세포口邊細胞; stomium라고 부르는 횡으로 길게 뻗은 두 개의 세포가 환대 앞에 자리 잡고 있다.

포자를 방출하는 과정에서 환대는 물의 물리화학적 특성을 이용하여 자신의 기능을 수행한다. 물의 이러한 특성들은 물이 극성을 지닌 데에서 비롯되는데, 이는 각각의 물 분자가 산소원자 부근에서는 미세하게 음극(-)을 띠고, 수소원자 부근에서는 미세한 양극(+)을 띠기 때문이다. 이렇게 서로 다른 자성을 띠는 물 분자들이 결합하여 일시적으로나마 약한 수소 고리를 만듦으로써 물은 액체임에도 불구하고 서로 붙어 있으려고 하는 응집력을 가지게 되는 것이다. 작은 곤충들이 물에 빠지지 않고 수면 위를 빠르게 이동해 갈 수 있는 것도 이러한 물 분자의 응집력 덕분이다. 곤충들이 물에 빠지지 않는 것은 수면의 물 분자의 응집력을 깨뜨릴 만큼 무겁지 않은 때문이기도 하다.

또한 물의 극성으로 인하여 점착력도 생기게 된다. 점착력이란 자성을 띤 표면에 달라붙는 특성을 일컫는데, 이는 유리컵에 물을 약간 따라 보면 쉽게 확인할 수 있다. 물의 수면이 유리컵과 맞닿은 부분을 살펴보면 접촉 부위의 물이 초승달처럼 살짝 위로 휘어져 올라간 모습을 볼 수 있을 것이다. 이것은 바로 물이 유리컵에 달라붙음으로써 생기는 현상이다. 이를 메니스커스meniscus라고 부른다.

점착력은 식물에게는 대단히 중요하다. 왜냐하면 식물 세포벽의 주요 성분을 이루는 셀룰로오스는 자성을 띤 분자들로 구성되어 있는데, 이 점착력을 활용하여 물을 강하게 빨아들일 수 있기 때문이다. 환대 세포벽의 주요 성분도 다름 아닌 셀룰로오스이다.

그렇다면 어떻게 물의 응집력과 점착력이 환대세포의 형태적 특성과 상호작용하여 포자를 터뜨려 퍼지게 하는 것일까? 그 해답은 프랑스의 화학자인 피에르 베르텔로Pierre Berthelot가 1850년에 했던 간단한 실험에서 찾을 수 있을 것 같다. 베르텔로는 두꺼운 유리로 된 모세관을 물로 채우고 이를 밀봉하여 속을 오로지 물과 미세한 기포들로 차 있는 상태로 만들었다. 그리고 이 유리관을 30℃로 조심스레 가열함으로써 속의 물이 팽창하고 기포가 용해되어 모세관의 내부가 순전히 물로 채워지도록 유도한 다음 유리관이 저절로 식도록 내버려두었다. 유리관이 냉각되는 동안 유리관 속의 물기둥이 수축되기 시작했다. 점착력에 의해 물이 유리관 벽에 들러붙어 있는 상태로 유리관의 벽을 안쪽으로 끌어당김에 따라 유리관 자체가 수축되는 현상이 일어났다. 실제로 베르텔로는 마이크로미터micrometer를 사용하여 이 변화를 측정했다.

이때 유리관 속의 물기둥은 장력을 받아 팽팽해졌다. 이것은 응집력에 의해 물기둥이 한데 뭉치려고 하는 힘이 점착력에 의해 유리관의 벽 안쪽에 그대로 붙어 있으려고 하는 물을 끌어당김으로써 유리관도 덩달아 안쪽으로 잡아당기는 힘이 발생했기 때문이다. 다른 한편으로는 열이 식음에 따라 유리관이 원상태로 되돌아가고자 하는 탄성력이 발생하는데, 이것은 물기둥이 안쪽으로 당기는 힘과 대립하게 되면서 그 결과로 장력이 생긴 것이다. 하지만 이것은 불안정한 상태이다. 유리관이 식으면서 속의 물기둥이 수축되면 될수록 장력은 더욱 커지게 된다. 마침내 어느 시점이 되면 유리벽의 탄성력이 물기둥의 응집력과 점착력을 압도하는 때가 오게 된다. 이때가 되면 물기둥은 순식간에 붕괴-공동화 되어 버리는데, 안으로 잡아당기는 힘이 사라짐에 따라 유리관은 즉시 원래의 형태로 되돌아가 버린다. 이 과정에서 변형된 유리벽 속에 남아 있던 잠재에너지의 일부가 소리에너지로 변환되어 금속성의 파열음을 내게 되는 것이다.

　포자를 산포하는 데에도 동일한 힘들이 작용한다. 우선 포자가 든 포자낭이 벌어지기 이전에는 각각의 환대세포가 물로 채워져 있는데, 이것은 마치 물이 채워진 모세관에 비견할 수 있다. 점착력에 의해 환대세포의 셀룰로오스 세포벽에 물이 들러붙어 있기 때문이다. 물이 환대세포의 얇은 외벽을 통해 증발하면 모세관이 식는 과정에서 속의 물기둥이 수축하듯이 세포 안쪽의 물기둥도 수축하게 되는데, 이 과정에서 물이 들러붙어 있던 세포벽을 안쪽으로 잡아당기게 된다. 하지만 이때가 되면 베르텔로의 모세관 실험과는 상황이 달라져 버린다. 바로 환대세포의 형태 때문이다. 물기둥이 수축하면 유연성이 있는 환대세포의 외벽은 안쪽으로 끌어당겨지고, 그 힘에 의해 어두운 색을 띤 뻣뻣한 측벽 역시 덩달아 마주 보는 쪽으로 당겨지게 된다.^{그림 6} 각각의 환대세포마다 발생하는 이러한 변형 현상으로 인해 마침내 환대 전체가 뒤로 젖혀지는 결과를 낳는 것이다.

　환대가 뒤로 젖혀지면 포자낭의 전면부에 잡아당기는 힘이 가해져서 앞에서 언급한 한 쌍의 구변세포들을 벌어지게 만든다. 그리고 환대세포 속의 수분이 계속 증발하면 할수록 환대는 더욱더 뒤로 휘어지고 포자낭 주머니의 측면을 따라 균열도 점점 확대된다. (포자낭 열개는 서서히 진행되므로 단번에 포자가 방출되지 않는다는 것에 유의하기 바란다.) 환대는 포자낭이 열개된 후에도 계속 뒤로 젖혀져 마침내 뒤집어진 U자 모양이 되는데, 이때 주머니의 윗부분은 튕겨 나갈 준비가 된 포자들로 가득 장전된 작은 컵 형태를 이룬다(포자낭의 아래 부분에도 보통 포자가 남아 있다). 바야

그림 6

수분이 증발함에 따라 환대의 세포벽에 힘이 가해진다. 환대세포 내부의 수분이 얇은 외벽을 통해 증발함에 따라 내부의 물기둥이 수축하면서 외벽을 안쪽으로 잡아당기는데(아래를 향한 화살표), 이 때문에 양쪽의 두꺼운 방사상 벽(음영 부분) 또한 안쪽으로 맞은편을 향해 당겨지게 된다. 이 힘은 세포벽이 원상 복구하고자 하는 힘(수평 방향의 화살표)과 대립하게 된다.

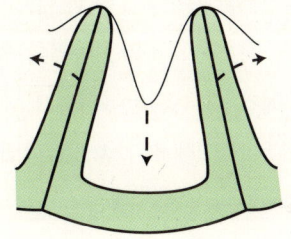

흐로 포자낭이 최고조로 성숙한 것이다.

이때가 되면 환대세포 속의 수분은 대부분 증발한 상태로, 세포 속에 남아 있는 수분은 장력을 받아 팽팽한 상태를 유지한다. 물의 응집력과 점착력에 의해 환대세포 내부의 수분은 세포벽을 안쪽으로 당기는 힘을 유지하는 반면, 세포벽은 탄성력에 의해 원상 복구를 하려 들기 때문이다.^{그림 6} 물의 응집력과 점착력은 수분이 계속 증발함에 따라 점차 약해지다가 마침내는 그 힘이 세포벽이 원상태로 복구하고자 하는 탄성력보다도 약해지는 시점에 이르게 된다. 그 시점이 되면 세포 내부의 물기둥이 붕괴되면서 환대세포가 순식간에 용수철처럼 튕겨서 원래 상태로 복원하게 되는데, 바로 이 순간적인 추진력에 의해서 포자낭 내부의 윗부분에 장전되어 있던 포자들이 공중으로 튀어나가 바람을 타고 주변으로 퍼지게 되는 것이다. (선태류와 균류의 포자 산포에 대한 탁월한 설명은 잉골드가 1939년과 1965년에 저술한 고전적인 저서 속에서 찾아볼 수 있다.)

베르텔로의 모세관 실험에서 물기둥이 공동화함과 더불어 소리를 내는 것과 마찬가지로, 환대세포 속의 수분이 붕괴되어 공동화하는 순간에도 소리가 난다. 다만 고사리의 경우에는 그 소리가 너무 미약해서 특수한 장비를 사용해야만 이를 감지할 수 있다. 호주 뉴잉글랜드대학의 식물생리학자인 존 밀번^{John Milburn}은 학위 과정에 있는 학생 킴 리트만^{Kim Ritman}과 더불어 고사리 포자낭의 환대세포가 공동화하는 소리와 나무의 물관xylem에서 발생하는 음향을 연구하였다(물관이 공동화되면 물의 흐름이 붕괴되므로 나무에게 심각한 생리적인 문제를 야기하게 된다). 연구 결과, 그들은 처음 한 개의 환대세포가 공동화하면서 발생하는 미세한 진동이 나머지 다른 환대세포들의 평형상태를 교란하기 때문에 모든 환대세포에서 거의 동시에 공동화 현상이 촉발되어 포자를 산포하게 된다는 사실을 알게 되었다.(Ritman & Milburn 1990) 바꾸어 말하면, 첫 번째 세포가 폭발물의 뇌관처럼 작동하는 것이다.

포자의 산포는 설탕이나 글리세롤 농축액을 활용해서 연구하기도 한다. 수화水化; hydration 상태의 포자낭을 특정 농도의 농축액 속에 넣고 포자의 산포가 발생하는지 관찰하는 것이다. 용액의 농도는 이미 알려져 있기 때문에 환대세포 내부의 물기둥을 공동화시키는 데 필요한 힘의 강도를 측정하는 것이 가능해진다. 학자들은 이를 위해 필요한 힘이 200~300기압(1,400~2,000kg/㎠)에 이른다는 것을 산출해 내었다! (이 실험 방식은 모순직으로 보일 수도 있다. 만일 공동화 현상이 환대세포에서 증발하는 수분에 의해 초래된다면, 어떻게 그것을 액체 속에서 보여줄 수 있겠는가? 하지만 알고 보면, 수성의 농축액 역시 건조한 공기와 마찬가지로 환대세포에서 수분을 뽑아내는 효과를 낼 수 있다. 농축액 안에서는 삼투압 작용에 의하여 밀도가 높은 세포 내부에서 보다 밀도가 낮은 외부로 수분이 빠져나가게 된다. 그 결과는 대기 속에서 실험하는 것과 동일하다고 할 수 있다. 즉, 환대세포 내부에서 수분이 손실되면서 공동화 현상이 발생할 때까지 환대가 뒤로 젖혀지는 것이다.)

액체 속에서 포자 산포 실험을 하는 방식에는 두 가지의 장점이 있다. 첫째, 대기 중에서 실험을 할 때는 포자의 방출이 너무 격렬하게 일어나서 포자낭 주머니 자체가 줄기에서 분리되어 튕겨 나가 버리는 일이 흔하게 발생한다. 이에 비해 액체 속에서 실험을 하게 되면 포자낭을 안정시킬 수 있어 포자 산포 전후의 모습을 관찰하는 것이 용이해진다. 둘째, 공동화 현상이 발생한 뒤에는 각각의 환대세포 안에 진공기포vacuum bubble가 생기는데, 이 기포는 대기 중에서는 관찰하기가 어려운 반면, 액체 속에서는 검은색을 띤 구체의 모습으로 나타난다. 그림 7

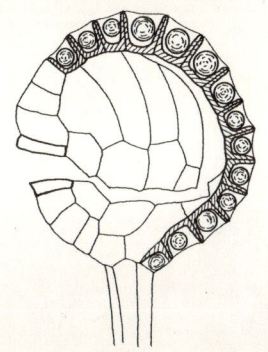

그림 7
포자가 산포된 이후의 포자낭. 각각의 환대세포 속에는 내부의 물기둥이 공동화하고 난 뒤 생성된 기포가 보인다.

"바로 그런 것이었군요!" 결코 짧지 않은 나의 설명을 알아들은 학생들이 감탄하며 외쳤다. 포자가 산포하는 흥미진진한 현상 덕분에 대부분의 학생들은 나의 긴 설명에도 집중력을 잃지 않았다. 이로써 학생들은 고사리라는 식물에 대하여 더욱 흥미를 가질 수 있게 되었다. 나의 양치식물 강좌 중 첫 실험시간에는 반드시 포자의 산포를 실제로 보여주는 수업을 하는 것도 바로 이런 이유 때문이다.

03 포자 이야기

　　수년 전 나는 뉴욕식물원에서 가시나무고사리(*Dryopteris carthusiana*) 표본을 하나 선별한 다음, 잎 한 장에서 생성되는 포자의 개수를 산출해 본 적이 있다. 우선 잎 위의 포자낭군 개수를 세어 보니 총 7,134개였다. 그리고 각 포자낭군마다 붙는 포자낭의 수를 평균 16개로 추정하여 이 수를 곱했더니 전체 포자낭의 개수가 114,144개가 되었다. 마지막으로 포자낭 한 개마다 64개의 포자가 들어 있으므로 여기에 전체 포자낭 개수인 114,144를 곱해 보니 잎 한 장에서 생성되는 포자의 개수는 7,305,216이라는 추정치를 얻을 수 있었다. 길이가 겨우 60cm에 지나지 않는 잎치고는 엄청나지 않은가!

　　7,134×16×64=7,305,216

　　이 계산법은 일반적으로 고사리들이 얼마나 많은 포자를 만들어내는지를 입증하는 실례라고 할 수 있다. 그리고 이렇게 막대한 수량의 포자를 만드는 것에서 짐작할 수 있듯이, 포자는 고사리의 생태에서 중요한 역할을 담당하고 있다. 또한 고사리의 포자를 현미경으로 들여다보면, 그 크기와 형태, 색깔이 정말 다양하고 아름답다는 것을 느낄 수 있다.

모든 양치식물들의 포자는 그 크기가 대단히 작다. 그중 큰 편에 속하는 부처손속(*Selaginella*)과 물부추속(*Isoetes*)의 자성포자雌性胞子 경란기를 만드는 전엽체로 자람라고 해봤자 기껏해야 그 크기가 작은 모래알이나 좁쌀 정도에 불과하며 길이가 1mm를 넘지 않는다. 그 밖의 대부분의 고사리들은 포자의 크기가 직경 0.03~0.05mm 정도에 불과하다. 이 정도의 크기라면 육안으로 낱개의 포자를 식별하기가 대단히 어려우며, 한데 모아놓고 보아야 비로소 미세한 분말처럼 보인다.

현미경으로 관찰해 보면, 일반적으로 포자는 크게 나누어 길쭉한 콩 모양이거나그림 9 구상사면체球狀四面體; 그림 10 형태인 두 가지의 기본 형태를 가지고 있다. 이러한 형태상의 차이는 포자를 생성하는 감수분열 과정 동안 세포벽이 어떠한 위치를 취하느냐에 따라 결정된다.그림 8 포자모세포胞子母細胞가 감수분열에 의해 생성된 4개의 포자는 4분자tetrad의 형태로 붙어 있다. 이 포자들은 곧 분리되어 버리지만, 각각의 포자에는 4분자에서 다른 포자들과 닿아 있던 부위의 흔적이 남게 된다. 콩 모양의 포자는 오목한 면에 짧은 직선의 형태로 남으며,그림 9 구상사면체의 경우에는 Y자 형태를 띤다.그림 10

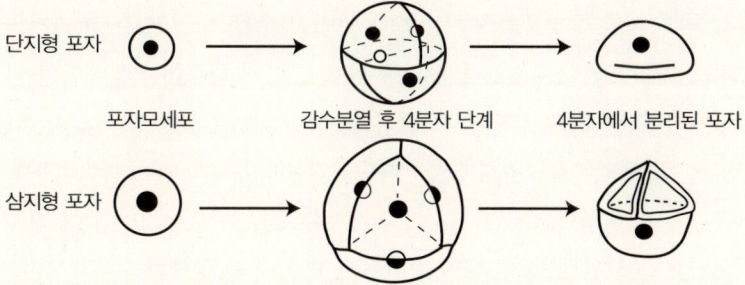

그림 8
단지형 포자(monolete)와 삼지형 포자(trilete)가 감수분열 과정에서 형성되는 모습. 왼쪽은 포자모세포, 가운데는 감수분열 이후의 4분자 단계의 모습(세포벽 배열의 차이에 주목할 것). 오른쪽은 4분자에서 분리된 포자의 모습. 세포 중앙의 검은 반점은 핵(核). Øllgaard & Tind(1993)

이처럼 콩 모양의 포자는 흔적이 단일하므로 단지형單枝型 monolete 이라고 하고, 흔적이 3개의 짧은 선으로 남는 구상사면체의 포자는 삼지형三枝型 trilete 이라고 한다. 바로 이 선들이 세포벽의 취약 부위가 되어 발아시기가 되면 포자의 내용물들이 이곳을 통해 밖으로 나오게 된다. (전자현미경으로 촬영한 고사리 포자의 다양하고 아름다운 모습은 Tryon & Tryon 1982, Tryon & Lugardon 1991, Tryon & Moran 1997 등에서 볼 수 있다.)

고사리의 포자는 두 겹의 보호막으로 싸여 있는데, 대체적으로 이 보호막에 의해 포자의 형태적 특징이 결정된다. 포자내벽exospore은 세포 내부의 분비물로 만들어지지만, 포자외벽perispore은 포자낭 속에 있는 세포 영양막의 잔해가 외부로부터 퇴적되어 생긴다. 어떤 고사리들은 포자외벽이 극도로 얇을뿐더러 포자내벽에 밀착해 있기 때문에 거의 눈에 띄지 않는다.그림 10 반면에 포자외벽이 정교한 모양을 하고 있는 고사리들도 있다. 포자외벽이 나풀거리는 모양이거나 구멍이 뚫려 있어서 작은 레이스 장식 같이 보이는 종류도 있고, 가시가 나 있어 마치 밤송이처럼 생긴 것도 있다.그림 9

대부분의 양치식물들은 한 종류의 포자만을 생산하는데, 이를 동형포자同形胞子; homospore라고 한다. 반면에 암수 두 종류의 포자를 만드는 고사리들도 있는데, 이를 이형포자異形胞子; heterospore라고 부른다. 참고로, 전 세계의 양치류와 석송류를 합친 300여 개 속들 중에서 오직 다음의 7개 속만이 이형포자를 만드는 것으로 알려져 있다: 물개구리밥속(*Azolla*), 물부추속(*Isoetes*), 네가래속(*Marsilea*), 필루라리아속(*Pilularia*), 레그넬리디움속(*Regnellidium*), 생이가래속(*Salvinia*), 부처손속(*Selaginella*). 그런데 이 식물들은 자성포자가 웅성포자雄性胞子; male spore에 비해서 훨씬 크기가 큰데, 직경이 10~20배 정도 차이가 나는 경우가 보통이다. 도대체 왜 이런 차이가 생기는 것일까?

우선 자성포자의 경우에는 자양분을 많이 축적해 둘 필요가 있다. 동

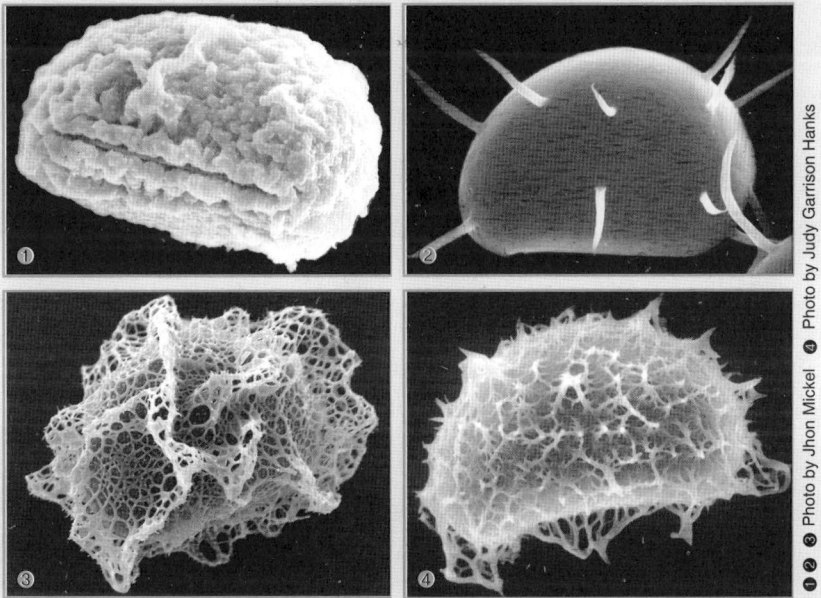

그림 9
콩 모양의 단지형 포자. ❶ 열대아메리카 원산인 패시아 안프락투오사(*Paesia anfractuosa*) ; 직선의 홈은 4분자에서 다른 포자들과 붙어 있던 흔적이다. ❷ 콜롬비아 원산인 볼루빌차꼬리고사리 (*Asplenium volubile*). ❸ 가봉 원산인 로마리옵시스 헤데라시아(*Lomariopsis hederacea*). ❹ 열대아메리카 원산인 사슴혀고사리(*Elaphoglossum rufum*).

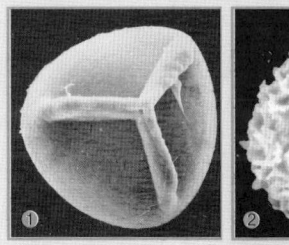 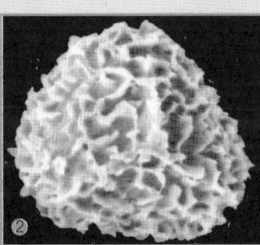

그림 10
구상사면체인 삼지형 포자
❶ 열대아메리카 원산의 론키티스 히르수타(*Lonchitis hirsuta*). ❷ 열대아메리카 원산의 헤미오니티스 토멘토사(*Hemionitis tomentosa*).

❸ 열대아메리카 원산의 레플렉사다람쥐꼬리(*Huperzia reflexa*) 사진 속 오른편은 4분자의 모습. ❹ 멕시코 원산의 아네미아속(*Anemia*)의 일종.

 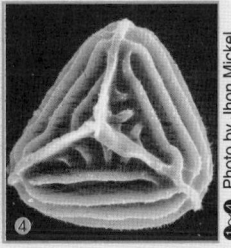

형포자와는 달리 이형포자를 만드는 고사리의 자성포자는 바깥이 아닌 포자벽 내부에서 발아하여 배우자체로 성장한다. 내포자성endosporic이라 부르는 이러한 특성으로 인해 외부로 거의 노출되지 못한 암배우자체는 광합성을 할 수 없기 때문에 자신과 수정 이후의 배아를 키우는 데 필요한 자양분을 충분히 만들 수가 없다. 그러므로 자성포자는 필요한 양분을 미리 축적해 두어야 할 필요가 생기는데, 이로 인해 포자의 크기가 커질 수밖에 없게 된다. 이와는 달리, 웅성포자는 수명이 짧기 때문에 크기가 커져야 할 이유가 없다. 웅성포자의 경우에는 정자를 만들어 쏟아내는 역할을 다하고 죽게 되므로 구태여 양분을 따로 저장할 필요가 없다.

크기와 형태의 차이 말고도 고사리의 포자는 색상에서도 다양한 모습을 보여준다. 고사리류의 포자는 처녀고사리과(Thelypteridaceae)나 면마과(Dryopteridaceae)처럼 대부분 갈색이나 검은색을 띠고 있지만, 그 중에는 노란색이나 녹색의 포자를 만드는 고사리류도 있다. 고란초과(Polypodiaceae)의 고사리들이 노란색의 포자를 만드는데, 대표적인 예가 원예종으로 흔히 재배하는 황금미역고사리(*Phlebodium aureum*)이다. 이 종의 포자는 밝은 노란색을 띠고 있어 포자낭군 전체가 노란색으로 보인다(그렇지만 일반명의 '황금'이라는 형용사는 포자 때문이 아니라 근경의 인편 색깔 때문에 붙였다). 녹색을 띠는 포자는 광합성을 하는 색소인 엽록소를 함유하

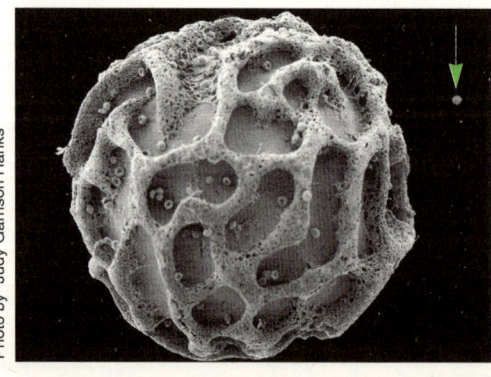

그림 11
에콰도르 원산인 부처손류(*Selaginella exaltata*)의 이형포자. 자성포자는 웅성포자(사진 오른쪽 화살표 표시한 자성포자에 붙어 있지 않고 따로 떨어져 있는 개체와 비교할 때 현저히 크다.

고 있기 때문인데, 전 세계 양치류 중 대략 7% 정도가 녹색 포자를 가지고 있다. 대표적인 예로는 고비속(Osmundas), 처녀이끼과(Hymenophyllaceae), 청나래고사리(Matteuccia struthiopteris), 야산고비(Onoclea sensibilis) 등을 들 수 있다. 속새속(Equisetum)의 식물들 역시 녹색의 포자를 만든다.

기능적인 측면에서 보면, 녹색 포자는 녹색을 띠지 않은 포자들과 두 가지 점에서 차이가 있다. 녹색 포자는 수명은 짧은 반면 발아가 훨씬 더 빠르다.(Lloyd & Klekowske 1970) 녹색 포자가 보통 수일에서 몇 달 동안 임성姙性을 유지하는 데 비해, 다른 색 포자들은 3년 또는 그 이상 임성을 유지할 수 있다. 또한 녹색 포자들이 파종한 지 1~3일 만에 발아를 시작하는 반면, 다른 색 포자들은 발아가 더 천천히 진행되어 보통 10~20일 정도의 시간이 소요된다. 녹색 포자들은 휴면 상태에 들어가는 갈색이나 검은색 포자들과는 달리 신진대사가 활발하게 이루어지고 있는 것이다.

이처럼 신진대사가 활발한 녹색 포자들은 저장된 양분을 끊임없이 사용할 수밖에 없는데, 만일 양분을 다 소진해 버리고 나면 발아를 할 에너지마저도 고갈되고 만다. 이 때문에 녹색 포자의 수명은 상대적으로 짧을 수밖에 없다. 하지만 신진대사가 활성화되어 있다는 것은 조건이 맞기만 하면 즉시 발아가 가능하다는 의미이기도 하다. 즉, 휴면 상태에서 깨어나느라 미적거리지 않는다는 말이다.

하지만 녹색을 띠지 않은 다른 포자들처럼 휴면기를 가지는 것에도 장점이 있다. 이 종류의 포자들은 포자가 어두운 땅속으로 쓸려 들어가더라도 몇 년 동안이나 임성을 유지할 수 있기 때문이다. 이렇게 발아되지 않은 채 땅속에 묻힌 포자들은 장기적으로는 종족의 포자를 보존할 수 있는 일종의 포자은행 구실을 한다. 땅속에 묻힌 포자들은 언젠가는 토지의 경작 또는 여러 가지 자연활동으로 인해 지표면으로 모습을 드러내게 되는 날이 올 수도 있다. 포자가 일단 지표면에 드러나면 빛에 대한 노출이 일종의 방아쇠가 되어 발아를 촉발하게 되며, 시간이 경과함에 따라 점차적으로 배우자체와 포자체로 성장하게 된다.(Dyer & Lindsay 1992, Haufler & Welling 1994, Raghaven 1992)

땅속의 포자들은 또 다른 방식으로 미래의 종족 번식에 기여하기도 한다. 보통의 경우에는 고사리의 포자가 빛에 노출됨으로써 발아가 촉발되지만, 이와는 달리 성숙한(주로 자성)배우자체에서 분비되는 호르몬에 의해 발아가 촉발되는 경우도 있다. 앤더리디오겐antheridiogen이라는 이 호르몬은 물에 씻기거나 토양 속으로 흡착되어 땅속에 묻혀 있던 포자의 발아를 촉발한다. 이와 같이 호르몬의 자극을 받아 발아한 포자는 장정기를 갖춘 왜소형의 배우자체로 자라난다(장정기는 보통 충분히 성장한 배우자체에서만 생긴다). 이때 만일 토양 속에 충분한 수분이 있다면 이 왜소한 배우자체의 장정기로부터 정자들이 방출되는데, 이 정자들이 지표면에 있는 크기가 훨씬 더 큰 자성배우자체, 즉 호르몬을 분비했던 바로 그 배우자체들에게 헤엄쳐 가서 수정을 하게 된다. 그러므로 땅속에 묻힌 포자들은 해당 개체군의 유전자 풀gene pool로서의 기능을 수행하는 것이다.(Chiou & Farrar 1997, Yatskievych 1993) 대부분의 양치류 식물들과는 달리, 양치류와 석송류 식물들 중에는 빛이 없는 어둠 속에서만 포자가 발아되는 종류도 있다. 여기에 해당하는 종류로는 백두산고사리삼속(*Botrychium*), 나도고사리삼속(*Ophioglossum*), 석송속(*Lycopodium*)의 식물들이 있다. 이 종류의 식물들은 어두운 땅속에서 포자가 발아하여 배우자체로 자라나는데, 땅속에서는 광합성을 할 필요가 없으므로 이 배우자체들은 대개 흰색이나 황갈색을 띠고 있다. 땅속에서 생성되는 배우자체들은 다육질인 데다 당근이나 감자 모양을 띤 경우가 많으며, 길이가 보통 1cm에 이른다. 또한 이들의 세포조직에는 공생균共生菌이 있어서 토양의 양분을 흡수하여 이를 식물체에게 전달하는 것으로 알려져 있다. 땅속에 숨어 있는 이 전엽체들은 사람의 눈에도 잘 띄지 않을뿐더러 그 생태에 대해서도 지금껏 알려진 바가 거의 없다.

모든 포자들, 특히 땅속에서 발아하는 포자들은 유지油脂 성분 형태로 양분을 저장한다. 일부 종들의 포자 속에는 불을 붙일 수 있을 정도로 많은 유지성분이 함유되어 있기도 하다. 특히 석송속의 식물들이 그 대표적인 예이며, 영상 산업의 초창기 시절에 석송류의 포자가 플래시 분말의 원료로 사용되기도 하였다.

또한 이러한 기름 성분에는 발수성撥水性이 있어서 옛날에는 약제사들이 알약들이 들러붙지 않게 하는 피복被覆재료로 사용하기 위해 석송류의 포자 분말을 담은 항아리를 상비용으로 갖춰 놓기도 했다. 요즈음에는 외과수술용 고무장갑이 들러붙지 않도록 하기 위한 용도로 석송류의 포자 분말을 시판하고 있다.(Balick & Beitel 1988)

양치식물에 대한 강의를 마칠 때마다 나는 종종 석송류의 포자를 불에 태우는 깜짝쇼를 연출하기도 한다. 불 위 약 60cm 위에서 포자 분말을 뿌리면 포자가 지글거리며 터지면서 간혹 푸른색이 감돌기도 하는 노란색의 불꽃을 뿜게 된다. 만일 이렇게 해도 청중들의 주의를 끌지 못한다면, 물을 채운 컵 속에 석송류의 포자 분말을 수면을 덮도록 뿌린 다음 집게손가락을 그 속에 집어넣었다가 끄집어내어 사람들에게 보여주기도 한다. 컵 속에 집어넣었다 빼낸 손가락은 물기 하나 없이 깨끗한데, 이를 통해 석송류의 포자가 기름 성분이 있으며 물과 융합하지 않는 특성을 지니고 있음을 실제로 증명해 보일 수 있다. 하지만 이런 깜짝쇼를 연출하려면 상당량의 포자가 필요한데, 50~100개 정도의 포자낭을 매끄러운 종이 사이에 넣고 하루나 이틀 정도 건조시키면 된다. 그러면 포자낭이 열개하여 노란색 분말 같은 포자를 방출하는데, 이렇게 터져서 종이 위에 쌓인 포자들을 유리병에 옮겨 담으면 된다.

고사리의 포자에 대해서 마지막으로 덧붙이고 싶은 말은, 고사리의 포자가 건초열 같은 알레르기성 질병을 유발하는 주범이 아니라는 것이다. 오히려 이런 종류의 알레르기성 질병은 주로 현화식물들 중에서도 풍매화의 꽃가루에 의해 유발된다. 우리의 몸이 꽃가루에 과민반응을 보이는 것은 우리 몸의 면역체계가 풍매화의 꽃가루 표면을 싸고 있는 단백질 성분에 반응하는 데에서 비롯된다. 이 단백질 성분은 현화식물에 있어서는 수분受粉과정에서 서로 다른 종들 간의 수분을 방지하기 위한 필수불가결한 인식장치로 활용되고 있다. 하지만 고사리는 해부학적으로 꽃이나 주두가 없을뿐더러 표면의 단백질도 없으므로 포자가 건초열을 유발할 리가 없다. 이것은 반가운 이야기가 아닐 수 없다. 어쨌든 그 아름다움과 중요성을 고려하건대, 고사리의 포자를 함부로 비하해서는 안 될 노릇이다.

04 무수정생식의 혁명

"성(性)과 연관된 모든 종류의 변태행위들 중에서 가장 해괴한 것은 다름 아니라 순결을 지키는 일일 것이다."

이것은 프랑스의 상징주의 시인 레미 드 구르몽Remy de Gourmont이 한 말이다. 물론 시인은 인간 사회를 염두에 두고 한 말이겠지만, 고사리에 이 말을 적용하더라도 크게 틀리지는 않을 것 같다. 배우자gametes; 난자와 정자 의 융합을 통한 유성생식은 대부분의 동식물들과 마찬가지로 양치류에도 흔히 통용되는 방식이다. 하지만 양치류들 중에는 무수정생식無受精生殖; apogamy 이라는 특이한 방식을 사용하여 배우자 없이 무성생식無性生殖을 하는 종류도 있다. 이러한 독특한 생식방법 덕분에 해당 고사리들은 특이한 생태적인 특성들을 가지게 되었다.

무수정생식이 얼마나 특이한 것인지를 이해하려면, 1장에서 상술한 고사리의 전형적인 생활환을 검토해 볼 필요가 있다. 고사리의 일생은 배우자체세대와 포자체세대가 번갈아 가며 바뀌는 2단계의 세대로 이루어져 있다. 각각의 세대는 단일세포에서 시작된다. 포자체세대는 접합자zygote; 수정이

된 난자로부터, 그리고 배우자체세대는 포자로부터 시작된다. 이 중 잎과 줄기 그리고 뿌리를 갖춘 식물체를 형성하는 포자체가 사람들에게 가장 친숙한 모습이다. 형성 초기 단계의 포자낭은 각각 16개의 모세포를 형성하고 있다. 그리고 감수분열에 의해 각각의 모세포mother cell가 딸세포daughter cell를 4개씩 만들고, 그 결과 총 64개의 포자가 생긴다. 그런데 감수분열을 하는 동안 포자모세포는 2회에 걸쳐 세포분열을 하면서도 자신의 염색체는 단 한 번밖에 복제하지 않기 때문에 포자의 염색체 수는 모체의 절반에 그쳐 버린다. 이러한 상태를 반수체半數體 haploid라고 부른다. 포자낭에서 방출된 포자들은 생육에 적합한 토양 위에 떨어지면 발아를 하여 대부분의 고사리에서 볼 수 있듯 납작한 심장형의 전엽체로 자라나게 된다. 이것이 바로 고사리의 생활환 중에서 사람들에게 그다지 친숙하지 않은 배우자체세대이다. 전엽체의 뒷면에는 생식기관인 장정기와 경란기가 자리 잡고 있는데, 여기에서 각각 정자와 난자가 생성된다. 이후 전엽체에 적절한 수분을 공급하면 장정기에서 정자들이 방출되어 경란기로 헤엄쳐 가서 난자를 수정시키는 것이다. 그런데 반수체인 정자가 반수체인 난자와 결합하게 되면 그 결과로 생기는 접합자는 2배체diploid가 되어 모체의 원래 염색체 조건대로 복구된다. 이와 같은 2배체의 접합자로부터 새로운 포자체가 자라난다.

    이와는 달리, 무수정생식을 하는 고사리는 배우자들의 결합이 이루어지지 않는다는 점에서 유성생식과 차이가 있다. 무수정생식을 하는 고사리는 각각의 포자낭에서 64개의 반수체 포자를 생성하는 대신, 감수분열 과정에서 오류가 일어나 32개의 2배체 포자를 만든다. 이 2배체 포자들이 발아를 하면 정상인 경우보다 크기가 작은 전엽체prothallus가 생성된다. 이 전엽체들은 생식기관을 만들지 않고 그 대신에 영양생장을 함으로써 뿌리와 줄기, 잎을 갖춘 어린 식물체를 만들어낸다. 이 식물체들이 자라나면서 전엽체들은 차츰 시들어 사라져 버리고, 결국 식물체들만 남아 독자적으로 생장을 계속한다. 식물체가 어느 정도 크게 자라면 포자엽을 만들어내는데,

이 포자엽에서 다시 2배체 포자들이 만들어짐으로써 마침내 무수정생식의 주기가 완결되는 것이다.

무수정생식은 식물의 줄기를 둘로 나누어 심거나 구근을 떼어내어 식물체를 증식시키는 것과 유사한데, 이는 일종의 고도로 발달한 영양번식 vegetative proliferation 방식이라고 할 수 있다. 차이가 있다면 무수정생식에서는 식물체의 증식 부위가 단세포인 2배체 포자라는 점뿐이다.

전 세계 양치류들 중에서 대략 5~10% 정도가 무수정생식을 한다. 양치식물의 연구가 활발한 일본에서는 전체 고사리 종들 가운데 13% 정도가 무수정생식을 하는 것으로 집계되고 있다. 무수정생식은 꼬리고사리속(*Asplenium*), 개부싯깃고사리속(*Cheilanthes*), 관중속(*Dryopteris*), 쇠고비속(*Cyrtomium*), 봉의꼬리속(*Pteris*), 펠라에아속(*Pellaea*) 등과 같은 특정 군들에서 매우 흔하게 나타난다. 반면에 처녀고사리속(*Thelypteris*), 사자갈기속(*Blechnum*), 그리고 나무고사리류인 키아테아과(Cyatheaceae)와 딕소니아과(Dicksoniaceae) 등과 같은 대형 식물군에서는 찾아보기 힘들다.

무수정생식은 사막이나 덤불지대, 또는 나출된 절벽 표면같이 건조한 환경에 자라는 양치류에서 흔하게 나타난다. 이런 건조한 환경에서 무수정생식을 하게 되면 두 가지의 장점이 있다. 첫째, 생식 과정에서 난자에게 헤엄쳐 갈 정자가 없으므로 물이 아예 필요 없다는 것이다. 둘째, 무수정생식으로 생성되는 전엽체들은 유성생식을 하는 양치류의 전엽체보다 더 빨리 자란다는 것이다. 이렇게 되면 전체 생활환에서 배우자체세대가 나타나는 기간이 아주 짧기 때문에 성장 초기 단계에서 탈수로 인해 말라죽게 될 가능성도 훨씬 줄어든다. 그런데 무수정생식이 건조한 곳에 서식하는 고사리들에게서 흔히 볼 수 있지만, 그중에는 북부너도밤나무고사리(*Phegopteris connectilis*)나 톱지네고사리(*Dryopteris cycadina*)처럼 숲 속 축축한 곳에 자라는 고사리들도 있다. 그러나 이런 서식 환경에서 무수정생식이 가질 수 있는 장점에 대해서는 아직까지 알려진 바가 없다.

무수정생식을 하는 양치류는 전체의 75% 정도가 세포 속에 2쌍이 아닌, 3쌍 이상의 염색체를 지니고 있다는 점 또한 특이한 특징이라 할 수 있다. 대부분의 무수정생식 양치류들은 3배체이다. 북아메리카에서 흔하게 볼 수 있는 3배체 양치류로는 검은줄기차꼬리고사리의 몇 종(*Asplenium monanthes* & *A. resiliens*), 펠리에아 아트로푸르푸레아(*Pellaea atropurpurea*), 가는입술고사리(*Cheilanthes feei*), 별비늘고사리(*Astrolepis sunuata* var. *sinuata*) 등을 들 수 있다. 재배종들 중에서는 알록큰봉의꼬리(*Pteris cretica* var. *albolineata*), 쇠고비(*Cyrtomium fortunei*), 톱지네고사리(*Dryopteris atrata*) 등이 있다.

이런 종류의 고사리들은 3배체이기 때문에 유성생식이 불가능하므로 포자로 증식하기 위해서는 무수정생식을 할 수밖에 없다. 그 이유는 감수분열 과정에서 염색체들이 보이는 습성과 관련이 있다. 3배체의 고사리 포자가 형성되는 과정에서는 3쌍의 염색체 중 2쌍만이 서로 짝을 지을 수 있고 짝을 짓지 못한 세 번째 염색체는 그대로 남게 된다. 이렇게 짝을 지은 염색체들은 다시 분리되어 딸세포에게 종류별로 하나씩 배분된다. 하지만 짝을 짓지 못하고 남은 염색체는 딸세포에게 불균등하게 배분된다. 가령, 어떤

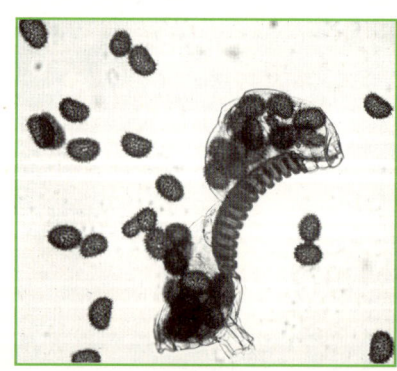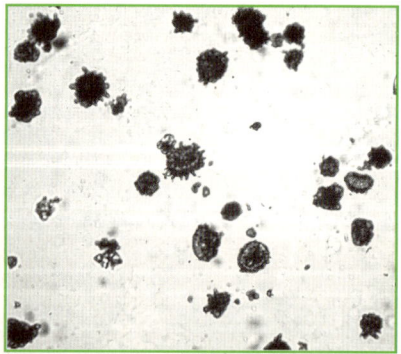

그림 12
한들고사리(*Cystopteris*)의 정상 포자(왼쪽)와 불임 포자(오른쪽).

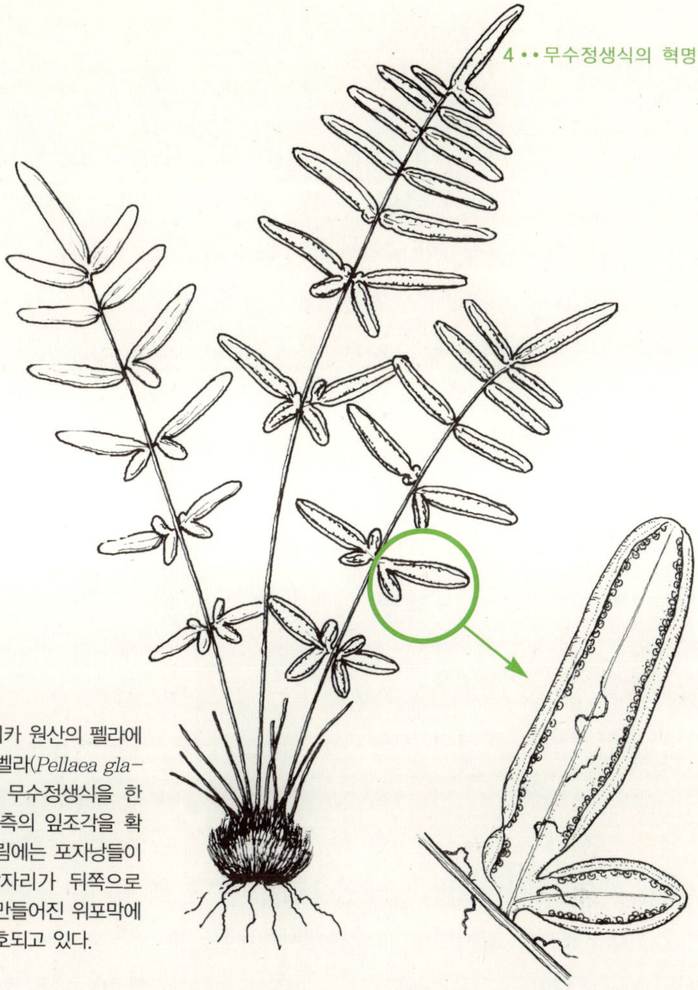

그림 13
북아메리카 원산의 펠라에아 글라벨라(*Pellaea glabella*)는 무수정생식을 한다. 우하측의 잎조각을 확대한 그림에는 포자낭들이 잎 가장자리가 뒤쪽으로 말려서 만들어진 위포막에 싸여 보호되고 있다.

딸세포는 10개의 염색체를 받고, 또 다른 딸세포는 16개의 염색체를 받기도 하는 식이다. 염색체들이 불균등한 배분으로 인해 포자의 불임 상태가 되는 것이다. 이 포자들은 발아가 되지 않는데, 형태가 비대칭적으로 찌그러진 꼴이고 색깔도 흔히 검은색을 띤다.^{그림 12} 하지만 무수정생식을 하면 염색체의 배열과 관련 있는 감수분열 과정을 건너뛰기 때문에 이러한 문제를 피할 수가 있다. 그 결과 무수정생식을 하는 3배체의 고사리들도 임성 포자를 생산해 낼 수 있게 되는 것이다.

임성 포자는 대기 중의 기류를 타고 멀리까지 퍼져 나간다. 이로써 고사리들이 지리적인 서식 분포를 넓혀 나가게 되는 것이다. 일반적으로 무수정생식을 하는 양치류는 유성생식을 하는 종들보다 훨씬 더 광범위한 지역에 분포한다. 가령 펠라에아 글라벨라(*Pellaea glabella*)에는 각각 유성생식을 하는 2배체와 무수정생식을 하는 4배체의 두 가지 품종이 있다. 참고로, 4배체는 2배체에서 염색체를 배가시켜 생성된다.(Gastony 1988) 이 두 품종은 육안으로는 성장 습성이나 형태적인 차이를 도저히 구분해 낼 수가 없다. 하지만 유성생식을 하는 2배체는 분포지역이 훨씬 좁아 미국의 미주리주 남동부에만 국한되는 반면, 무수정생식을 하는 4배체는 미국 동부 전역에 광범위하게 분포한다.^{그림 13} 이와 같은 분포지역의 차이는 구리고사리속(*Bommeria*), 봉의꼬리속(*Pteris*), 별비늘고사리속(*Astrolepis*), 빗고사리속(*Pecluma*) 처럼 동일한 속^屬 안에서 각각 유성생식과 무수정생식을 하는 근연종들 사이에서도 나타난다.

유성생식이 일반적인 규범이 되고 있는 이 세상에서 무수정생식을 하는 고사리들이 처녀성을 유지한다는 점에서 대단히 '비정상적'이라고 할 수 있다. 이런 종류의 고사리들은 유성생식을 하는 종들과 비교할 때, 주로 건조한 곳에서 자라며 여러 쌍의 염색체를 가지고 있다는 점, 또한 서식지 분포가 상대적으로 광범위하다는 점에서 차이를 보인다. 아마도 무수정생식을 하는 고사리들은 보다 완곡하게 말해서 '대안적 생활양식을 주장하는 고사리'라고 부르는 편이 나을지도 모르겠다.

05 또 다른 생존전략, 무성아 번식

고사리 배우자체의 일생은 대부분 짧고도 험난하다. 이 점은 내가 이전에 아이오와주립대학의 식물학 교수이자 양치식물학자인 도날드 패러 Donald Farrar 박사에게서 들은 일화에서도 잘 드러난다. 7월 중순의 어느 날 패러 교수는 아이오와 중부에 있는 우드맨 할로우 자연보호구역에서 탐방로를 따라 걷다가 마침 같은 대학 식물학과에서 학위과정을 밟고 있는 학생이 연구 중인 어떤 식물을 발견하였다. 그래서 나중에 쉽게 그 위치를 찾을 수 있도록 표시해 두기 위해 탐방로 주변에 흔해빠진 주먹만 한 크기의 돌을 하나 집어서 비닐봉투 속에 넣은 다음 그 부근에 놓아두었다. 그런데 10월 중순에 그가 다시 그 자리를 찾아서 비닐봉투에서 돌을 끄집어내어 보니 표면이 수없이 많은 고사리 배우자체들로 덮여 있는 것이 아닌가? 하지만 탐방로 주변의 다른 돌들은 모두 똑같이 고사리 포자 세례를 받았을 것임이 분명한데도 단 하나의 배우자체도 찾아볼 수 없었다. 이게 어떻게 된 영문인가? 다른 돌 위에 떨어진 포자들은 발아가 아예 되지 않았다는 말일까? 아니면, 발아가 되기는 했지만 배우자체가 곤충이나 달팽이에게 먹히거나 또는 건조한 날씨 때문에 말라죽은 것이란 말일까? 명백한 사실은 대다수의 포자 혹은 배우자체들이 제대로 성장을 하지 못했거나 생존기간이 매우 짧았다는 것이다.

이 일화에서 볼 수 있듯이, 유성생식은 대단히 위험성이 큰 번식방법이라고 할 수 있다. 그러므로 포자와 배우자체를 통한 생식활동이 실패할 경우에 대비하여 대체수단을 마련해 둘 필요성이 생긴다. 그러한 대체수단 중 하나가 바로 뿌리나 줄기, 또는 잎에 무성아를 만드는 영양번식 방식이라 할 수 있다.

무성아 번식을 하는 양치류로서 북아메리카 동부에서 가장 흔히 볼 수 있는 것은 살눈고사리(*Cystopteris bulbifera*)이다. 이 종은 주로 바위틈이나 경사진 너덜지대에서 자란다. 이 고사리는 잎자루의 중축 뒷면에 콩알 같은 무성아들을 만드는데, 그 수량이 얼마나 많은지 무성아 무게만으로도 잎이 축 늘어져 버릴 정도이다. 살짝 건드리기만 해도 쉽게 떨어져 나가는 성숙한 무성아들이 바위틈으로 들어가서 그곳에 뿌리를 내려 새로운 개체로 성장하게 된다. 이 고사리가 암석의 나출된 부분 주변에서 왕성하게 자라는 모습을 보면 대단히 성

그림 14
살눈고사리(*Cystopteris bulbifera*).
잎조각 뒷면에 달린 주아들.

공적인 번식 전략임을 알 수 있다.

하지만 살눈고사리와는 달리 대부분의 고사리들은 잎에서 무성아가 바로 분리되지 않는다. 잎에 남아 있는 무성아는 잎이 시들면서 잎자루가 약해져 땅에 드리워지게 되면, 비로소 땅에 닿은 무성아로부터 뿌리를 내리게 된다. 이런 종류의 무성아들은 흔히 모체의 늙고 시든 잎과 연결된 채로 땅에 뿌리를 내린다. 이런 시든 잎의 중축을 살펴보면, 잎들이 자신을 만들어준 줄기로 이어진 것을 알 수 있다. 일반적으로 잎에 달린 무성아들은 잎이 자라는 동안에는 성장이 더디다가 모체의 잎이 시들기 시작하면 비로소 보다 큰 잎을 많이 만드는 경향이 있다. 무성아가 잎에 붙는 위치는 종에 따라서 그 위치가 일정하지 않지만, 어떤 종에서는 특정한 위치에 한정된다. 예를 들

무성아

그림 15
널리 재배하고 있는 열대종 엄마고사리(*Asplenium bulbiferum*). 잎 표면에 많은 무성아(화살표)들을 만든다. 오른쪽은 무성아의 상세도.
Hoshizaki & Moran(2001).

면 관중속(*Dryopteris*)의 일부(널리 재배하는 *H. arifolia* 같은) 헤미오니티스속(*Hemionitis*)의 고사리들은 항상 잎의 기부에 무성아가 발달한다. 이에 비해 텍타리아속(*Tectaria*)이나 주름고사리속(*Diplazium*)에 속한 고사리들은 대개 잎이나 잎조각의 중축을 따라 무성아가 생긴다. 무성아를 만드는 고사리로서 널리 재배되고 있는 엄마고사리(*Asplenium bulbiferum*) 역시 동일한 부위에 무성아가 생기는데, 이 고사리는 보통 잎 한 장에 수백 개의 작은 무성아들을 만든다.그림 15 또한 열대아메리카가 원산인 다나에아속(*Danaea*)에 속한 다수의 종들 및 엘라포글로섬속(*Elaphoglossum*)에 속한 일부 종들처럼 잎 끝에만 무성아가 생기는 경우도 있다.그림 16

무성아가 생기는 위치가 좀 특이한 고사리들도 있는데, 동양새깃아재

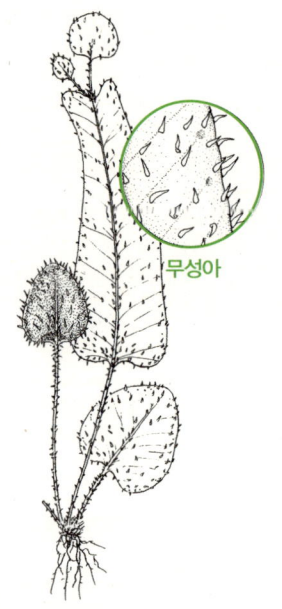

그림 16
코스타리카 원산의 패들고사리(*Elaphoglossum proliferans*). 잎 끝에 무성아가 생긴다. 원안은 잎 표면 인편을 자세히 그린 그림. John Mickel(1985)

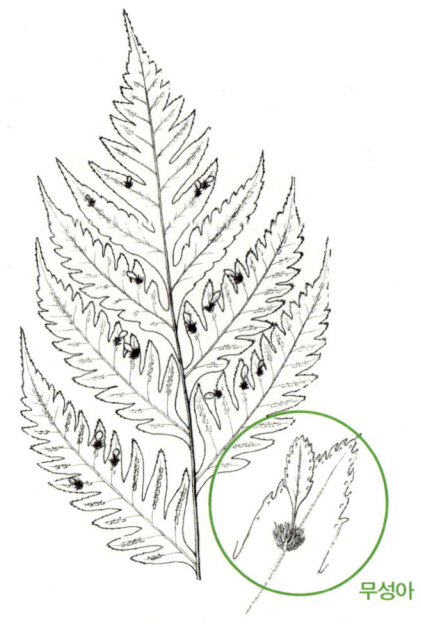

그림 17
대만 원산의 동양새깃아재비(*Woodwardia orientalis*)의 무성아가 달린 모습.

비(*Woodwardia orientalis*)는 잎 뒷면의 포자낭군이 붙는 바로 그 위치에서 반대쪽인 잎 앞면에 무성아가 생긴다. 일단 무성아가 생성되면 그 아래쪽 뒷면에 위치한 포자낭군의 발달이 억제되는데, 만일 무성아가 발달하지 않으면 같은 위치의 포자낭군은 계속 정상적으로 발육한다. 동양새깃아재비의 잎 한 장에 작은 주걱형의 잎을 지닌 수백 개의 무성아들이 들러붙어 자라기도 한다. 그림 17

흔히 수족관에서 키우는 물고사리(*Ceratopteris pteridoides*) 그림 18의 경우에는 잎의 가장자리를 따라 무성아가 생긴다. 물고사리는 굵은 잎자루 속이 통기조직通氣組織, aerenchyma이라는 부유성浮游性, 해면성海綿性 조직으로 되어 있어 물에 뜰 수 있다. 물고사리의 무성아는 잎에 붙은 상태로 생장을 계속하는데, 이렇게 자라난 어린 모체의 잎 위에서 다시 반복적으로 무성아를

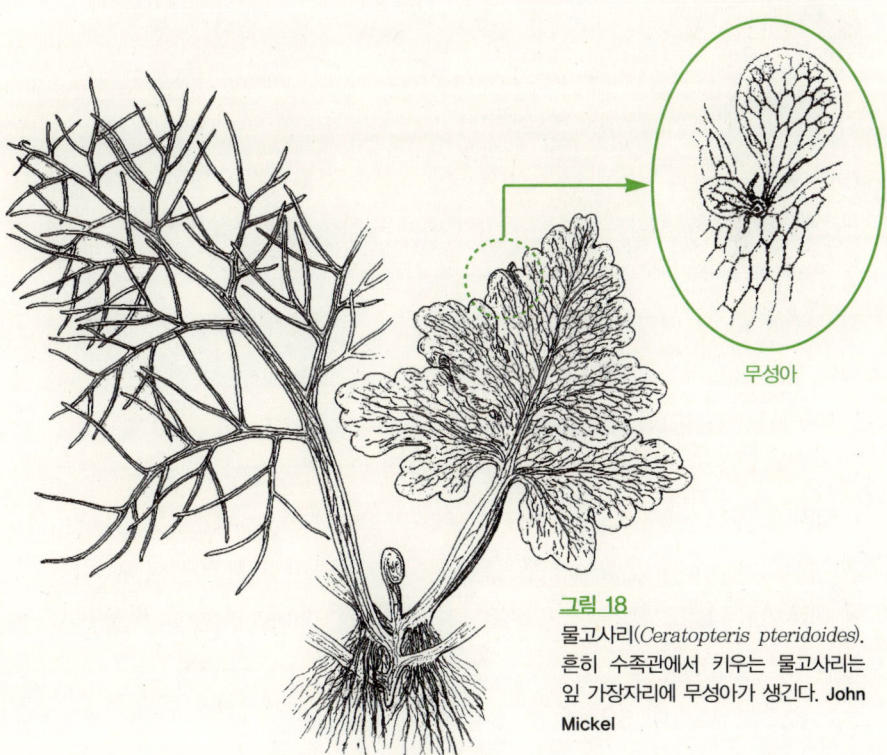

무성아

그림 18
물고사리(*Ceratopteris pteridoides*). 흔히 수족관에서 키우는 물고사리는 잎 가장자리에 무성아가 생긴다. John Mickel

만들어낸다. 수족관에서 물고사리를 키워 본 사람이라면 이 영양번식을 하는 식물이 얼마나 빨리 퍼져 나가는지를 잘 알고 있을 것이다.

어떤 고사리들은 긴 채찍 모양의 잎 끝에 무성아를 낸다. 무성아는 잎의 말단부에 딱 하나가 붙기도 하고, 또는 길게 늘어진 잎 정단부를 따라 여러 개가 생기기도 한다. 잎의 정단부가 길어지는 것은 무성아를 가능한 한 모체로부터 멀리 떨어진 보다 경쟁이 적은 곳에 정착시키기 위해서인 것 같다. 고사리들 중에는 꼬리공작고사리(*Adiantum caudatum*)와 반달공작고사리(*A. lunulatum*)그림 19 또는 일부 꼬리고사리속(*Asplenium*)에서처럼 녹색의 잎몸 없이 엽축만 길게 확장되는 종류가 있는가 하면, 아시아 원산으로 널리 재배하고 있는 볼비티스 헤테로클리타(*Bolbitis heteroclita*)나 미대륙 열대지방에서 나는 볼비티스 포르토리센시스(*B. portoricensis*)처럼 녹색의 날개나 퇴화된 극도로 축소된 작은 잎조각을 만드는 종류도 있다.그림 20

꼬리고사리속(*Asplenium*)의 만니꼬리고사리(*A. mannii*), 포복꼬리고사리(*A. stoloniferum*), 긴포복꼬리고사리(*A. stolonipes*), 세잎꼬리고사리(*A. triphyllum*)는 길게 발달하는 잎자루 끝에 무성아가 달리기도 한다. 이렇게 무성아가 발달하는 잎자루들은 길이가 여타 잎자루들의 4~5배가 되는 것도 있다. 잎자루가 아치형으로 자라나면 결국에는 잎이 땅에 닿게 되는데, 그 지점에서 무성아가 새로이 생겨나는 것이다. 무성아가 생기는 지점을 지나면 잎자루는 다시금 새로운 잎이 되어 초록색 잎몸을 만든다.그림 21

이와는 반대로, 래이스파이크고사리속(*Actinostachys*)이나 곱슬고사리속(*Schizaea*)의 경우에는 무성아가 잎자루의 기부에 생긴다. 무성아가 생성되자마자 여기에서 짧은 줄기들이 나와 더 많은 잎들이 생겨나고, 다시 이 잎들의 잎자루에 무성아가 생기는 일이 반복된다. 이러한 과정이 몇 차례 반복되고 나면, 식물체는 마치 수북한 덤불 같은 외양을 띠게 되어 얼핏 보면 모든 잎들이 동일한 줄기에서 뻗어 나온 것처럼 보이기도 한다.

잔고사리과(Dennstaedtiaceae)와 비고사리과(Lindsaeaceae) 중에도 무

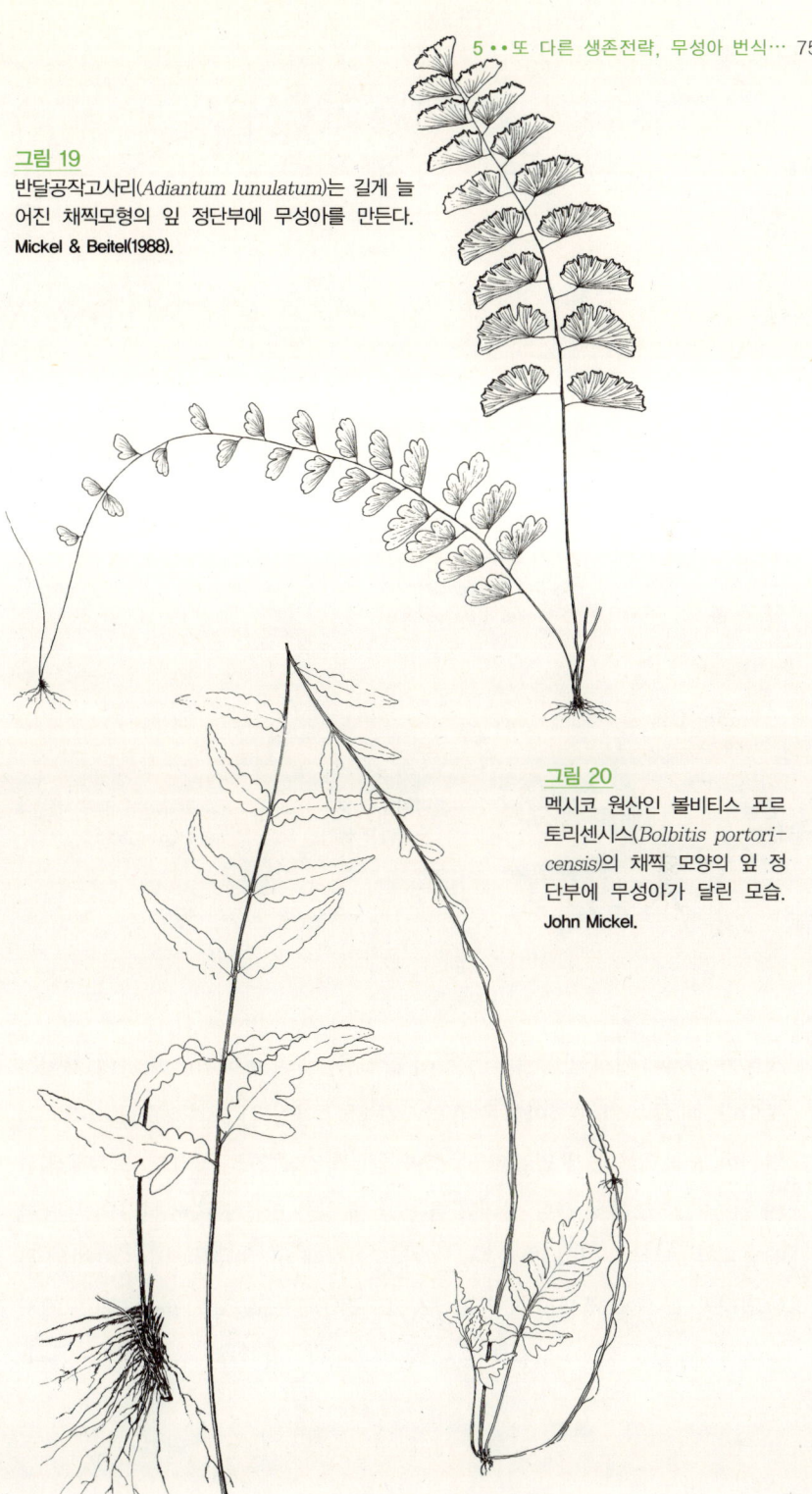

그림 19
반달공작고사리(*Adiantum lunulatum*)는 길게 늘어진 채찍모형의 잎 정단부에 무성아를 만든다.
Mickel & Beitel(1988).

그림 20
멕시코 원산인 볼비티스 포르토리센시스(*Bolbitis portoricensis*)의 채찍 모양의 잎 정단부에 무성아가 달린 모습.
John Mickel.

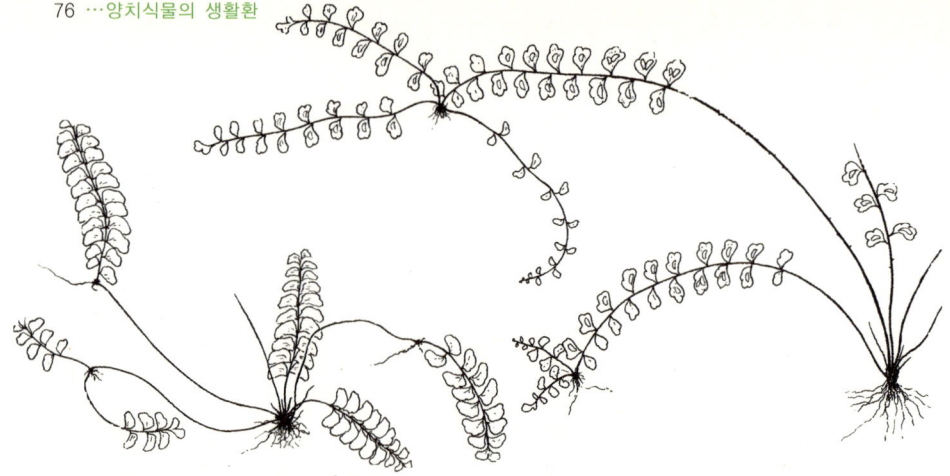

그림 21
확장된 잎자루의 끝에 무성아가 달리는 긴포복꼬리고사리(*Asplenium stolonipes*)와(왼쪽) 잎 정단부 부근 우축을 따라 무성아가 달리는 솔레이로리오이데스꼬리고사리(*A. soleirolioides*)(오른쪽). 두 종 모두 멕시코 원산. Mickel & Beitel(1988).

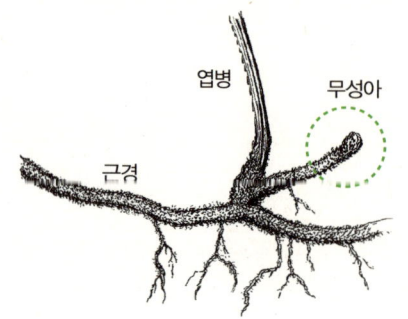

그림 22
박쥐날개고사리(*Histiopteris incisa*). 잎자루 기부에 무성아가 생기는 모습. Mickel & Beitel(1988)

성아가 잎자루에서 발달하는 종들이 많지만, 생태 면에서는 약간의 차이를 보인다. 이 종류의 무성아들은 휴면기가 없이 곧장 긴 포복경으로 자라면서 널찍한 간격으로 잎을 만든다. 무성아에서 생긴 줄기는 잎자루 기부에 의하여 원줄기와 그대로 결합 상태를 유지한 채 잎을 만듦으로써 하나의 우람한 식물체를 만든다. 이런 방식으로 잎자루 기부에 무성아가 생기는 사례는 북아메리카 동부에 자생하는 건초향잔고사리(*Dennstaedtia punctilobula*)에서 찾아볼 수 있는데, 이 고사리는 대략 잎 5장에 1장 꼴로 무성아를 만든다.

이밖에도 히스티옵테리스속(*Histiopteris*) 그림 22, 점고사리속(*Hypolepis*), 돌잔고사리속(*Microlepia*)의 종들도 잎자루 기부에 종종 서너 개씩 무성아를 만든다.(Troop & Mickel 1968) 이 식물들은 무성아를 통해 쉽게 번성해서 엉성하지만 광범한 군락을 형성한다.

    무성아는 잎이 아닌 줄기에서 생기기도 한다. 다람쥐꼬리속(*Huperzia*)의 식물들 중에는 줄기 끝 부근에 열편이 3개 달린 무성아를 만드는 식물들이 있다. 이 종류의 무성아들은 그 자체가 잎을 3장씩 단 고도로 축소된 줄기인데, 이 때문에 마치 열편이 셋인 것처럼 보인다. 이 식물들은 식물체 위에 빗방울이 떨어지면 그 충격으로 무성아가 모체에서 분리되어 인근의 땅 위에 떨어져서 새로운 개체로 자라게 된다. 그러므로 성숙한 식물체 주변에서는 무성아가 붙어 있는 상태로 자라는 식물체를 어렵지 않게 찾아볼 수 있다.

    이와는 달리 솔잎란속(*Psilotum*) 화보사진 20과 백두산고사리삼속(*Botrychium* subgen. *Botrychium*)에는 줄기의 지하부에서 무성아가 생기는 종들도 있다.(Farrar & Johnson-Groh 1990) 온실에서 식물을 키우다 보면, 뜻밖에도 엉뚱한 장소에서 솔잎란이 싹을 틔우는 경우가 있는데, 이것은 솔잎란의 무성아가 쓸려 들어간 흙을 다른 식물을 심

포복경

그림 23
포복경으로 번식하는 브레크눔 스톨로니페룸
Blechnum stoloniferum. Mickel & Beitel(1988)

그림 24
왼쪽은 줄고사리(*Nephrolepis*)의 일종. 오른쪽은 무성아에서 생긴 모종들이 포복경에 붙어 있는 모습.

는 데 사용해서 생기는 일이다.

또한 길게 뻗은 포복경에 무성아를 만드는 고사리들도 있다.그림 23 이것은 내개 늘어진 바구니에 담아 재배하는 줄고사리속(*Nephrolepis*)의 줄고사리(sword fern)와 보스톤고사리(Boston fern) 종류를 생각하면 된다. 이 고사리들은 시간이 경과하면 끈과 같은 생김새의 포복경이 무수하게 바구니 밖으로 늘어져서 흐트러진 모습을 보이기 때문에,그림 24 이 종류의 고사리를 재배하는 사람들은 이를 깔끔하게 잘라주기도 한다. 하지만 이 포복경이 계속 자라서 땅과 접촉하도록 하면 포복경에서 무성아가 생성되어 뿌리를 내리는 모습을 볼 수 있다. 줄고사리류 중 숲 바닥에 나는 종들은 포복경을 내어 헤치고 지나가기 어려울 정도로 무성한 군락을 형성한다.

북아메리카와 유라시아에 자생하는 청나래고사리(*Matteuccia struthiopteris*)도 포복경으로 번식하는 종이기는 하지만, 그 방식이 약간 다르다. 청나래고사리는 지하 2.5~5cm 정도 깊이에서 수평으로 포복경을 뻗는데, 모체에서 어느 정도 떨어지면 포복경이 위를 향해 수직으로 굽어서

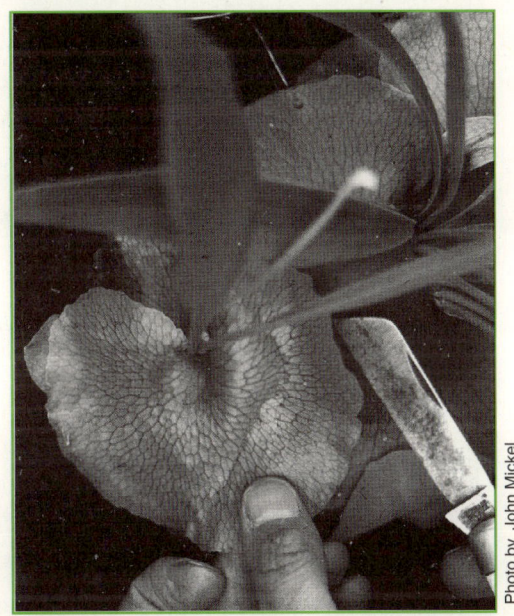

그림 25
박쥐란(*Platycerium*)의 퍼프(pup)를 분리하고 있는 모습. 형태가 다른 두 종류의 잎에 주목할 것. 바닥의 둥근 방패형 잎은 길쭉한 영양엽이 서 있도록 받쳐준다.

그 끝에 잎이 돋아난다. 제대로 정착한 식물체라면 대개 1년에 포복경 하나당 2~3개의 포복경을 만들어낸다. 청나래고사리는 이런 방식으로 정원 화단에서 세력을 넓혀가기 때문에 적절히 관리를 해주지 않는다면 다른 식물들을 압도해 버릴 수도 있다. 하지만 이러한 공격적인 번식력에도 불구하고, 한대-온대 지방에서 청나래고사리는 집주변의 조경소재로 아주 인기가 많다.

줄고사리(*Nephrolepis cordifolia*)는 뻣뻣한 잎이 조밀하게 붙고 곧게 서는 특성 때문에 열대지방에서 울타리로 즐겨 심는다. 줄고사리는 줄고사리속의 다른 식물들과 마찬가지로 포복경을 만들지만, 특이하게도 포복경의 끝에 직경 2.5cm 가량의 감자처럼 생긴 전분이 함유된 괴경^{塊莖; tuber}이 달린다. 원래 괴경의 역할은 양분을 저장하는 것이기는 하지만, 만일 모체가 죽거나 괴경이 모체에서 분리되면 괴경에서 새 잎이 나와 새로운 개체로 자라므로 무성아의 역할도 수행한다.

무성아는 뿌리 부위에서도 생기는데, 특히 열대지방에 자생하는 착생 고사리류에서 이러한 모습을 볼 수 있다. 이 종류의 고사리들은 나무 수간(樹幹)과 가지를 빽빽하게 덮은 이끼와 부식토 사이로 얼기설기 뿌리를 뻗은 뒤 간헐적으로 잎이 달린 무성아를 만들어낸다. 그래서 마치 빽빽한 이끼 여기저기에서 잎이 돋아난 것처럼 보인다. 이렇게 뿌리에서 무성아를 만드는 열대성 착생 양치류로는 일엽아재비과(Vittariaceae)와 그람미티다과(Grammitidaceae), 그리고 꼬리고사리속(*Asplenium*)과 페클루마속(*Pecluma*)에 속한 식물들이 있다.

박쥐란속(*Platycerium*)의 종들도 뿌리에서 무성아를 만드는 착생식물이다. 박쥐란은 집이나 온실에서 널리 재배하는 고사리인데, 뿌리 끝이나 식물체의 기부 주위를 따라가며 뿌리 끝이 직접 무성아로 변하여 토양에 밀착한 방패꼴 잎 형태인 싹으로 자라난다. 퍼프^{pup}라고 하는 이 싹을 떼어내어 심으면 새로운 식물로 자라나게 된다.$^{그림 25}$ 전 세계에 시판되고 있는 박쥐란들은 거의 모두 이런 방식으로 증식된 것으로써 포자에서 번식시키는 경우는 극히 드물다.(박쥐란의 퍼프 번식에 대해서는 Hoshizaki & Moran 2001)

비록 착생식물의 뿌리에서 무성아가 생기는 경우가 가장 흔하지만, 이러한 사례는 일부 육상종에서도 찾아볼 수 있다. 나도고사리삼속 *Ophioglossum*의 식물들이 그 대표적인 예인데, 이 종류의 고사리들은 지하 2.5~7.5cm 깊이로 뻗는 뿌리 끝에 무성아가 생기기 때문에 밀집되어 있지는 않아도 넓게 퍼진 군락을 형성한다. 아시아 지역에 자생하는 설설고사리(*Phegopteris decursive-pinnata*) 또한 뿌리에서 생기는 무성아로 왕성하게 번식하는 종류이다. 동아시아 지역에서 새순을 식용에 사용하는 야채고사리(*Diplazium esculentum*) 역시 뿌리의 무성아 번식이 활발하여 작물로 재배하기에 쉬운 종류이다.

무성아가 생성되는 기관이 뿌리나 줄기, 또는 잎 중 그 어느 것이든 간에 해당 식물체로 군생 집단을 이루는 결과를 가져온다. 집단의 규모는 작게는 딸기고사리(Hemionitis palmata)처럼 1m²에 그치기도 하고, 크게는 줄고사리속의 일부 종들처럼 축구장만큼 넓게 퍼지기도 한다. 군락의 규모가 어떠하든 간에 무성아 번식은 유성생식과는 별도로 해당 종이 서식지에서 신속하게 정착하도록 하는 데 기여한다. 또한 포자 형성을 위한 감수분열 과정에서 모체로부터 상실될 우려가 높은 최적의 유전자 조합을 보존하는 역할도 한다. 만일 모체가 어느 특정 환경에서 성공적으로 정착할 수 있다면, 무성아 번식을 통해 생겨난 유전자 조합이 모체와 동일한 모종들 역시 잘 적응할 수 있을 것이다.

무성아 번식은 생식력이 없는 잡종 고사리에게도 중요하다. 잡종은 포자가 불임이므로 유성생식이 불가능하다. 하지만 만일 무성아를 만들 수 있다면 개체 수를 불려나가고 자신의 서식 영역을 넓혀나가는 일도 가능해진다. 가령 북아메리카 동부에서는 루키둘라다람쥐꼬리(Huperzia lucidula)와 포로필라다람쥐꼬리(H. porophila) 두 종 사이에 생긴 잡종은 무성아 번식을 하는데, 이들은 심지어 모종들 중 하나 또는 양쪽 모두가 절멸한 지역에서도 발견되고 있다. 열대아메리카 지역에서는 포복경에서 생기는 무성아를 통해 왕성하게 번식하는 블레크눔속(Blechnum)의 잡종들이 많다.

전 세계의 양치류 종들 가운데 약 5% 정도가 무성아를 만드는 것으로 알려져 있다. 이 수치는 별로 대단하다고는 할 수 없겠지만, 무성아에 의한 무성생식 전략은 생존경쟁이 극도로 치열한 식물세계에서 다른 식물들보다 경쟁에서 앞서 나갈 수 있는 유리한 수단이 될 수 있을 것이다. 그렇지만 오직 무성아로만 번식하는 고사리는 아직까지 알려진 바가 없다. 고사리들은 포자와 배우자체를 통한 유성생식과 함께 보조수단으로 무성아 번식을 활용한다. 위험성이 적지 않은 유성생식이 실패하는 경우 무성아들은 훌륭한 대체수단이 되는 것이다.

06 진화의 메커니즘, 잡종형성과 배수성

1993년 발간된 『북아메리카의 식물지(*Flora of North America*)』 2권에는 예전의 분류학 도감에서는 볼 수 없는 새로운 내용이 담겨 있다. 이 책은 미국과 캐나다에 자생하는 420종의 양치류와 석송류 식물들을 기재하고 있는데, 책 속에는 그물처럼 얽힌 좀 희한하게 생긴 도표들이 들어 있다. 이 도표들은 기본종들과 관련 잡종들 간의 유연관계를 나타내고 있는데, 종들 간의 유연관계를 네트워크 방식으로 표현하고 있기 때문에 이 도표를 망상도網狀圖; reticulogram라고 부른다. 그림 26

망상도는 진화계통수進化系統樹도 아닐뿐더러 식물종들의 공동조상이 무엇인지, 어떻게 갈라져 나왔는지와 같은 진화 과정의 선후 관계를 보여주지도 않는다. 다만 어떤 종들이 서로 교잡하여 어떤 잡종을 만들어내는지를 보여주는 것이 망상도의 목적이다. 또한 생성된 잡종이 불임不稔인지 임성稔性인지의 유무도 보여준다. 거의 모든 잡종들은 최초로 형성되는 시점에서는 불임이다. 하지만 배수성倍數性; polyploidy이라는 과정을 통해 염색체 수가 배가하게 되면 자동적으로 생식능력이 생겨 임성 포자를 만들게 된다.

『북아메리카의 식물지』에 망상도를 추가한 이유는, 이 도표에 의해 표현되는 잡종형성hybridization과 배수성polyploidy이라는 과정들이 양치류와 석송류에 있어 새로운 종을 형성하는 중요한 진화적 메커니즘이 되고 있기 때문이다. 이 책에서 다루고 있는 식물종들 중에서 약 20%(100여 종) 정도가 교잡을 한 다음 배수성의 과정을 통해 임성을 갖게 된 종들이다.

배수성이라는 개념은 예를 들어 설명하는 것이 가장 이해하기 쉬울 것 같다. 양치류 유연종들은 염색체 수가 기본 염색체 세트의 배수가 되는 경우가 흔하다. 가령 관중속(*Dryopteris*)의 고사리들 중에는 체세포somatic cell 속에 41쌍의 염색체를 가지고 있는 종들도 있고, 82쌍이나 164쌍의 염색체를 가지고 있는 종들도 있다. 모두 기본 염색체 수인 41의 배수가 되는 셈이다. 마찬가지로 꼬리고사리속(*Asplenium*)의 대부분은 체세포에 36쌍의 염색체를 가지고 있지만, 그 중에는 72쌍이나 심지어는 144쌍, 288쌍의 염색체를 가지고 있는 종들도 있다. 모든 염색체의 수치들은 36의 배수인데, 이 속에서는 36이 가장 적은 수이므로 이를 기본수basic number라고 부르고, 가

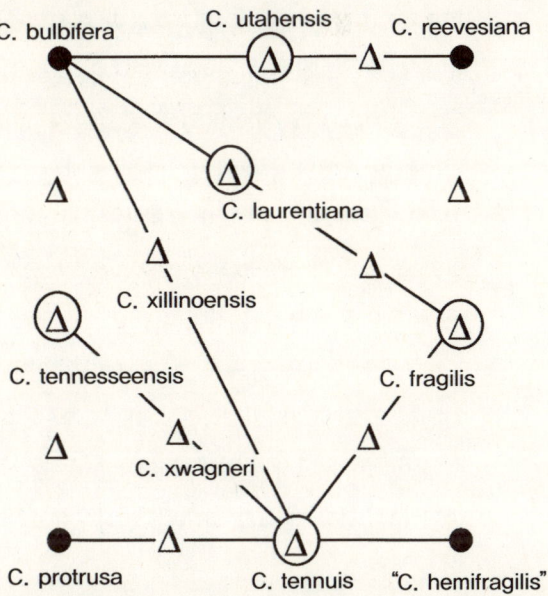

그림 26
북미한들고사리(*Cystopteris*)의 망상도. 검은색의 원형은 2배체 기본종, 삼각형은 불임 잡종, 원을 두른 삼각형은 염색체 수가 배가되어 임성을 지니게 된 잡종을 각각 지칭한다. 우하측의 '헤미프라길리스한들고사리 *Cystopteris hemifragilis*'는 가상의 조상 식물이다. Flora of North America Editorial Committee(1993)

장 적은 수의 염색체를 가지는 종들을 2배체diploid, 2쌍의 염기수를 지님라고 한다. 반면에 이보다 많은 배수의 염색체를 가지는 종들은 배수체倍數體; polyploid라고 부른다. 염색체를 몇 쌍 가지고 있느냐에 따라 같은 종의 식물이라고 할지라도 4배체, 6배체, 8배체 등이 될 수 있다. 예를 들어 차꼬리고사리(A. trichomanes) 화보사진 2 중에는 2배체와 4배체, 6배체의 품종들이 있는 것으로 알려져 있다.

전형적으로 배수체 형성은 감수분열 과정에서 염색체 이상異常; abnormality에 의해 일어난다. 세포분열 과정에서 염색체가 반으로 나눠지지 않고 온전한 2쌍의 염색체를 가진 포자가 생성되는 경우, 나중에 이 포자가 자란 배우자체에서 생성된 정자가 난자를 수정시켜 생기는 접합자는 난자와 정자에서 각각 2쌍의 염색체를 받게 되어 4쌍의 염색체를 보유하게 된다. 다시 말해, 접합자가 4배체가 되는 것이므로 이후에 생기는 포자체 역시 4배체가 된다. 이렇게 되면 자연도태라는 기나긴 과정을 건너뛰어 수정 시점에서 즉각 새로운 배수체의 고사리가 생겨나는 것이다.

배수성은 잡종형성과 밀접한 관계가 있다. 잡종은 어느 한 종의 정자가 다른 종의 난자와 수정됨으로써 생겨난다. 잡종의 접합자는 정상적인 뿌리와 줄기, 잎을 가진 성체로 성장하기는 하지만, 임성은 가지지 못한다. 잡종의 포자는 보통 검은색을 띤 일그러진 모양이며 불임이다. 포자의 불임은 감수분열 과정에서 생리적이나 구조적인 요인으로 말미암아 모체의 염색체가 적절하게 짝을 이루지 못하는 데서 기인한다. 그래서 포자로 배분되는 염색체 수가 정상일 경우보다 지나치게 많거나 적게 되어 기형인 유전적 불균형 포자를 형성하는 것이다.

인간의 경우 염색체 한 개가 더해지거나 없어짐으로 일어나는 영향은 21번째 염색체 하나가 더 있는 다운증후군이나 Y염색체 하나가 없는 터너증후군이라는 유전성 질병에서 찾아볼 수 있는데, 이로 인하여 지능 발달의 저하나 불임 등의 문제가 초래된다. 감수분열의 장애에 의해 고사리 잡종이 생성될 때는 한 개보다 훨씬 많은 염색체가 불균등하게 배분되는데 그 결과는 극단적인 양상으로 나타난다. 즉, 전체 포자가 불임이 되어버리는 것이다.

하지만 바로 이 단계에서 배수성이 작동하기 시작한다. 배수성의 메커니즘에 의하여 잡종의 불안정한 염색체 수가 배가됨으로써 각각의 염색체가 감수분열 과정에서 정상적으로 짝을 이룰 수 있게 되어 염색체들이 균등하게 딸세포로 전달된다. 그로 인해 임성을 지닌 포자가 생성되므로 잡종도 생식능력을 가지게 되는 것이다. 그림 27 그러므로 배수성은 불임일 수밖에 없는 잡종에게 자동적으로 생식력이 생기게 하여 유성생식을 가능하게 해준다는 점에서 그 중요성이 있는 것이다.

일단 임성을 지니게 되면, 잡종은 모종과 관계없이 독자적으로 번식을 할 수 있게 된다. 잡종은 포자에 의해 전파되어 독자적으로 서식지를 점유하게 되는데, 때로는 모종들보다 훨씬 더 넓은 서식 분포를 이루는 경우도 있다. 새로이 형성된 임성 잡종은 자연선택 법칙의 영향을 받아 모종들과는 전혀 다른 새로운 형질을 진화시키기도 한다. 말하자면, 배수성에 의해 잡종의 형질이 고정됨으로써 진화된 독립 형질이 생성된다는 것이다.

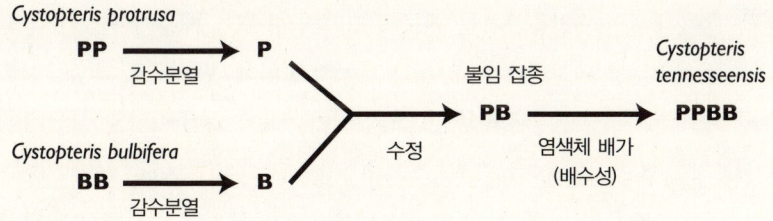

그림 27
배수성과 잡종형성에 의한 테네시한들고사리(*Cystopteris tennesseensis*)의 형성 과정. P는 모종들 중 하나인 프로트루사한들고사리(*C. protrusa*)의 염색체 1쌍, B는 살눈고사리(*C. bulbifera*)의 염색체 1쌍을 지칭한다. 감수분열에 의해 염색체 수가 반감되지만, 배수성에 의해 염색체 수가 배가됨으로써 잡종도 임성을 획득하게 된다.

이러한 잡종형성과 배수성의 메커니즘은 각각 동시다발적으로 발생할 수 있다. 이것은 임성이 있는 잡종의 발원지가 한 곳이 아니라 여러 곳이 될 수도 있음을 의미한다. 예를들면 북미거미고사리(*Asplenium rhizophyllum*)화보사진 10와 흑단차꼬리고사리(*A. platyneuron*) 사이의 잡종인 스코트차꼬리고사리(*Asplenium*×*ebenoides*)는 펜실베이니아 주 동부, 테네시 주 중부, 미주리 주 남부처럼 두 모종들이 섞여 서식하는 곳이라면 어디서나 나타날 수 있다. 그리고 두 모종의 임성 잡종도 여러 곳에서 생길 수 있음이 유전학 연구에서 밝혀졌다. 하지만 이 잡종은 북아메리카 동부에서 가장 흔한 꼬리고사리류로 손꼽힘에도 불구하고, 조지아 주의 단 한 지역에서만 염색체 수가 배가됨으로써 임성을 지닌 잡종이 확인되고 있다. 그렇다면 왜 조지아 주 외의 다른 곳에서는 배수성의 메커니즘이 작동하지 않는 것인지, 또한 왜 여타의 불임 잡종들은 임성을 갖지 못하게 되는 것인지는 아직까지도 의문으로 남아 있다.

　　식물학자들은 배수체나 잡종이라는 사실을 어떻게 판별해 낼까? 배수체는 보통 두 가지의 방법으로 판별할 수 있다. 가장 확실한 방법은 염색체 개수를 세는 것이지만, 이것은 일도 많고 시간이 걸린다. 그래서 보통은 세포의 길이를 측정함으로써 배수성을 추정하고 있다. 왜냐하면 배수체들은 보통 2배체인 근연종들보다 세포의 크기가 더 크기 때문이다. 이것은 양치류와 석송류를 연구하는 데 있어 장점이기도 한데, 단세포로 이루어진 포자를 광학현미경으로 관찰하면 그 크기를 가늠하는 것이 그다지 어렵지 않다. 포자를 섞은 물방울을 슬라이드 위에 떨어뜨린 다음 이를 접안 마이크로미터로 측정하면 된다. 잎의 기공의 공변세포의 크기를 측정해도 되지만, 이를 위해서는 우선 잎을 가성화학용액에 담가서 잎 조직을 투명하게 만들어야 하므로 포자를 물방울에 넣어 관찰하는 것보다 훨씬 작업이 성가시다. 따라서 배수체 판별을 하는 데에는 포자가 가장 흔하게 사용된다. 만일 조사 대상인 종이 이미 검증된 2배체 근연종보다 포자의 크기가 더 크다면,

그 사실로부터 배수성을 추론해 낼 수 있다.

　　잡종의 특징은 보통 육안으로도 식별할 수 있기 때문에 배수체보다 판별하기가 더욱 용이하다. 잡종의 생김새는 두 모종의 딱 중간이면서도 뒤섞인 형질을 가지는 것이 보통이다. 이러한 변이성은 잡종이 형성되는 과정에서 두 모종 간의 유전적 형질이 일종의 줄다리기를 하면서 엽형이나 엽맥, 마디 사이의 간격 등과 같은 형질에서 불규칙성을 유발하기 때문이다. 가령 단엽을 가진 종과 1회 우상엽羽狀葉을 가진 종 사이에서 생겨난 잡종은 다양한 형태의 엽형을 띠게 된다. 그림 28 숙련된 식물학자들은 종종 불규칙적으로 드러나는 변이성에 의한 잡종을 판별해 낼 수가 있다.

　　일단 형태적으로 중간 형질을 보여서 잡종인지 의심이 들면, 우선 현미경으로 포자를 살펴 불임 유무를 관찰한다. 만일 불임 포자가 관찰된다면 해당 식물이 생식력이 없는 잡종임을 판단할 수 있는 보다 확실한 근거가 된다. 불임 포자는 형태가 짙은 검은색의 기형인 탓에 흙의 입자로 오인될 경우도 있는데, 마치 현미경 슬라이드가 먼지에 오염된 것으로 착각할 수도 있을 정도이다.

　　잡종의 두 모종은 보통 형태학과 지리학적 근거에 의거하여 판단하고 있으나, 근래에 와서 이를 정확하게 추적할 수 있는 강력한 도구가 등장하였으니 효소 전기영동電氣泳動; electrophoresis이 바로 그것이다. 이 기법은 개체에 따라서 동일한 유형이면서도 약간씩 다른 단백질 효소아이소자임; isozymes 또는 알로자임; allozymes들이 나타난다는 점에 착안하고 있다. 우선 얇은 전분 겔이나 아크릴아미드acrylamide겔의 표면에 홈을 내고 그 속에 잡종과 추정 모종들의 잎 조직 추출물을 투여한 다음 일정 시간 동안 고압의 전류를 흐르게 한다. 그러면 크기와 형태, 전하량에 따라 겔 속의 분자들의 이동거리가 달라져서 뚜렷한 밴드들로 분리된다. 그런 후에 특정 유형의 효소들이 드러나도록 염색을 하면 이 밴드들을 육안으로 확인할 수 있게 된다. 모종들은 밴드의 패턴이 서로 다른 것이 보통인데, 잡종은 모종의 밴드 패턴들이 결합한 형태를 띠고 있다. 이 기법은 대단히 정확해서, 가령 한들고사리속(*Cystopteris*)에서 볼 수 있듯이 형태학적으로는 모종들과 거의 차이를 보이지 않는 잡종이라 할지라도 성공적으로 판별해 낼 수가 있다.

일단 잡종이 발견되고 해당 종의 모종을 판별하고 나면, 식물학자들이 학술적인 논의를 진행할 수 있도록 이를 적절하게 명칭을 붙일 필요가

텍타리아 인키사
(*Tectaria incisa*)

잡종

텍타리아 파나멘시스
(*T. panamensis*)

측엽공작고사리
(*Adiantum latifolium*)

잡종
바리오핀나툼공작고사리 (*A.* x *variopinnatum*)

잎자루공작고사리
(*A. petiolatum*)

그림 28
실루엣으로 표현된 모종들과 잡종들의 두 가지 사례. 모두 코스타리카에 자생한다. 잡종들은 변이 폭에 있어 정도의 차이를 보인다.

있다. 잡종을 명명하는 데에는 공식으로 표현하거나 또는 이명법=名法으로 기재하는 두 가지 방식이 있다. 만일 공식으로 표기한다면, 측엽공작고사리 (*Adiantum latifolium*)×잎자루공작고사리(*A. petiolatum*) 같은 식으로 모종의 학명 사이에 곱셈 기호 ×를 넣어주면 된다. 이에 비해 이명법 표기방식은 보통의 학명과 유사한데, 다만 종소명 앞에 ×기호를 넣어주면 된다. *Adiantum* × *variopinnatum* (*A. latifolium* × *A. petiolatum*), *Asplenium* × *ebenoides* (*A. platyneuron* × *A. rhizophyllum*), *Lygodium* × *lance-tillanum* (*L. heterodoxum* × *L. venustum*) 등이 그 예이다. 한편 잡종의 학명을 표기하는 데에는 공식보다는 이명법이 더 합당할 것으로 보인다. 이명법을 따르면 영속성의 측면에서 안정감이 있다. 이에 비해 공식으로 표기하게 되면, 모종들 중 하나라도 학명이 바뀌거나 또는 기원이 되는 모종이 다른 종으로 판별될 때마다 잡종도 새로이 명칭의 표기를 바꾸어야 한다는 부담이 있기 때문이다. 하지만 이명법을 사용한다면 이러한 변수들에 영향을 받지 않으므로 학명 표기에 아무런 변동이 생기지 않는다.

잡종형성과 배수성에 대한 연구는 미국과 유럽, 일본 등지에서 활발하게 진행되고 있는 반면, 대다수의 고사리류와 석송류가 서식하는 본고장인 열대지방에서는 아직 미미한 편이다. 하지만 이곳 역시 연구가 진행된다면 온대지방과 마찬가지로 잡종형성과 배수성의 메커니즘이 아주 보편적으로 드러나리라는 것은 거의 의심할 여지가 없다. 잡종형성과 배수성은 새로운 종의 분화를 촉진함과 더불어 향후에도 새롭고 놀라운 형태의 양치식물들이 계속 출현하도록 끊임없이 진행되고 있는 진화의 메커니즘이다.

Classificat

Classification of Ferns

양치식물의 분류

- 07 _잘못된 이름, 고사리 근친군
- 08 _진화적 계통으로 본 고사리류
- 09 _재미있는 속명의 유래
- 10 _영화 속에서

07 잘못된 이름, 고사리 근친군

 석송, 속새, 솔잎란 등을 포함하는 고사리 근친군과 아일랜드 엘크, 파나마 모자, 대니쉬 패스트리 사이에는 어떤 공통점이 있을까? 이 용어들은 모두 정확하지 않은 이름이라는 것이다. 아일랜드 엘크는 아일랜드에만 있는 것도 아닐뿐더러, 따지고 보면 엘크가 아닌 사슴의 일종이다. 그리고 진짜 파나마 모자는 파나마가 아니라 에콰도르에서 만들어졌다. 1800년대에 에콰도르에서 제조된 모자들은 일단 파나마에 집하된 다음 그곳에서 다른 곳으로 팔려나갔다. 대니쉬 패스트리 역시 덴마크가 아니라 오스트리아에서 유래되었다고 한다. 덴마크 수도 코펜하겐의 제빵업자들이 파업에 돌입하자 이를 대체하기 위해 오스트리아 비엔나에서 제빵업자들을 데려왔는데, 이들이 만든 빵이 바로 대니쉬 패스트리이다.

 마찬가지로 사람들이 말하는 고사리 근친군이라는 것도 고사리류와 가까운 별개의 식물군이 아니다. 이들은 속새류(*Equisetum*)나 솔잎란류(*Psilotum*과 *Tmesipteris*)처럼 아예 진짜배기 고사리이든가, 석송류 물부추속(*Isoetes*), 부처손속(*Selaginella*), 석송속(*Lycopodium*), 물석송속

(*Lycopodiella*), 다람쥐꼬리속(*Huperzia*)처럼 종자식물보다도 고사리류와는 오히려 관계가 더 먼 식물들이다. 그러므로 고사리 근친군이라는 명칭은 요즈음에는 이미 타당성을 상실해 버린 용어이기는 하지만, 앞에 나온 식물들의 근연관계를 한번 따져봄으로써 육상식물의 진화와 함께 1990년대 이후 생물분류학 분야에서 시작된 혁신적인 변화의 성과들을 고찰해 볼 수 있을 것 같다.

외양으로만 보면 고사리 근친군[그림 29] 들은 일반적인 고사리류와는 사뭇 다른 모양을 지니고 있다. 그리고 예전에는 그중 일부가 고사리류가 아닌 별개의 다른 식물군으로 분류되어 왔던 것도 바로 이런 이유 때문이다. 1700년대 중반, 린네는 부처손류, 석송류, 솔잎란류를 이들과 어느 정도 흡사한 외양을 지니고 있는 이끼류와 같은 무리로 분류하였다. 또한 속새류와 물부추류를 고사리류로 분류하면서도, 각각 제일 앞과 뒤에 배치함으로써 전형적인 고사리류와의 차이점을 강조하였다. 이후 1800년대 초가 되어서야 비로소 식물학자들은 모든 고사리 근친군이 고사리류와 관계가 있지 않을까 하는 의문을 품게 되었다. 이 두 식물군은 모두 포자로 번식하고 내부에 관다발조직이 있다는 공통점이 밝혀졌기 때문이다. 이 두 가지 형질들에 근거하여 고사리류와 고사리 근친군은 서로 관계가 있는 것으로 보임으로써 선태류나 종자식물과는 구분되는 그들만의 그룹이라는 개념이 대두하였다.

이렇게 고사리류와 고사리 근친군을 한데 묶어 분류하는 견해는 1850년대 식물학자들이 육상식물의 일반적인 생활환을 이해함으로써 더욱 확고한 지지를 얻게 되었다. 육상식물의 생활환은 서로 다른 배우자체세대와 포자체세대가 번갈아가며 교대하는 것으로 파악되었는데(1장 참조), 고사리류나 고사리 근친군은 모두 두 세대가 생리적으로나 영양적으로 분리되어 상호 독립적으로 전개된다는 점에서, 배우자체세대가 생활환에서 우세한 선태류나 포자체세대가 우세한 종자식물처럼 두 세대가 서로 밀접하게 연결되

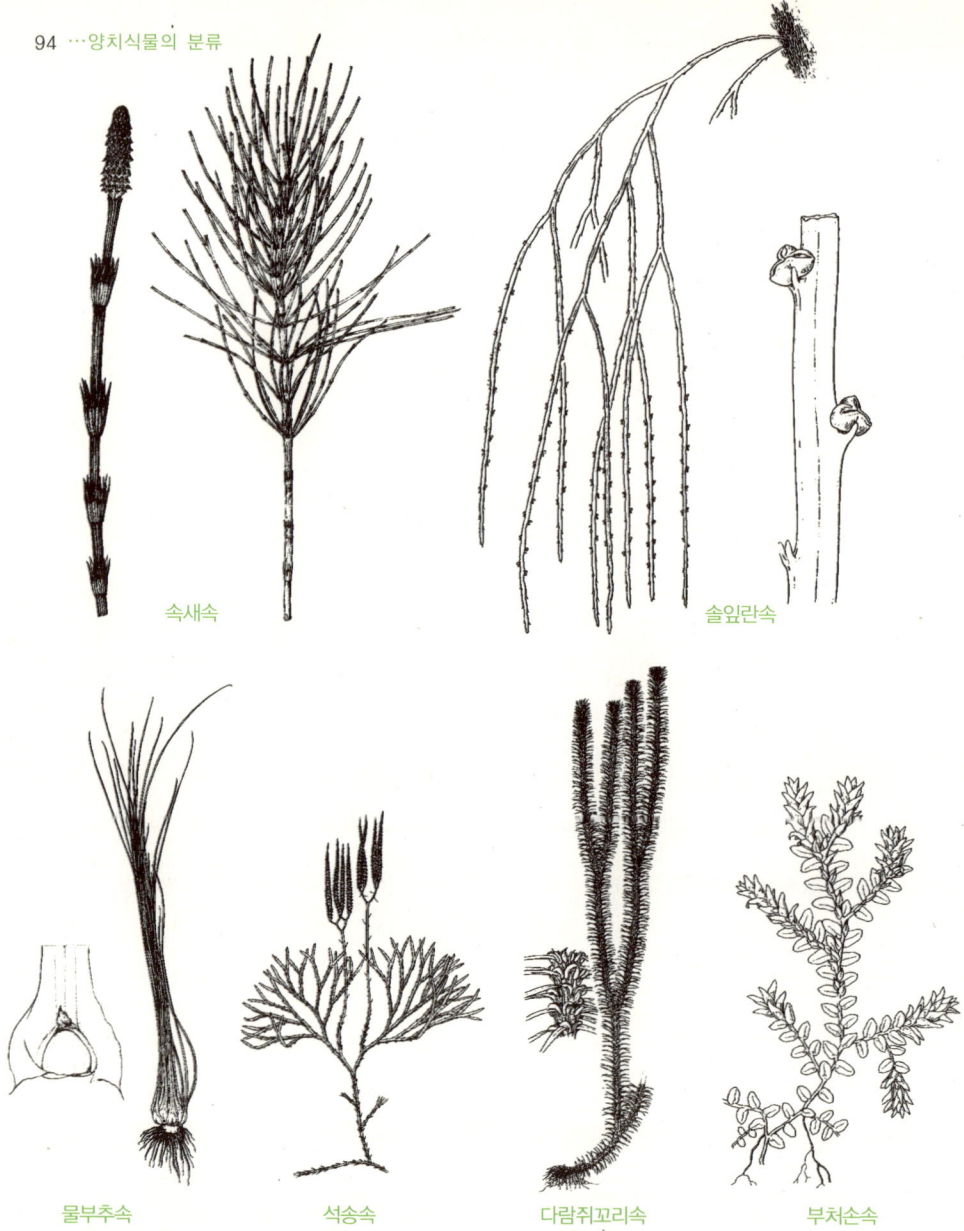

그림 29
고사리 근친군. 근래에 와서 속새류(*Equisetum*)와 솔잎란과(Psilotaceae) 식물들은 다름 아닌 양치류임이 밝혀졌다. 석송류 식물들보다도 양치류는 종자식물과 더 가까운 근연관계를 이룬다. 솔잎란속, 다람쥐꼬리속, 석송속 Mickel and Beitel(1988), 물부추속, 부처손속 John Mickel

어 있는 것과는 확연히 다르게 보였던 것이다. 이로 인하여 고사리와 고사리 근친군의 유연관계는 더욱 밀접하게 여겨졌던 것이 분명한데, 이것은 곧 분류학 체계에도 그대로 반영되었다. 대부분의 식물분류체계에서 고사리류와 고사리 근친군들은 선태식물문(Bryophyta)이나 종자식물문(Spermatophyta)과 구분되는 양치식물문(Pteridophyta)으로 공식적으로 명명되었다. 그리고 양치식물문 내에서는 고사리류와 여러 고사리 근친군들이 동등한 지위를 부여받게 되었다. 즉,

양치식물문(Pteridophyta)*감수자주
  -Polypodiopsida(고사리강 또는 양치식물강)
  -Lycopodiopsida(석송강)
  -Equisetopsida(속새강)
  -Psilotopsida(솔잎란강)

때로는 이 식물군들에 다소 다른 계급을 부여함으로써 분류군의 명칭이 조금씩 달라지는 경우가 있기는 하지만, 주요 식물군들 자체는 당시 거의 모든 사람들이 지지하였다. 이러한 분류체계는 그때까지 밝혀진 사실들

---

*감수자주

주요한 관속식물의 분류체계로는 포자로 번식하는 양치식물문(Pteridiophyta)과 종자로 번식하는 종자식물문(Spermatophyta)으로 나누는 Wettstein체계(1935)가 있고; 관속식물문(Tracheophyta) 아래 4아문(솔잎란아문, 석송아문, 속새아문, 양치식물아문)을 두고, 양치식물아문을 3강(고사리강, 나자식물강, 피자식물강)으로 나누는 Tippo체계(1942)도 있다. 이 책은 Wettstein체계를 따르고 있고, 본문에 있는 것처럼 양치식물문을 4개의 강(고사리강 또는 양치식물강, 석송강, 속새강, 솔잎란강)으로 나누는데, 고사리강은 일명 양치식물강이라고 하니, 양치식물 또는 양치류를 지칭하면서 범주명(문, 강, 목, 과, 속, 종)을 써주지 않으면 고사리강만을 말하는 것인지 4강을 다 지칭하는 것인지 분명하지 않다.

사실 분류학에서는 이런 혼동을 피하기 위해서 분류군명 뒤에 범주명을 쓰거나 s.s.나 s.l.을 붙여 광의(廣意 sensu lato)로 말하는 것인지, 협의(狹意 sensu stricto)로 말하는 것인지를 명시하고 있다. 그런데 이 책은 이를 분명히 명시하지 않아 간혹 pteridophytes가 무엇을 말하는지 불분명한 경우가 있다. 감수자는 고사리강을 이야기할 때는 고사리류로, 전체를 이야기할 때는 양치식물로 가급적 구분하여 표기하였다.

을 가장 잘 반영한 것으로써 이후 거의 100년 동안 정설이 되어 왔다.

하지만 1900년대 초반에 들어서면서 기존의 분류체계에 대한 의문이 처음으로 제기되었다. 하버드대학의 식물해부학자 에드워드 제프리Edward C. Jeffrey는 고사리류와 종자식물이 모두 공통적으로 크고 복잡한 구조를 가진 잎을 지니며, 또한 엽극葉隙: leaf gap(고등식물에서 줄기로부터 잎이 나누어질 때 잎의 관다발이 줄기의 관다발로부터 떨어져 나온 뒤에 줄기의 관다발에 남게 되는 관다발의 틈—옮긴이주)으로 알려진 특이한 해부학적 특징을 공유하고 있다는 점을 지적하였다. 또한 두 식물군 모두 잎의 뒷면에 포자낭이 생성된다는 공통점이 있다.(초기 종자식물들은 잎 뒷면에 포자낭이 달렸다. 현존종으로서 화분낭이 포자엽의 뒷면에 생기는 소철에서도 이러한 예를 찾아볼 수 있다.—옮긴이주) 이에 반하여 석송류의 잎은 단일 맥을 지닌 전연全緣의 단엽으로 엽극이 없을뿐더러 포자낭은 잎의 앞면 또는 엽액에 생긴다. 그리고 독특한 모양의 잎을 지닌 속새류의 경우,그림 65 프랑스의 고식물학자인 리니에Elie Antoine Octave Lignier가 지적했듯이, 속새의 조상 식물들 중에는 넓고 얇은 잎을 가진 종도 있었다는 사실이 화석에서 나타나므로 속새류는 잎이 퇴화되는 방향으로 진화한 것으로 볼 수 있다는 것이다. 이상과 같은 특징들은 고사리류와 속새류 그리고 종자식물들이 석송류보다는 훨씬 더 상호 밀접한 관계에 있음을 시사해 준다.

1930년 이후 관련 화석들이 다량 출토됨에 따라 초기 관다발 육상식물의 형태에 대해서 보다 더 많은 사실들이 밝혀지게 되었다. 초기 육상식물들은 약 4억3천만 년 전 실루리아기 초기에 생겨났다. 이 시대의 바다 속에는 거대한 두족류나 갑주어, 삼엽충, 광익류 같은 생명체들이 번성했지만 아직 육지에는 소수의 조류藻類나 선태류 이외에는 거의 생명체가 살지 않았던 시기이다. 그런데 이 시기의 해안 습지와 개펄에서 탄생한 초기 식물들은 현재의 식물들과는 그 생김새가 사뭇 달랐다. 뿌리나 잎도 없이 녹색의 줄기축은 'Y' 자 모양으로 갈라졌기 때문이다. (식물의 줄기는 잎이 달리는 부위를 일컫기 때문에 아직은 '줄기축' 이라는 명칭을 사용할 수밖에 없다.)

7 ·· 잘못된 이름, 고사리 근친군 ··· 97

그림 30
데본기의 초기 육상식물인 쿡소니아 칼레도니카 (*Cooksonia caledonica*)(왼쪽)와 아글라오파이톤 메이저(*Aglaophyton major*)(오른쪽). 가지 끝에 포자낭이 달려 있다. Edwards(1986)

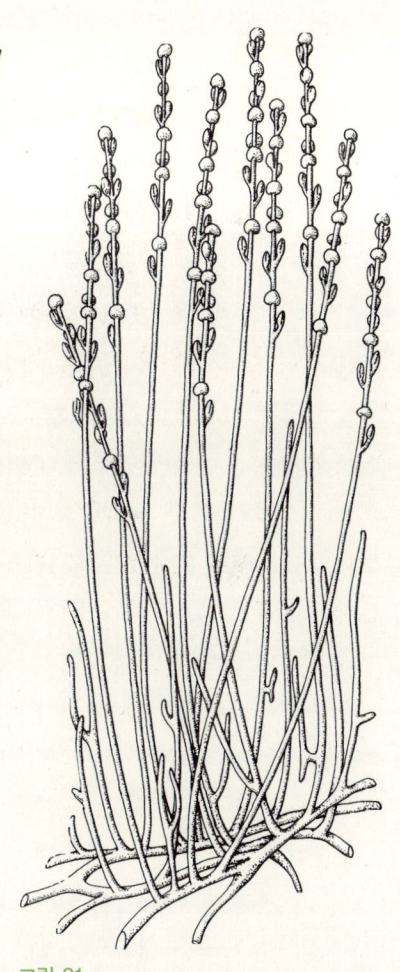

그림 31
초기 데본기의 조스테로필룸 미레토니아눔 (*Zosterophyllum myretonianum*). 조개 모양의 포자낭이 측면에 달려 있다. Kenrick & Crane(1997)

반면에 이 식물들은 선조 격인 녹조류와는 달리 꼿꼿하게 서서 자랐으며 일반적으로 키가 30cm 미만이었다. 각 축의 중심부에는 물과 영양분을 이동시키는 관다발조직의 띠가 뻗어 있었다. 줄기축의 표면은 지방성분인 큐틴 cutin성분으로 덮여 건조를 막았고, 각 축의 끝에는 포자낭이 하나씩 달려 있었다.그림 30 이 포자의 외벽은 두터웠던 데다가 포자가 공기 중으로 전파되는 동안 건조되는 것을 방지하기 위해 스포로폴레닌sporopollenin이라는 물질로 싸여 있었다. 이 개척자식물들은 점차 지구 전역으로 퍼져 나가 육지를 푸르게 뒤덮었다. 그리고 이들에 의해 육상에는 처음으로 토양이 형성되면서 대기 중의 산소량이 증가하게 되었고, 차츰 동물들이 상륙하기 위한 환경이 만들어지기 시작했다.

초기 관다발식물들 중에서는 오늘날 멸종하고 없는 조스테로필룸(*Zosterophyllum*)이라고 부르는 식물이 생겨났다. 이 식물은 축의 측면에 다수의 포자낭을 달고 있다는 점에서 그들의 선조들과는 차이점을 보였다. 또한 포자의 모양에 있어서도 난형의 포자가 축 끝에 바짝 붙어 달리던 선조들과는 달리, 콩팥 모양의 포자낭에 짧은 자루가 있었다.그림 31 이 식물군에 속한 대다수의 식물들은 줄기축이 불규칙적으로 갈라졌는데, 보다 더 굵은 주축과 측면 보조축들이 뚜렷하게 구별되었다. 줄기에는 부드러운 가시 같은 조직이 돌출해 있었는데, 이들은 광합성 작용을 하는 데 있어 표면적을 늘리는 기능을 하였을 것이다. 이 돌기들은 맥이 형성되지 않았기 때문에 아직은 잎이라고 부를 수가 없으므로 가엽假葉 enation이라는 용어로 부르게 되었다. 이 식물군으로부터 진화한 것이 바로 오늘날의 석송류(lycophytes) 식물들이다.

석송류에는 두가지 명확한 특징이 있다. 첫 번째 특징은 단일 포자낭이 소엽小葉 microphyll 의 앞면 또는 엽액에 달린다는 점인데,그림 29 이것은 잎의 뒷면에 포자낭이 생기는 양치류와는 사뭇 다른 점이다. 석송류의 두 번째 특징은 소엽이라고 부르는 독특한 유형의 잎으로, 단일 맥을 지닌 전연

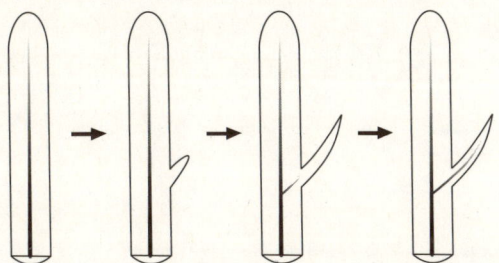

그림 32
가엽(假葉; enation) 이론에 따른 소엽(microphyll)의 진화 과정. 왼쪽에서 오른쪽 순서대로, 초기 관다발식물의 밋밋한 줄기축, 가엽(假葉) 형성, 가엽의 기부까지 엽맥 확장, 가엽 속까지 엽맥이 확장되어 소엽을 형성.

의 단엽이라는 특징을 보인다.^{화보사진 9} 이 소엽은 잎자루가 없다는 점에서 대다수의 양치류나 쌍자엽식물들과는 차이가 있다. 비록 소엽이라는 용어의 뜻이 '작은 잎'이라는 뜻이지만, 이 용어에는 오해의 소지가 없지 않다. 대부분의 소엽들은 길이 2cm 미만이지만, 물부추류 중에는 소엽의 길이가 1m에 이르는 것도 있기 때문이다. 석탄기의 늪지를 뒤덮고 있던 인목(鱗木; lepidodendrid) 역시 이렇게 길이가 긴 소엽을 지니고 있었다.^(11장 참조)

소엽이 어떻게 진화해 왔는지는 확실치 않다. 가엽이론^{假葉理論}에 의하면, 소엽은 가엽에 엽맥이 생김으로써 진화하였다고 설명하고 있다.^{그림 32} 반면에 소엽이 조스테로필룸과 닮은 어떤 원시식물의 측포자낭이 변형된 것이라는 주장도 있다. 그 기원이 어떻든 간에 소엽은 대엽^{大葉; megaphyll, euphyll}이라 일컫는 양치류나 종자식물들의 잎과는 전혀 다른 석송류만의 특징이다. 대엽은 광합성을 하던 초기 관다발식물의 3차원적인 분지^{分枝}시스템으로부터 3단계의 과정을 거쳐 진화한 것으로 간주되고 있다.^{그림 33}

즉, 1단계: 입체적으로 갈라지던 가지들이 평면으로 납작해진다. 2단계: 납작해진 가지 사이로 녹색의 얇은 판막 조직^{laminar tissue}이 생겨서 가지 사이의 공간을 채우며 물갈퀴 같은 얇은 막을 형성한다. 3단계: 가지들의 일부가 차등 성장한 결과 나머지 가지들보다 더 길어져서 뚜렷한 주맥^{主脈}으로 진화하고, 여타 가지들은 측맥^{側脈}이 된다.

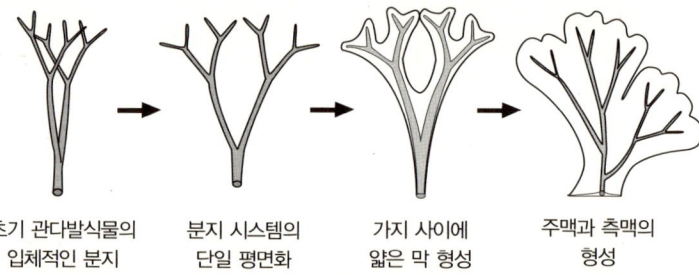

| 초기 관다발식물의 | 분지 시스템의 | 가지 사이에 | 주맥과 측맥의 |
| 입체적인 분지 | 단일 평면화 | 얇은 막 형성 | 형성 |

그림 33 고사리류와 종자식물의 특징인 대엽(megaphyll)의 진화과정.

    이 진화 과정으로 생긴 것이 바로 다수의 엽맥을 지닌 대엽이다. 이러한 3단계 진화 과정*감수자주은 다양한 중간 단계들을 보여주는 일련의 화석 기록들에서 나타나고 있다. 심지어는 줄기인지 잎인지 분간하기 어려울 정도의 중간형의 화석들도 있다. 대엽이 양치류와 종자식물의 공통 조상으로부터 딱 한 번 진화한 형태인지, 아니면 각 식물군별로 각각 따로 여러 차례 진화한 형태인지에 대해서는 식물학자들 사이에서도 다른 견해를 보인다. 그리고 대엽의 진화를 촉발한 원인에 대해서는 현재로서는 확실하게 규명된 바가 없다. 대엽은 대기 중의 이산화탄소 농도가 90% 가량 감소해 버린 4억 1,000만~3억 6,300만 년 전의 데본기에서 처음 태동하였다. 이 사실에 근거하여 어떤 학자들은 식물체의 표면적을 넓힘으로써 보다 효과적으로 이산화탄소를 흡수하기 위해서 대엽이 생성되었다고 믿고 있다.(Kenrick 2001)

---

* **감수자주 :**
    그림 33이 보여주는 대엽의 진화과정을 텔롬이론(telome theory)이라 한다. Y자형(차상분지형 dichotomous; 같은 굵기의 Y자로 분지)으로 가지가 갈라진 것이 평면화되고 그 끝 가지의 사이가 물갈퀴처럼 서로 붙어서 대엽이 되었다는 텔롬이론은 분명 가엽이론(enation theory, 그림 32)보다 설득력이 있다. 왜냐하면 대엽을 갖는 고사리류에서 엽맥이 차상분지에서 망상으로 진화되고, 고사리 근친군에서 줄기가 차상분지에서 단축(monopodial, 굵은 주축에서 가는 가지가 분지)분지로 진화되는 모습을 보면 차상분지가 원시적임이 분명한데, 만약 가엽이론에서처럼 가엽이 발달해서 소엽이 되고 이것이 확대되어 대엽이 되었다면 원시적인 고사리의 대엽 엽맥이 차상분지를 하는 점을 설명할 수 없기 때문이다.

화석 기록과 형태학상의 증거들을 보면, 조스테로필룸-석송류 계열은 관다발식물의 진화 초기부터 다른 관다발식물들과는 명확하게 구분되고 있다. 그리고 이는 DNA 증거에 의해서도 재차 입증되고 있다. 양치류, 속새류, 솔잎란류, 종자식물과 비교할 때, 석송류는 6개 유전자의 염기 서열이 다르다. 또한 석송류의 엽록체 DNA 역시 양치류나 종자식물과는 구조적으로 명확한 차이를 보이고 있다. 석송류는 양치류나 종자식물과 비교할 때 3만 쌍의 염기영역이 역방향으로 배열되어 있다. 이 영역에서 석송류의 배열 방향은 오히려 선태류와 녹조류 같은 초기 진화군과 동일하기 때문에, 진화학자들은 양치류와 종자식물들은 진화 과정에서 더 나중에 분화해 나온 동일 조상으로부터 석송류와는 배열 방향이 다른 염기영역을 물려받은 것으로 추론하고 있다. 요컨대 양치류와 종자식물은 석송류와 보다도 서로 더 밀접한 유연관계가 있다는 것이다._{그림 34}

이것이 무엇을 의미하는가 하면, 바로 물부추, 부처손, 석송, 다람쥐꼬리 등 석송류 식물들을 일컫는 '고사리 근친군'이라는 용어 자체가 애초부터 정확하지 못한 용어라는 뜻이다. 오히려 석송류가 출현한 이후에 분화되어 같은 조상에서 양치류와 함께 진화해 온 종자식물이야말로 진정한 의미의 '고사리 근친군'이라고 할 수 있을 것이다.

그렇다면 솔잎란류와 속새류의 경우는 어떨까? 이들의 엽록체 DNA 구조를 보면 양치류나 종자식물과 유사한 특징을 공유하고 있음을 알 수 있다. 또한 보다 더 구체적으로 DNA 서열을 비교해 본 결과 이 식물들은 진화계통상으로 고사리류 안에 위치한다는 사실이 판명되었다. 진화계통수_{進化系統樹; evolutionary tree} 상으로 솔잎란류(*Psilotum, Tmesipteris*)는 고사리삼과(Ophioglossaceae)_{그림 34}와 같은 가지에 놓이며, 속새속(*Equisetum*)은 마라티아과(Marattiaceae)와 같은 가지에 위치한다. 그러므로 앞으로는 더 이상 솔잎란이나 속새를 고사리 근친군으로 불러서는 안 될 것이다. 이 식물들은 의심할 여지없는 진짜 고사리류이기 때문이다.

102 ···양치식물의 분류

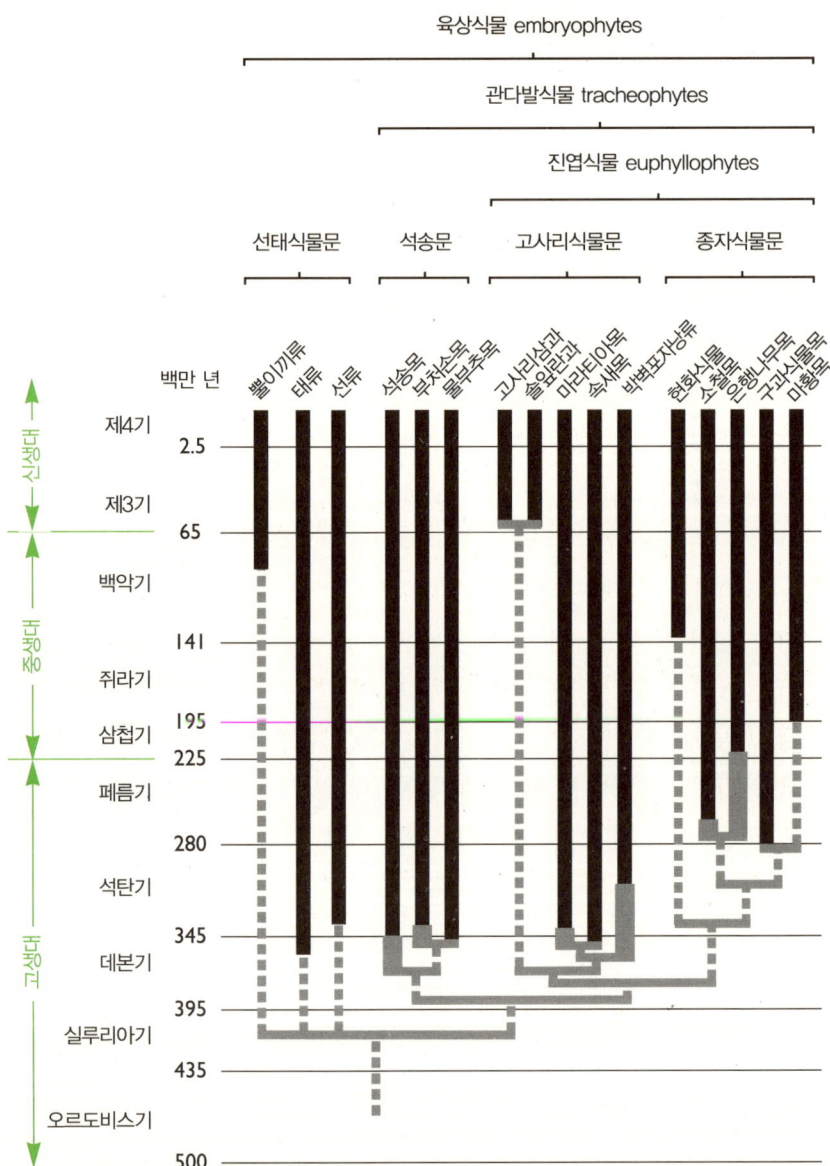

그림 34 주요 육지식물의 진화계통수(進化系統樹). 검은색 선은 화석 기록이 있는 것이고, 회색 선은 근연종의 화석 기록이 있는 것이고, 회색 점선은 화석 기록이 없음을 나타낸다. *감수자주
Schneider et al.(2002)

이러한 유연관계가 밝혀짐에 따라 식물분류체계 또한 변화를 겪게 되었다. 분류학 연구의 주요 목표는 시간대로 가장 최근의 공통된 조상이 무엇인지 규명하는 것이며, 바로 이 목표를 달성하기 위해 계통분류학자들이 심혈을 기울이고 있는 것이다. 왜냐하면 이렇게 해야 동일한 분류군 속의 식물들이 왜 특정 형질을 공유하고 있는지 가장 잘 설명할 수 있기 때문이다. 오늘날에는 석송류를 고사리류와 함께 양치식물문(Pteridophyta)이라는 분류군 안에 통합하는 식물학자들은 거의 없다. 왜냐하면 고사리류는 석송류보다는 오히려 종자식물과 더 근연관계에 있기 때문이다. 비록 석송류가 아주 오래전에는 고사리류, 종자식물과 같이 공통된 조상에서 나오기는 했지만, 양치식물문이라는 분류군에는 종자식물이 누락되어 있다. 이처럼 공통된 조상에서 나온 후손들을 모두 다 포함하지 못하는 분류군을 측계통군 側系統群, paraphyletic group 이라고 한다. 그런데 측계통군에서 발생하는 문제점은 해당 분류군 속의 멤버들 중에서 최소한 하나 이상이 언제나 그 분류군 바깥의 다른 식물군과 더 가까운 근연관계를 이룬다는 데 있다. 그래서 식물학자들은 항상 공통된 조상에서 나온 후손들을 모두 포함하는 분류군을

---

* 감수자주 :

최근의 DNA서열 연구 결과(그림 34, 35)에 의거하여 속새목(Equisetales)은 마라티아목(Maratiales)과 자매군으로 고사리류에 포함시켜야 한다는 의견이 있는데 저자는 이 연구 결과를 그대로 따르고 있다. 그러나 이에 대한 감수자의 견해는 다르다. 하나 또는 소수의 유전자로부터 얻은 DNA결과가 그렇게 나타났다고 하더라도 다른 많은 유전자의 DNA서열은 이와는 또 다를 것이라고 생각하기 때문이다. 왜냐하면 생물의 형태는 수많은 유전자가 발현되어 나타나는 것이므로 만일 형태가 서로 크게 다르다면 총체적인 유전자 DNA서열분석 결과는 결국 형태적 유연관계와 일치하게 될 것이기 때문이다.

이 책에도 자세하게 설명하고 있는 바와 같이 속새목은 고사리류와는 너무도 현격한 차이를 보인다: 속새의 줄기는 마디로 나뉘어 있고, 속은 비어 있으며, 잎이 소엽이고 윤생하며 서로 붙어 있다. 또한 포자낭이 줄기 끝 포자이삭에 모여달리고, 포자낭에 환대가 없으며 포자는 발아구가 없는 공 모양으로 탄사가 붙어 있다. 이런 점들은 현존하는 모든 고사리류들은 물론, 솔잎란이나 석송류에도 전혀 보이지 않는 특징들이다.

따라서 장래에 여러 유전자들의 DNA서열 연구가 심층적으로 진행된다면, 속새목이 형태적 특징이 보여주는 대로 여타의 모든 고사리류와 완전히 분리됨은 물론, 솔잎란이나 석송류와도 확연히 구별되는 연구 결과가 나오리라 감수자는 믿고 있다.

정의하려고 노력하는데, 이를 단계통군單系統群, monophyletic group이라고 한다. 따라서 석송류의 식물군은 그 자체로 단계통군이므로 이를 석송문(Lycophytina)으로 분류하고, 고사리류와 종자식물을 한데 묶어 별개의 단계통군인 진엽식물眞葉植物, Euphyllophytina로 분류한다.

이러한 명칭들은 1800년대에 정립된 분류학 명칭들과는 사뭇 다르다. 이는 비교형태학의 연구 성과와 더불어 화석 및 DNA 상의 새로운 증거들이 발견됨에 따른 결과이기도 하지만, 식물학자들이 진화적인 유연관계를 입증하는 증거로 제시되는 형질들을 평가하는 기준이 달라지고 있음을 의미하기도 한다. 초기의 식물학자들은 두 종류의 기본 형질들-원시형질ancestral characters과 파생형질derived characters을 구분하지 못하는 경우도 많았다. 원시형질이란 특정 분류군의 조상이 가졌던 형질을 일컫는다. 가령 관다발식물들 중에서는 고사리류의 생활환이 원시형질이라 할 수 있는데, 왜냐하면 초기의 육상식물에도 이 형질이 나타나기 때문이다. 이에 비하여 파생형질이란 특정 분류군의 조상에는 보이지 않지만 차후에 진화해서 형성된 형질을 일컫는다. 석송류의 소엽이나 고사리류 및 종자식물의 대엽을 그 예로 들 수 있는데, 이들 식물들의 조상은 원래 잎이 없었기 때문이다. 진화적인 유연관계를 규명할 때 특정 형질이 원시형질인지 파생형질인지 구분하는 일은 대단히 중요하다. 그것은 오직 파생형질만이 식물들의 유연관계를 입증할 수 있기 때문이다.

우리는 고사리 근친군 개념의 해체를 통하여 1990년대 이후 생물분류학 분야에서 일어나고 있는 혁신적인 변화를 체감할 수 있다. 근래에 와서는 새로운 데이터의 확보(DNA와 화석 증거), 진보된 연구 방식(대용량의 자료를 분석하여 진화계통수를 작성할 수 있는 컴퓨터 연산-알고리듬), 분류학 이론의 발전(계통을 확립하는 데에는 파생형질만을 근거로 하여야 한다는 점) 등이 결합하여 생물들의 진화적인 유연관계를 규명하는 데 있어 획기적인 진보가 이루어지고 있는 중이다. 진화계통수로 표현되는 진화적 유연관계를 정확하게 규명함으로써 생물지리학 분야나 식물형태학상의 변천 및 진화 과정 그 자체에 대하여 다양한 문제 제기를 하는 데 학문적인 밑거름이 될 수 있으리라 기대한다. 이렇게 획기적인 학문의 진보를 바라보며 그들이 분류학적으로 어떤 의미를 지니고 있는지 생각해 볼 때, 요즘처럼 계통분류학을 연구하는 일이 흥미로운 때도 없었다고 감히 말하고 싶다.

08 진화적 계통으로 본 고사리류

　　대다수의 사람들은 고사리를 식별해 내는 데 별 어려움을 겪지 않을 것이다. 하지만 구체적으로 어떤 식물을 두고 고사리라고 하는지 정확한 정의를 내리라고 한다면 제대로 답변하기가 어려울 것이다. 대다수의 사람들은 고사리를 그저 잎이 가늘게 많이 갈라진 식물쯤으로 생각하겠지만, 여기에는 예외도 많다. 가령 가장 규모가 큰 고사리류 속의 하나로 손꼽히는 노고사리(*Elaphoglossum*)는 잎이 갈라지지 않는다.그림 16, 화보사진 6 나 역시 "이러이러한 특징이 보인다면 그 식물은 틀림없이 고사리이다."라고 명쾌하게 말할 수 있으면 좋으련만, 실상은 그것이 불가능하다. 그러므로 어떤 식물이 고사리인지 설명하기 위한 최선의 방법은 양치류들 중에서 흔히 나타나는 주요 형질들을 일일이 열거하는 것이다. 거의 모든 고사리류들은 새순이 돌돌 말려서 나온다.그림 100, 101 하지만 그렇지 않은 경우도 있고, 고사리류가 아닌 소철류 중에서도 새순이 말려 나오는 종류가 있다. 또한 상당수의 고사리들은 잎자루의 양쪽을 따라 밝은 색을 띠는 돌기나 통기조직aerophore, pneumatophore이 열 지어 나 있다.(Davies 1991) 비록 이런 돌기나 통기조직의

선이 아예 없거나 눈에 잘 띄지 않는 고사리류들도 있기는 하지만, 이것들은 오로지 양치류에게만 나타나므로 만일 이를 관찰할 수만 있다면 그 식물이 고사리라고 확신해도 좋다.

그런데 이처럼 양치류 전체를 아우르는 공통 형질을 정의할 수 없다면, 어떻게 고사리가 학술적인 분류체계에서 공인받는 단계통군임을 알 수 있단 말인가? 양치류가 자연군(自然群; natural group)을 이루고 있음을 판단할 수 있는 근거는 다름 아닌 DNA 염기서열의 유사성 때문이다. (7장 참조) 그리고 궁극적으로는 이러한 DNA 염기서열의 유사성이야말로 특정 식물이 고사리인지 여부를 판단할 수 있는 결정적인 근거가 된다. 이처럼 양치류의 명확한 특징을 형태학적으로 콕 집어내기 어렵다는 사실이 아쉽기는 하지만, 어떤 식물들이 양치류에 속하는지에 대하여 종래에 통용되던 관념들이 DNA 연구를 통해서도 상당 부분 그대로 입증된 사실은 상당히 고무적이라 할 수 있다.

일반적으로 DNA 분석 결과들은 진화계통수 또는 분계도 cladogram의 형식으로 표현된다. 이 진화계통수는 10개의 주요 양치군들의 선후 상관관계를 설명하는 데 있어 탁월한 방편으로 활용되고 있다. 그림 35 이 주요 양치군들은 여기에서는 편의상 분류학 체계에 따라 다음과 같은 10개 목으로 분류하고 있다.

고사리삼목(Ophioglossales),   마라티아목(Marattiales),
속새목(Equisetales),   고비목(Osmundales),
처녀이끼목(Hymenophyllales),   풀고사리목(Gleicheniales),
실고사리목(Schizaeales),   생이가래목(Salviniales),
나무고비목(Cyatheales),   고란초목(Polypodiales)

비록 양치류 전체를 볼 때 공통 형질을 찾는 것이 용이하지 않다고 했지만, 이에 비하여 이 분류군들 대부분은 비교적 동정하기 용이한 형태학적인 형질들을 공유하고 있다.

1. 고사리삼목

고사리류의 분계도에서 첫 번째로 갈라져 나온 것은 고사리삼목(Ophioglossales)의 식물들이다.(전문 용어로 표현하자면 고사리삼목은 나머지 고사리류들의 자매군이라 할 수 있다.) 고사리삼목에는 고사리삼과(Ophioglossaceae)와 솔잎란과(Psilotaceae) 두 개의 과가 속해 있다. 이들은 녹색을 띠지 않는 배우자체가 지하에서 생육하면서 균류와 공생한다는 공통점을 지니고 있다.(거의 대부분의 고사리 배우자체들은 녹색을 띠며, 지상에서 생육하면서 균류와 공생하지는 않는다.) 또한 근계根系; root system가 퇴화해 버려서 뿌리가 분지하지 않으며 뿌리털도 없다. 심지어 솔잎란의 경우에는 뿌리기관이 아예 존재하지 않는다. 이런 점들을 제외하고는 이 두

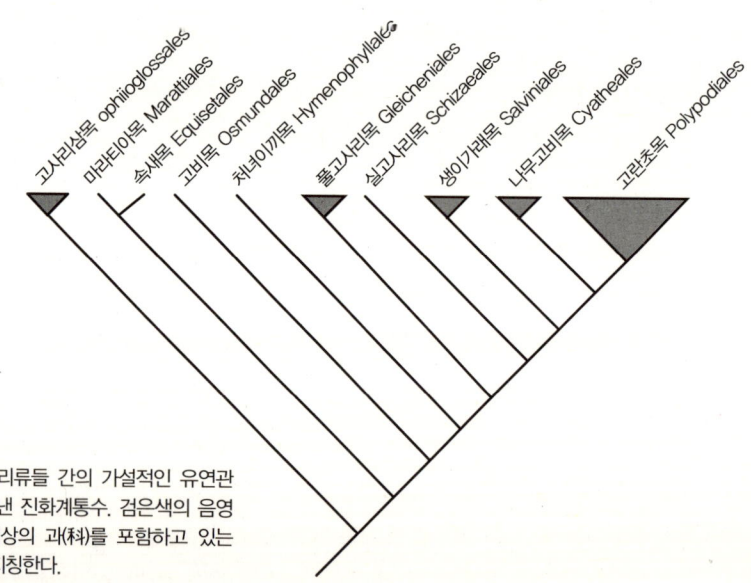

그림 35
주요 고사리류들 간의 가설적인 유연관계를 나타낸 진화계통수. 검은색의 음영은 2개 이상의 과(科)를 포함하고 있는 목(目)을 지칭한다.

분류군은 서로 간이나 다른 고사리류와 형태가 확연하게 다르기 때문에 분류하는 데 별다른 어려움이 없는 편이다.

고사리삼과는 잎이 영양엽과 포자엽으로 갈라지는 점이 특징이다.^{그림 36} 여타 고사리류들 중에는 이런 식으로 잎이 갈라지는 법이 없다. 백두산고사리삼속(*Botrychium*)과 나도고사리삼속(*Ophioglossum*) 등이 여기에 속한다.

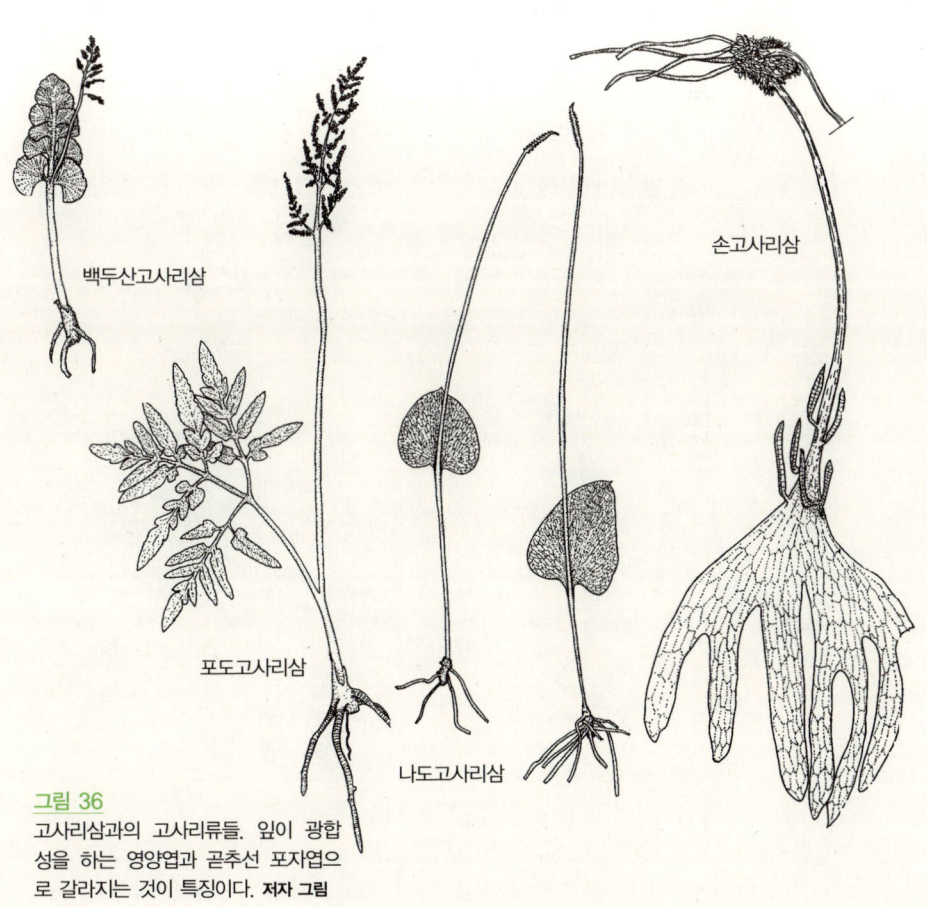

그림 36
고사리삼과의 고사리류들. 잎이 광합성을 하는 영양엽과 곧추선 포자엽으로 갈라지는 것이 특징이다. **저자 그림**

고사리삼과의 솔잎란과는 자매군인데, 솔잎란과에는 솔잎란속
(*Psilotum*)과 메시프테리스속(*Tmesipteris*)이 있다. 이 식물들의 특징은 잎과
뿌리가 없다는 것이다. 또한 포자낭이 칸칸이 나누어져 있는데(솔잎란속은
3실,그림 29 메시프테리스속은 2실), 이런 특징은 솔잎란과 외에는 오직 마라
티아목에서만 찾아볼 수 있다. 솔잎란속 화보사진 18은 주로 열대와 아열대지방
에 분포하는데, 간혹 맨땅에서 꼿꼿이 솟아나오는 경우도 있지만, 대다수는
나무고사리류의 뿌리덮개root mantle 혹은 오래된 야자수의 부식토로 채워진
엽액 부위에서 자란다. 메시프테리스속의 식물들은 호주와 뉴질랜드 그리
고 남태평양 일부 섬에서만 자생하는데, 주로 나무고사리류의 줄기를 싸고
있는 섬유질 외피에 착생해서 자란다. 솔잎란과의 식물들은 다른 고사리류
들과는 포자로 번식하며 세대교대世代交代 alternation of generation를 하는 공통점
이 있음에도 불구하고 판이하게 다른 생김새 때문에 오랫동안 고사리류와
는 근연관계가 먼 것으로 간주되어 왔다. 하지만 최근의 DNA 연구 결과,

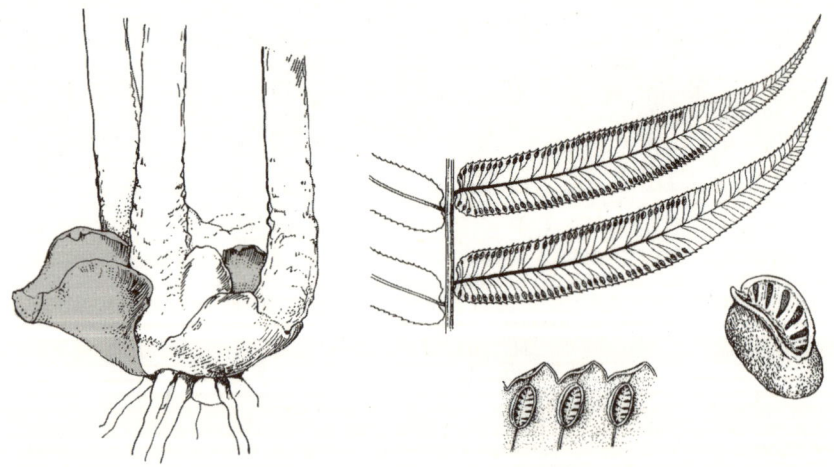

그림 37
마라티아속(*Marattia*)에 나타난 마라티아과(Marattiaceae)의 특징. 왼쪽은 잎자루 기부 양쪽에
생긴 탁엽(stipules; 음영이 진 부분). 오른쪽은 입조각과 포자낭군의 확대 모습. 각각의 포자낭 상
부에는 일렬로 갈라진 틈이 있으며, 포자낭이 합착되어 복합포자낭군을 형성한다. Mickel &
Beitel(1988).

솔잎란과도 당당한 양치류의 일원으로서 고사리삼과 자매군이라는 것이 밝혀졌다.

2. 마라티아목

분계도에서 그 다음에 분지되어 나온 것은 마라티아목(Marattiales)으로서, 고사리류 중에서 가장 장구한 화석 계보를 자랑하고 있다.(그림 35에서 보듯 고사리삼목이 더 오래된 분류군이기는 하지만, 공교롭게도 솔잎란과나 고사리삼과의 화석은 제3기 초기가 되어서야 화석 기록이 나타난다.) 마라티아목의 조상 식물들은 약 3억4,000만 년 전 석탄기 초기에 탄생했는데, 이때는 최초의 척추동물들이 바다에서 육상으로 올라오고 있던 시기였다. 따라서 바다에서 육지로 올라온 동물들을 육상에서 맞이했던 생물은 다름 아닌 마라티아목의 나무고사리인 프사로니우스(*Psaronius*)였다.

마라티아목은 식별하기가 그다지 어렵지 않다. 마라티아목의 식물들은 엽축과 줄기가 만나는 지점에 탁엽托葉 stipule이라고 부르는 귀 모양의 다육질 부속체를 한 쌍 달고 있는데,그림 37 마라티아목 이외에는 이런 탁엽을 가진 양치류는 없다. 이 탁엽의 기능은 수수께끼로 남아 있다. 이 탁엽을 잘라서 옮겨 심으면 증식이 가능한 것으로도 알려져 있는데, 내 친구인 뉴욕 식물원의 존 믹켈John Mickel은 이에 대한 글을 쓴 적이 있다.(『마라티아의 탁엽 번식 *Marattia propagation stipulated*』, 1981)

또 다른 마라티아목의 뚜렷한 특징은 엽축 기부 또는 중축을 따라 우편이 붙는 부위가 원통 모양으로 부푼다. 다른 고사리류들 중에는 엽침 pulvinus이라고 부르는 이런 특이한 구조가 생기는 종류가 없다. 하지만 콩과 식물의 엽침과는 달리 원상 복구되는 경축 반응reversible flexing action을 보이지 않으므로 진정한 엽침이라고 하기는 어렵다(제일 잘 알려진 예로 미모사를 들 수 있는데, 잎과 소엽을 건드리면 움츠러들었다가 가만 놔두면 다시 원상회복된다). 이외에도 마라티아목의 포자낭은 단 한 종을 제외하면 모두 대형이며, 측면 방향으로 한데 붙어 복합포자낭군을 이룬다. 각 포자낭의 상부는 일련의 구멍 또는 틈에 의해 열개되어 있는데, 그림 37 이를 통해 포자가 방출된다.

3. 속새목

DNA 연구에 근거한 근래의 혁신적인 발견들 중 하나는 속새속(*Equisetum*) 역시 당당한 양치류의 일원으로서 마라티아과 또는 고비과와 근연관계를 이루고 있다는 사실이다.(Pryer et al. 2001) 속새류는 일반적인 양치류와는 생김새가 판이하게 달라 지금껏 이런 생각이 미친 사람이 아무도 없었다! 속새류는 광합성을 하는 녹색의 지상경에 마디가 지며, 잎이 극도로 퇴화한 점이 특징이다. 또한 속새류는 가지가 윤생하며, 줄기 끝에 포자낭 이삭이 달린다.(12장 참조) 그림 50

4. 고비목

고사리류의 분계도에서 흔히 마라티아목과 속새목 이후에 갈라져 나온 식물군들을 통틀어 박벽포자낭고사리류leptosporangiate ferns라고 부른다. 이 고사리들은 단세포 두께의 매우 얇은 포자낭을 가지고 있는데(그리스어 접두사 lepto-는 '얇다'라는 뜻), 몇 개의 세포층으로 형성된 상대적으로 두꺼운 포자낭을 가진 원시적인 고사리류나 석송류, 종자식물들과는 바로 이 점에서 차이가 난다. 발생학적으로 보면, 박벽포자낭이 잎 표면 위의 단세포에서 생겨나는 데 비해 진정포자낭eusporangium은 잎 표면 아래쪽의 수개의 세포에서 생성된다는 차이점이 있다.

최초의 박벽포자낭고사리류는 음양고비와 꿩고비 등이 속해 있는 고비목이다. 그림 38 이 고사리류의 기원은 공룡들이 처음 등장했던 약 2억 1,000만 년 전의 중생대 초기로 거슬러 올라간다. 고비목 고사리류들의 특징은 잎의 엽저가 줄기를 따라 겹쳐서 생긴 보호피armor가 줄기를 싸고 있다는 점인데, 엽저와 줄기가 결합하여 두텁고 복합적인 구조의 밑동trunk을 형성한다.^{그림 84} 중생대에는 이렇게 튼튼한 밑동을 지닌 고사리들이 나무처럼 꼿꼿하고 크게 자라고 있었다.^{화보사진 17} 이 딱딱하고 질긴 보호피는 동물들의 공격을 막아주는 구실을 했을지도 모르겠다. 아마 이빨이 부러질 위험까지 감수해 가면서 질긴 줄기를 먹으려 하는 공룡은 거의 없었으리라.

보호피로 싸인 줄기 외에도 고비목 고사리류들은 포자낭의 생김새가 매우 특징적이다. 구형으로 생긴 포자낭은 위쪽이 갈라져 있다.^{그림 38} 갈라져 틈이 만들어지는 것은 포자낭이 건조해지면서 포자낭 한쪽에 위치한 환대세포가 수축하여 포자낭 상부를 잡아당기기 때문인데, 이 압력으로 인해 결국 상부에 균열이 생기고 그 틈으로 포자가 방출하게 된다. 또한 포자가 갈색이거나 검은색을 띠는 대다수의 양치류들과는 달리 고비목 양치류의 포자는 녹색을 띤다. 이런 특징은 포자가 방출될 때까지 포자낭이 녹색을 띠다가 점점 흑갈색으로 변하는 고비속(*Osmunda*) 식물들에서도 찾아볼 수 있다.

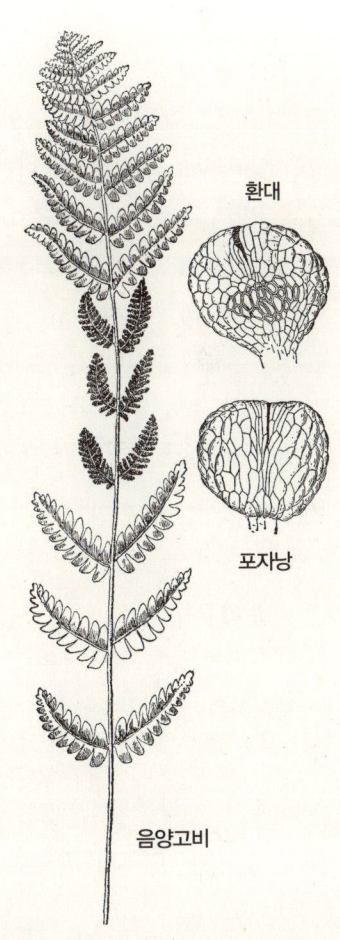

그림 38
북아메리카 동부와 아시아에 자생하는 음양고비(*Osmunda claytoniana*). 2억 년 전 트라이아스기 후기까지 거슬러 올라가는, 고사리류 중에서 가장 오래된 화석 기록을 보유하고 있다. 오른쪽은 포자낭을 확대한 모습이고 위의 포자낭에서 두툼한 고리처럼 보이는 것이 환대이다. Clute(1901), 포자낭은 Campbell(1928).

5. 처녀이끼목

그 다음에 분지되어 나온 고사리류는 처녀이끼목(Hymenophyllales)이다. 처녀이끼목에는 대략 600종이 있다. 처녀이끼목 역시 고비목처럼 포자가 녹색을 띠기는 하지만, 무엇보다 가장 차별적인 특징은 잎의 두께에 있다고 할 수 있다. 처녀이끼목 고사리류들은 엽맥 사이의 잎의 두께가 단세포 두께에 불과하기 때문에 마치 잎이 반투명한 필름 같은 느낌을 준다. 대부분의 처녀이끼류들은 소형 또는 중간 크기의 양치류로서, 주로 얇은 잎이 마를 염려가 없는 열대지방의 운무림에서 왕성하게 번식하는 착생식물들이다.

처녀이끼목 고사리들의 또 다른 특징은 포자낭군의 생김새에서 찾아볼 수 있다. 대부분의 고사리들이 잎의 뒷면에 포자낭군이 달리는 데 비해, 처녀이끼목 양치류들은 엽맥의 끝 가장자리에 포자낭군을 만든다. 포자낭군은 잎 세포조직이 변형되어 생성된 포막으로 싸여 있는데, 이 포막의 생김새야말로 처녀이끼과의 주요 속인 처녀이끼속(Hymenophyllum)과 괴불이끼속(Trichomanes)을 구분하는 포인트가 된다. 처녀이끼속의 고사리는 포막이 2장의 판막으로 나누어져 있고,그림 39 괴불이끼속의 고사리는 포막이 컵이나 깔때기 모양을 하고 있다.그림 40 포막의 생김새 말고도 괴불이끼속의 고사리들은 포막 밖으로 긴 채찍 같은 포자낭탁receptacle이 삐져나오는 특징을 가지고 있다. 이에 비하여 처녀이끼속의 고사리들은 포자낭상이 짧고 뭉툭하며, 대개는 포막 안쪽에 숨겨져 있다.

6. 풀고사리목

다음에 등장하는 것은 풀고사리목(Gleicheniales)이다. 주로 열대지방에 서식하는 풀고사리목에는 케이로플레우리아과(Cheiropleuriaceae), 디프테리스과(Dipteridaceae), 풀고사리과(Gleicheniaceae), 마토니아과(Matoniaceae)의 4개과가 있는데, 이 중에서 풀고사리과만이 가장 광범위하게 펴져 있다. 풀고사리과의 고사리들은 주로 도로변의 가파른 경사면과 개활지

8 ·· 진화적 계통으로 본 고사리류 ··· 115

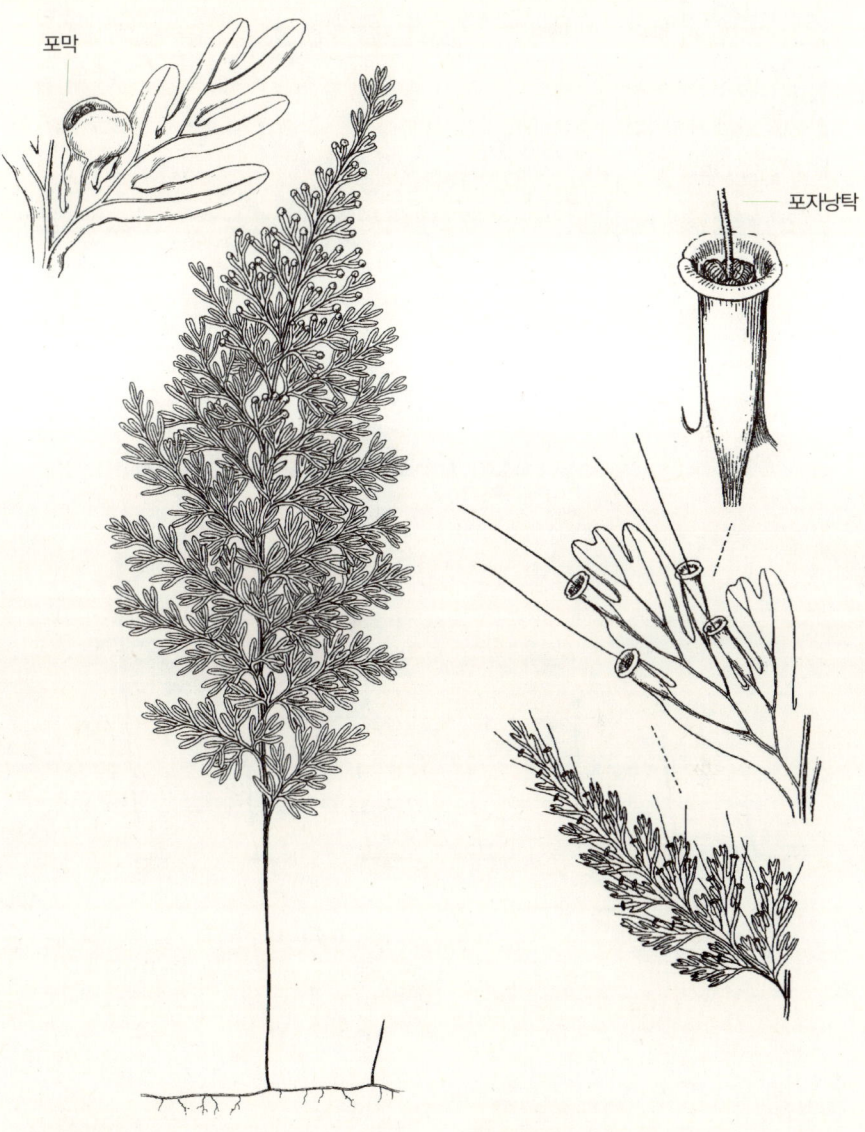

그림 39
멕시코 원산의 마이리오카르품처녀이끼 (*Hymenophyllum myriocarpum*). 입술 모양의 포막이 이 속의 특징이다.
Mickel & Beitel(1988).

그림 40
멕시코 원산의 콜라리아툼괴불이끼 (*Trichomanes collariatum*). 깔때기 모양의 포자낭군에 포자낭탁이 돌출해 있다.
Mickel & Beitel(1988).

그림 41
온두라스 원산의 풀고사리과의 갈래고사리(*Sticherus*).

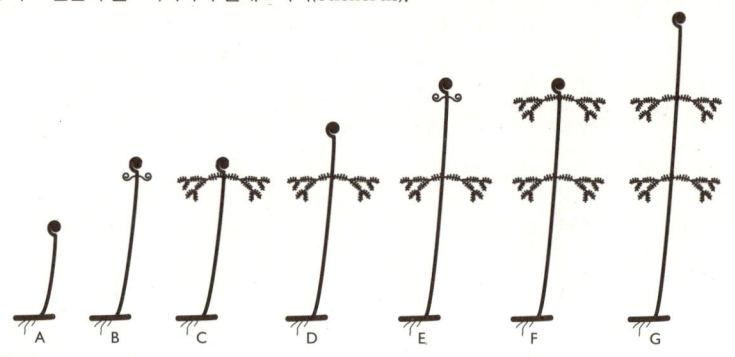

그림 42
풀고사리과 양치류의 잎 전개 방법. (A) 지상부의 근경에서 새순이 자라난다. (B) 정단부에 휴면아(休眠芽)가 생기고 그 아래 두 장의 잎조각이 자라난다. (C) 잎조각이 펼쳐진다. (D) 휴면아가 다시 생장을 재개한다. (E) 휴면아가 생장을 멈추고 그 아래 새로운 쌍의 잎조각이 생긴다. (F) 잎조각이 펼쳐진다. (G) 이 과정이 반복된다. 이러한 단속적인 생장을 통해 잎의 길이가 20m 가까이 이르기도 한다.

에 빽빽한 군락을 이루며 자란다. 이 양치류들은 잎조각이 연속적으로 갈라지기 때문에 육안으로도 쉽게 식별할 수 있다. 그림 41

갈라진 잎조각 말고도 풀고사리류들은 잎의 전개방식이 독특하다. 그림 42

새 잎이 생기면 줄기에서 어느 정도 꼿꼿하게 자라다가 끝에 휴면아(休眠芽; resting bud)를 만들고, 그 바로 아래에 한 쌍의 평행한 잎조각이 자라나온다. 이 잎조각들이 자라서 주변의 다른 식물에 걸쳐 지지대를 만들면 다시 휴면아가 성장을 계속하여 새로이 잎조각을 만든다. 풀고사리류는 이런 생장방식으로 주변의 빽빽한 식생들을 뚫고 보다 위쪽으로 자랄 수가 있는 것이다. 이런 잎의 전개과정이 여러 차례 되풀이되기 때문에 종에 따라서는 20m까지 성장하기도 한다.

7. 실고사리목

그 다음에 갈라져 나온 고사리류는 실고사리목(Schizaeales)이다. 이 그룹에는 다양한 형태의 종들이 포함되어 있지만, 모두의 포자낭의 말단부가 환대세포들로 완전히 둘러싸인다는 공통된 특징을 보인다.그림 43 이런 형태의 환대는 다른 양치류에서는 전혀 보이지 않는다. 실고사리목 중에서는 두 개의 속들을 언급할 만한데, 그 첫 번째는 실고사리속(Lygodium)이다. 실고사리속은 숲 가장자리나 볕이 잘 드는 곳에 사는 덩굴성 고사리류인데, 땅속에 박힌 줄기에서 잎이 나와서 그 잎의 엽축이 다른 식물의 줄기를 감으면서 자란다.그림 44 이렇게 엽축이 감기면서 자라는 습성을 가진 고사리는 실고사리속 말고는 열대아메리카에 자생하는 고란초목 새깃아재비과 (Blechnaceae)의 살피클라에나속(Salpichlaena)밖에 없다. 현화식물들 중에는 덩굴성 잎을 가진 식물이 없다는 사실을 고려할 때, 고사리류가 현화식물보다 발달했다고도 볼 수 있다. 두 번째는 아네미아속(Anemia)인데, 이 식물들은 주로 계절적으로 건조한 지역의 땅이나 바위 위에서 자란다. 이 식물들은 잎의 조각이 갈라진다는 점에서는 대부분의 고사리류와 흡사하지만, 엽저 부분에 녹색을 거의 띠지 않고 곧게 서는 두 갈래의 긴 포자엽을 만든다는 점이 다르다.그림 43 이런 종류의 포자엽을 만드는 고사리는 다른 고사리에서는 보이지 않는다.

그림 43
멕시코 원산의 아네미아 허수타 (*Anemia hirsuta*) × 아네미아 필리티디스 (*A. phyllitidis*). 포자낭 (위) 끝에 생기는 환대가 실고사리과의 특징이다. Mickel & Beitel(1988), 포자낭-Campbell(1928).

그림 44
베누스툼실고사리(*Lygodium venustum*). 줄기는 땅 속에 있으며, 잎이 덩굴처럼 감기며 위로 자란다. 오른쪽 아래, 포자낭군. 오른쪽 중간, 갈라진 열편의 각각의 주머니마다 포자낭이 하나씩 들어 있다(주머니 아래쪽의 검은 부분).

8. 생이가래목

그 다음으로 분지된 양치군은 생이가래목이다. 생이가래목 (Salviniales)은 크기가 작은 수포자와 이보다 훨씬 큰 암포자의 두 종류 포자를 생성하는 수생 고사리들로 구성되어 있다. 이를 이형포자성異型胞子性; heterospory이라 한다.(3장 참조) 생이가래목에는 다섯 개의 속屬들이 속해 있는데, 물개구리밥속(Azolla)과 생이가래속(Salvinia)은 물에 떠서 자라고, 네가래속(Marsilea), 필루라리아속(Pilularia), 레그넬리디움속(Regnellidium)은 진흙 속에서 자란다. 이들 중 물개구리밥속에 속한 고사리들은 지구상에서 가장 소형인 양치류로서, 잎의 길이가 1mm에 지나지 않는다.그림 128 하지만 보잘것없는 크기에도 불구하고 물개구리밥은 경제적으로 세계에서 가장 중요한 고사리인데, 왜냐하면 물개구리밥류는 동남아시아에서 벼농사를 짓는 데 유기농 비료로 활용되기 때문이다.(30장 참조)

물개구리밥과 근연인 생이가래류는 물에 뜨는 두 장의 녹색 잎과 뿌리 역할을 하는 침수성을 가진 흰색의 제3의 잎이 있다.그림 124 이 중 몰레스타생이가래(S. molesta)화보사진 21~23는 대륙과 미국 남부에서 수로를 막는 골치 아픈 잡초로 악명을 떨치고 있는데, 이 잡초를 방제하느라 지금까지 천문학적인 자금이 투입되어 왔다.(29장 참조) 생이가래목의 나머지 세 개 속들은 네가래과에 속하며, 주로 계절에 따라 물에 잠기거나 항상 얕은 물이 차 있는 환경에서 서식한다. 이 속들의 공통된 특징은 잎자루 기부를 따라 콩처럼 생긴 딱딱한 포자낭과胞子囊果; sporocarp가 생긴다는 것이다.그림 132 이 포자낭에는 포자낭을 생산하는 잎이 접혀 경질화된 구조이다.그림 134, 135 네가래과의 양치류들은 소엽의 숫자로 쉽게 구분된다. 네가래속은 소엽이 네 장으로 네잎클로버를 닮았고, 레그넬리디움속은 두 장, 그리고 필루라리아속은 소엽이 아예 없이 실 같은 줄기로만 이루어져 있다.

9. 나무고비목

진화계통수상 다음 그룹 나무고비목(Cyatheales)은 비공식적으로 나무고사리류로 부르는데, 두 개의 주요한 나무고사리과인 키아테아과(Cyatheaceae)와 딕소니아과(Dicksoniaceae)가 있으며 그밖에 잘 알려져 있지 않은 몇몇 열대성 고사리류들인 꿩고사리과(Plagiogyriaceae), 처녀이끼과(Hymenophyllopsidaceae), 로포소리아과(Lophosoriaceae), 메탁시아과(Metaxyaceae)로 구성되어 있다. 비록 이 식물군들의 근연관계가 DNA 증거로 입증되고 있기는 하지만, 형태학적으로 공통적인 특징은 전엽체의 세부적인 형질과 줄기의 해부구조에서 찾을 수 있을 뿐이다.

나무고사리류는 대개 키아테아과(Cyatheaceae)나 딕소니아과(Dicksoniaceae) 둘 중 하나에 속해 있다. 키아테아과의 특징은 잎 뒷면에 포자낭군이 생기는 것과 밑동과 잎에 인편이 있다는 점이다.^{그림 45} 반면에 딕소니아과는 잎 가장자리에 포자낭군이 생기고, 넓고 납작한 인편 대신에 곱슬곱슬한 털이 있다는 점이 다르다.^{그림 46}

10. 고란초목

마지막으로 고란초목(Polypodiales)은 세상에서 가장 다양하고 또 흔하게 만날 수 있는 고사리들이다. 전 세계 고사리들 중 대략 80%가 고란초목에 속하는데, 대략 250속 1만2,000여 종의 고사리들로 구성되어 있다. 또한 고란초목 식물은 남극대륙을 제외한 모든 대륙에 골고루 퍼져 있다. 고란초목의 특징은 포자낭의 일부만 싸고 있는 환대의 형태에서 찾아볼 수 있는데, 이것은 다른 박벽포자낭고사리류들과 비교되는 형질이다. 다른 박벽포자낭고사리류에서는 환대세포가 포자낭의 자루를 비스듬히 비껴가서 포자낭을 완전히 감싸고 있는 데 비해, 고란초목 고사리류들은 포자낭 자루 부분에서 환대가 단절되어 버린다. 이런 유별난 포자낭 구조에도 불구하고 고란초목의 고사리들은 대단한 다양성을 보여주는 식물군임에 틀림없다.

그림 45
키아테아과(Cyatheaceae)**의 특징**: 잎자루 기부의 납작한 인편(왼쪽)과 잎 뒷면의 포자낭군(오른쪽).

 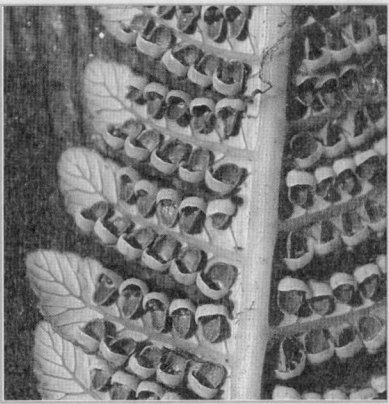

그림 46
딕소니아과(Dicksoniaceae)**의 특징**: 잎에 난 부드럽고 곱슬곱슬한 털(왼쪽)과 잎조각의 잎 가장자리에 붙는 포자낭군(오른쪽). 포막이 두 장으로 갈라져서 포자낭군이 조개와 닮았다는 느낌을 준다.

이참에 고란초목에 속한 주요 과들과 특이한 종들을 논의해 보고 싶은 생각이 없는 것도 아니지만, 주요 양치군들을 개괄적으로 검토해 보자는 이 글의 취지와는 맞지 않을 듯하여 다음 기회를 기약하고자 한다.

09 재미있는 속명의 유래

고사리류의 다양한 속명屬名의 의미를 배우게 되면 양치식물학을 더 잘 이해하는 데 보탬이 될 것이다. 속명의 유래에 대해서 살펴보면, 이 분야를 발전시킨 사람들에 대해서나, 또는 그때까지 알려지지 않았던 수많은 종의 경이로운 고사리류들이 유럽에 전해지게 된 과정을 접할 수 있을 뿐 아니라, 고사리에 대한 옛사람들의 생각도 들여다볼 수 있다. 무엇보다도 고사리류 자체의 특징-자생지와 생육 습성, 포자와 포자낭, 생활환 등-을 이해하는 데 도움이 될 것이다.

본론으로 들어가기 전에, 먼저 속명을 사용하게 된 경위에 대한 약간의 배경설명이 필요할 것 같다. 1400년대에서 1700년대 중반에 이르는 시기 동안 유럽의 약초연구가들과 '자연철학자들'은 식물의 이름을 서술적으로 풀어서 기재하였다. 다명법多名法; polynomial이라고 하는 이 기재 방식은 1840년까지 학술 분야의 주요 공통어였던 라틴어를 사용하였다. 가령 새둥지고사리(*Asplenium nidus*)는 *Asplenium frondibus simplicibus lanceolatis integerrimis glabris*, '모양이 피침형이고, 잎 가장자리가 밋

밋하고, 털이 없는, 단엽을 지닌 아스플레니움'으로 기재하였다. 이러한 다명법을 사용한 취지는 자료 검색의 수단이 됨과 동시에 특정 종을 여타 유연종들과 구분할 수 있는 짤막한 기재문의 역할을 하는 것이었다.

상대적으로 식물종 수가 그다지 많지 않았던 북유럽에서는 다명법을 사용해도 그때까지는 별다른 문제가 없었다. 하지만 1700년대 초반으로 접어들면서 심각한 문제가 발생하기 시작했다. 미지의 세계로 떠났던 탐험대가 항해를 마치고 돌아오면서 이전까지 알려져 있지 않았던 수많은 식물들을(특히 열대지방으로부터) 유럽으로 반입했던 것이다. 점차 불어나는 이 새로운 식물종들을 분류하기 위해서는 보다 더 많은 형질들을 기재해야 했기 때문에 다명법에 따른 기재문도 점점 더 길어질 수밖에 없었다. 식물명의 기재문이 길어짐에 따라 서로 다른 문헌 속의 명칭들을 비교하는 일이 점차 악몽 같은 일이 되어 버렸다. 식물명이 계속 변경되었기 때문이다. 또한 다명법에 따른 식물명이 길어질수록 이를 온전히 기억하거나 발음하기가 어려워진다는 문제점도 대두되었다. 순전히 연구 표제어의 무게만으로 마치 자연과학 전체가 붕괴해 버릴 것 같은 상황에 처하게 된 것이다.

마침내 1753년, 스웨덴의 칼 린네 Carl Linnaeus에 의해 학문 연구에 안정성과 질서를 가져온 새로운 명명법命名法이 제창되었다. 그때까지 알려진 모든 식물종들을 나열한 그의 저서 『식물의 종(Species Plantarum)』에서 린네는 이전 학자들처럼 각각의 식물명을 다명법으로 기재하기는 하되, 행간에 해당 종의 식물명 약칭으로서 한 단어로 된 종칭명種稱名; nomen trivialum을 명기하였다. 바로 이 종칭명이 식물학계의 다른 학자들의 호응을 얻게 되어 이 이름이 해당 종의 속명과 결합함으로써 두 단어로 구성된 이명법二名法; binomial식 학명이 새로이 등장하게 되었다. 이후로는 거추장스럽게 *Asplenium frondibus simplicibus lanceolatis integerrimis glabris*라고 표기하는 대신, 간단히 *Asplenium nidus* (새둥지고사리) 화보사진 7로 표기하면 그만이었다. 여기에서 *nidus*가 바로 린네가 말한 종칭명이다. 이러한 이명법식 표기 방법은 오늘날에도 통용되고 있는데, 다만 지금은 종칭명이라는 명칭 대신 종소명種小名; specific epithet이라는 용어를 사용하고 있다. 식물종의 학명學名은 바로 이 종소명을 해당 식물의 속명과 결합하여 사용하고 있다. (종소명만으로는 식물의 종명이 될 수 없으며, 반드시 속명과 함께 사용하여야 한다는 것에 주의할 것.)

이렇게 이명법이 대두함에 따라 속명의 사용도 본격화되었다. 1753년 이래 양치식물과 관련해서 1,000개 이상의 속명이 제안되었지만, 현재 널리 통용되고 있는 속명들은 대략 350여 개 정도이다. 하지만 현 시점에서 통용되는지 여부와는 상관없이 이 이름들을 통해서 양치식물학에 대한 보다 심층적인 이해가 가능해졌다.

어떤 양치류의 이름은 너무나 오래되어서 어원이 과거의 시간 속에 묻혀 버린 것들도 있다. 가령 고비속(*Osmunda*)은 라틴어 Os 뼈와 munda치료가 결합하여 유래한 것일 수도 있다. 왜냐하면 이 양치류의 뿌리가 고대에는 구루병의 치료에 사용되었기 때문이다. 혹은 라틴어 mundae세척하다에서 유래되었을지도 모른다. 또 다른 가능성으로는 색슨족 전쟁의 신神인 Osmunder에서 유래되었거나, 아니면 덴마크인들이 스코틀랜드를 침공했을 당시 자신의 가족을 바로 이 종류의 고사리 덤불 속에 숨겼던 Osmund라는 사람의 이름에서 연유하였을 수도 있다. 이렇듯 *Osmunda*의 어원에 대해서는 아무도 확답을 내리기 어려운 실정이다.

몇몇 이름들은 고대 그리스에서 유래된 것으로 보인다. 일반적으로 고사리를 그리스어의 pteron날개에서 유래한 프테리스 pteris로 일컫는다. 오늘날 프테리스 (*Pteris*)는 대부분 열대성 양치류인 250여 종으로 구성된 고사리류의 독립된 속을 지칭하는 속명이 되었다(덧붙여 말하면, 한들고사리속(*Cystopteris*), 관중속(*Dryopteris*), 하플로테리스속(*Haplopteris*)에서 Pteris의 p는 묵음). 또 공작고사리속을 일컫는 *Adiantum*은 그리스어 *adiantos*에서 유래되었는데, '젖지 않는'이라는 의미로 발수성인 공작고사리류 잎의 특성을 표현하고 있다. 공작고사리의 잎 위에 물이 떨어지면 물방울이 되어 금세 굴러 떨어져 버리기 때문이다. 한편 고대 그리스인들은 동물들이 암수가 있듯이 식물도 성별이 있다고 생각했다. 처녀고사리속 (*Thelypteris*)은 *thelys*여성와 *pteris*고사리가 결합한 이름인데, 관중(*Dryopteris*

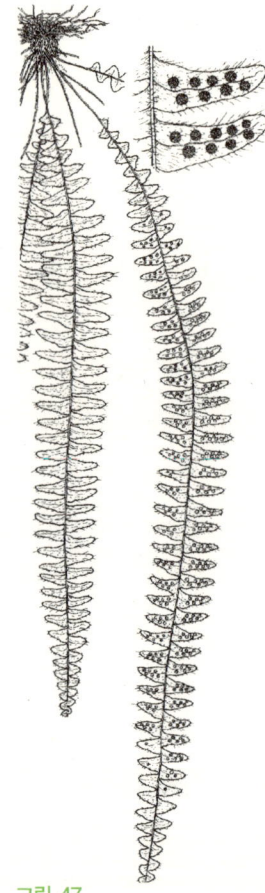

그림 47
멕시코 원산의 테르프시코레 쿨트라타 (*Terpsichore cultrata*). 춤의 여신의 이름을 따서 붙인 속명이다. 아래로 늘어진 잎들이 바람이 불면 춤을 추듯 나부낀다. Mickel & Beitel(1988).

그림 48
멕시코와 과테말라의 특산식물인 라베아 코르디포리아(*Llavea cordifolia*). 멕시코의 여행가 Pablo de la Llave 이름을 따서 속명이 명명되었다. 가늘게 갈라진 부분이 포자엽이다. 확대 그림 (오른쪽 위)은 돌돌 말린 잎 속의 포자낭을 보여준다. Mickel & Beitel(1988).

filix-mas)보다 더욱 섬세하게 갈라진 잎조각의 모양에서 여성적인 분위기를 떠올리게 된 탓이다. 또 고사리류 중에서는 비장脾臟을 치료하는 데 사용하는 식물이 하나 있었는데(정확하게 어떤 종인지는 알려져 있지 않다.), 여기에서 꼬리고사리속(Asplenium)이라는 속명이 나왔다. 비장을 그리스어로 splen이라고 한다.

그리스 신화 속의 신들과 영웅들의 이름을 따온 속명들도 있다. 아그라오모르파속(Aglaomorpha)은 그리스신화에 나오는 세 명의 미美의 여신들 중의 하나인 Aglaia^{aglaios, 광장한}와 morphe^{형태}가 결합한 이름이다. 아마 이 여신이 멋진 풍모를 지니고 있었던 모양이다. 그리스 신화의 뮤즈들은 화가와 시인, 음악가들뿐만 아니라 식물학자들에게도 영감을 주었다. 멜포메네속(Melpomene)은 이 식물군을 연구했으나 연구 결과를 발표하기 전에 AIDS로 작고한 미국의 양치학자 비숍 얼^{Earl L. Bishop, 1943~1991}을 간접적으로 기리기 위해 비극의 여신 이름을 따서 명명한 데에서 유래되었고, 춤의 여신인 테르프시코레속(Terpsichore)은 열대지방에서 늘어진 나무줄기와 가지가 바람이 불면 마치 춤을 추는 것같이 나부끼는 어느 고사리 속에 명명된 속명이다.^{그림 47}

사람들의 이름을 딴 속명들도 있다. 그중에는 유럽 유수의 식물원에 표본을 보낸 공로를 인정받은 탐험가나 채취꾼들도 포함되어 있다. 넉줄고사리속(Davallia)은 스위스의 채취꾼 에드몬드 다발^{Edmond Davall, 1763~1798}에서, 라베아속(Llavea)은 멕시코의 여행가 파블로 데 라 라브^{Pablo de la Llave, 1773~1833}의 이름에서 유래한다. 안데스 파라모 지역의 특이한 양치류인 제임소니아속(Jamesonia)^{화보사진 8}은 에콰도르에서 식물들을 수집하던 스코틀랜드 의사인 윌리엄 제임슨^{William Jameson}을 기리기 위해 명명되었다.

물론 양치식물을 연구하던 학자의 이름에서 유래한 속명들도 있다. 킨기아속(Chingia)은 중국의 학자로서는 최초로 해외로 나가 유럽 학자들과 공동연구를 했던 중국의 양치식물학자 진인창秦仁昌 ^{Ren Chang Ching, 1898~1986}

을 기리기 위해 생겼고, 홀투미엘라속(*Holttumiella*)은 영국의 저명한 양치식물학자인 리차드 홀툼^{Richard E. Holttum, 1895~1990}을 기리기 위해 명명되었다. 또한 덴마크의 위대한 양치식물학자인 칼 크리스텐센^{Carl Christensen, 1872~1942}의 이름에서 크리스텐세니아속(*Christensenia*), 프랑스의 양치식물학자 마리라울 타르디블로^{Marie-Laure Tardieu-Blot b. 1902}에서 브로티엘라속(*Blotiella*), 스위스의 양치식물학자 헤르만 크리스트^{Hermann Christ, 1833~1933}의 이름에서 크리스텔라속(*Christella*)과 크리스티옵테리스속(*Christiopteris*)이 각각 유래했다. 미국에서는 롤라 트리온^{Rolla M. Tryon, 1916~2001}, 워렌 와그너^{Warren H. Wagner, Jr., 1920~2000}, 데이비드 렐링거^{David B. Lellinger, b. 1937} 등의 양치식물학자들 이름에서 각각 트라이오넬라속(*Tryonella*), 와그네리옵테리스속(*Wagneriopteris*), 렐링게리아속(*Lellingeria*)이라는 속명이 제정되었다.

때로는 양치류 전문가도 아닐뿐더러, 심지어는 식물학자조차도 아닌 사람들의 이름이 속명 속에 등장하기도 한다.

Marsilea —이탈리아의 식물학자 Luigi Ferdinando Marsigli 공작 1656~1730

Salvinia —이탈리아의 그리스어 교수 Antonio Maria Salvini 1633~1729

Dennstaedtia —독일의 식물학자 August Wilhelm Dennstaedt 1776~1826

Woodwardia —영국인 학생 Thomas J. Woodward 1745~1820

Matteuccia —이탈리아의 학자이자 정치가 Carlo Matteucci 1811~1863

Rumohra —독일의 드레스덴 출신 예술 전공 학생 Karl f. von Rumohr 1785~1843

그림 49
미역고사리속*Polypodium*의 근경 (그리스어 poly, 많은 + podion, 발). 상부에 다소 돌출한 잎자루들이 보인다.

해당 속의 식물이 최초로 발견된 지역을 따서 속명이 붙여진 경우도 있다. 아프로프테리스속(*Afropteris*), 코스테리시아속(*Costaricia*), 자파노보트리키움(*Japanobotrychium*) 같은 경우인데, 일본의 후지산富士山에서 발견된 어느 속은 라틴어로 표기해야 한다는 국제식물명명규약에 따라 후지필릭스속(*Fuziifilix*) Fuzii 후지산 + filix 고사리라는 재미있는 속명을 갖게 되었다.

생육 환경이 속명에 반영되는 경우도 있다. 안트로피움속(*Antrophyum*)은 antron + phyein라는 해당 속에서 최초로 기재된 종이 동굴 입구 부근에서 자라고 있었기 때문에 속명 또한 그런 뜻을 담게 되었다. 비슷한 경우로서 다음과 같은 예를 들 수 있을 것 같다.

Phegopteris –phegos 너도밤나무 + pteris 고사리
Dryopteris(관중속) –drys 참나무 + pteris 고사리
Alsophila –alsos 덤불, 삼림 + philein 사랑

그림 50
속새류는 그 모습이 말꼬리를 닮았다고 해서 에퀴세툼(*Equisetum*)이라는 속명이 붙었다(라틴어 equus, 말 +seta, 갈기). **Tippo & Stern(1977)**

식물 기관의 특징에 따라 이름이 붙여진 경우도 있다. 대표적인 예가 감자고사리(potato ferns)로 통칭되는 소라노프테리스속(*Solanopteris*)화보사진 25인데, 감자의 속명인 Solanum에 고사리를 뜻하는 pteris가 결합한 속명이다. 이 종류의 고사리들은 줄기에 달린 측지(側枝) 끝이 부풀어 올라 마치 작은 감자를 닮은 괴경이 생기는데, 속이 빈 괴경 속에 개미들이 집을 짓고 식물체와 공생을 한다.(16장 참조)

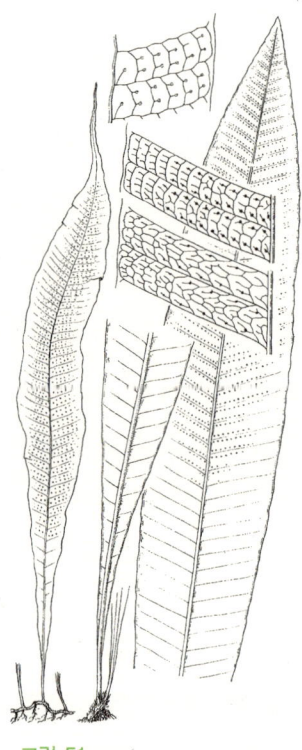

그림 51
캄필로네우룸속 *Campyloneurum* (그리스어 kampylos, 구부러진 + neuron, 동맥)은 측맥들 사이의 2차 맥들이 구부러져 있다. 왼쪽은 *C. repens*; 오른쪽은 *C. phylitidis* 둘다 멕시코산. **Mickel & Beitel (1988)**

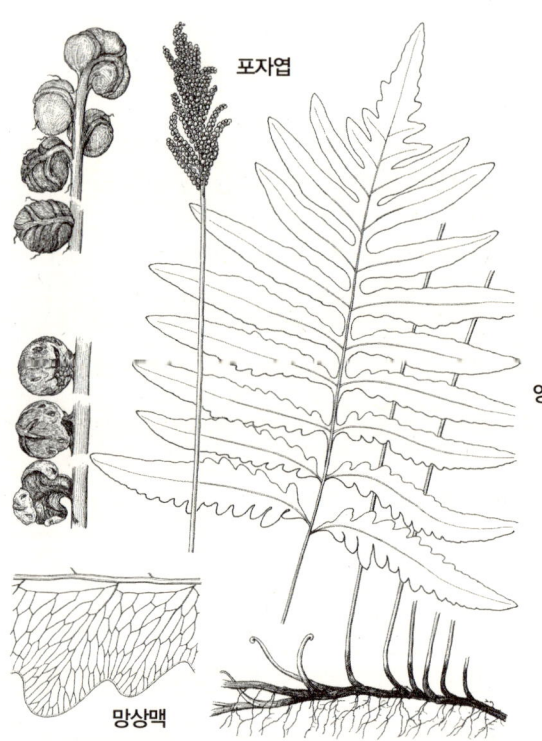

그림 52
야산고비(*Onoclea sensibilis*). 포자엽(가운데)의 형태가 녹색의 영양엽(오른쪽)과 사뭇 다르다. 왼쪽은 포자낭을 싸고 있는 경질(硬質)의 변형된 잎조각(그리스어 onos, 그릇+kleiein, 닫히다). 왼쪽 아래, 망상맥.

그리스어에서 유래된 미역고사리속(*Polypodium*)은 발이 많이 달렸다는 의미(poly 많은 + podion 발)이다. 이 종류의 고사리들은 지표면을 기어가는 줄기 상부 표면에 엽각葉脚 *phyllopodium*이라고 부르는 두 줄의 돌기가 있어 마치 여러 쌍의 발로 기어가는 애벌레가 뒤집혀 있는 것 같은 느낌을 준다.그림 49

어떤 속명들은 순전히 상상력에 의해 생긴 결과물들이다. 속새속(*Equisetum*)의 이름은 속새류의 부스스한 꼬리 같은 줄기에서 말꼬리를 연상함으로써 생겼다(라틴어 equus 말 + seta 갈기). 석송속(*Lycopodium*)은 전 세계에서 가장 널리 퍼진 석송류들 중 하나인 석송(*L. clavatum*)의 줄기 끝에 피침형 잎이 매달려 마치 털북숭이 같은 느낌을 주기 때문에 늑대의 발을 연상시킨다는 생각에서 생겨났다(그리스어 lycos 늑대 + pous 발). 여기에 '작은'을 뜻하는 라틴어 접미사 '-ella'가 붙으면 *Lycopodiella*(작은 늑대 발)가 된다. 마찬가지로 부처손속(*Sellaginella*)은 '작은 selago 같은'이라는 뜻이다. selago는 현재 후페르지아속(*Huperzia*) 화보사진 9으로 분류하는 부처손류 식물의 옛날 이름이다.

한편, 양치류를 보면 줄기보다는 잎이 가장 특징적인 기관이라고 할 수 있다. 일엽아재비속(*Vittaria*) 화보사진 26이라는 이름은 축 늘어진 리본 같은 잎의 생김새에서 비롯되었다(라틴어 vitta 줄, 리본 + aris 닮은). 플래티세리움속(*Platycerium*)은 납작한 사슴뿔 형태의 잎에서 비롯되었다(그리스어 platys 납작한 + keras 뿔). 스키자이아속(*Schizaea*)은 잎몸이 좁은 열편으로 갈라진 데에서 비롯되었다(그리스어 skizein 갈라지다). 크테니티스속(*Ctenitis*)의 포자낭은 잎조각의 중축과 직각을 이루어 빗을 닮았다 하여 붙여진 이름이다(그리스어 kteis 빗). 또한 참나무 이파리를 닮았다는 데에서 퀘르시필릭스속(*Quercifilix*; Quercus 참나무)나 드리나리아속(*Drynaria*; 그리스어 dryinos 참나무 + aris 닮은) 같은 이름도 생겨났다. 디프테리스속(*Dipteris*)이라는 이름은 잎이 같은 크기의 부채꼴 열편으로 갈라지기 때문에 생긴 이름이다(그리스어 di 둘 + pteris 고사리).

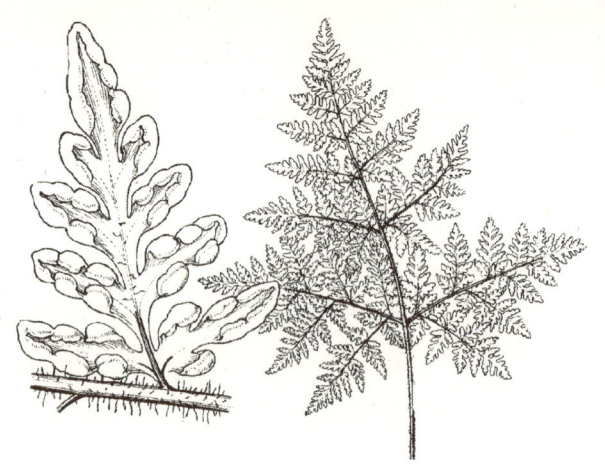

그림 53
멕시코 원산인 카울푸시부싯깃고사리 (*Cheilanthes kaulfussii*)의 포자낭군은 잎 가장자리가 말린 채 싸여 있다 (그리스어 cheilos, 입술 + anthos, 꽃). Mickel & Beitel(1988)

잎의 형태 외에도 색깔이나 질감도 속명을 명명하는 근거가 되었다. 펠라이아속(*Pellaea*)이라는 속명은 흐릿한 청회색을 띤 잎 때문에 생긴 이름이다 (그리스어 pellos ^{거무스레한}). 피티로그라마(*Pityrogramma*)라는 속명은 잎 뒷면의 흰색 또는 황색 가루 때문에 생긴 이름이다(그리스어 pityron ^{비듬} + gramme ^줄). 석위속(*Pyrrosia*)이라는 속명은 잎 뒷면에 있는 연홍색의 털 때문에 생긴 이름이다(그리스어 pyr ^불), 니피디움속(*Niphidium*)이라는 속명은 잎조각 뒤쪽이 흰 털로 덮여 있는 데에서 생겨났다(그리스어 nipha ^눈 + eidos ^{~같은}).

잎의 질감이라는 특징에 의해 속명이 명명된 대표적인 사례는 매우 얇은 잎을 가진 처녀이끼속(*Hymenophyllum*)이다(그리스어 hymen ^막+phyllon ^잎). 덩굴성으로 자라는 실고사리속(*Lygodium*) ^{그림 44}은 다른 식물을 타고 올라가기 위해 줄기가 잘 휘어지는 데에서 생긴 이름이다(그리스어 lygodes ^{유연한}).

양치류의 동정 포인트가 되는 엽맥의 형태도 속명의 명명 근거가 될 수 있다. 캄필로네우룸속(*Campyloneurum*; 그리스어 kampylos ^{구부러진} + neuron ^{동맥})은 주맥 사이를 연결하는 2차 맥들이 구부러져 있는 특징을 말해준다.^{그림 51}

특이한 포자엽의 생김새로 말미암아 속명이 명명된 경우도 있다. 포자엽이 따로 생기는 것을 2형엽^{dimorphic}이라고 하는데, 2형엽의 포자엽은 대개 엽록소가 없으며 포자낭을 달고 있는 단순한 조각들로 구성되어 있다. 또한 이 포자엽은 바람에 포자를 날리기 쉽도록 보통 잎자루가 훨씬 더 길어지고, 포자가 산포된 후에는 금방 시들어 버리는 경향이 있다.

나도고사리삼속(*Ophioglossum*)의 영명英名은 adder's tongue인데, '독사의 혀'라는 뜻이다. 이 식물은 길게 자라는 줄기 위에 뱀의 혀를 닮은 포자낭을 달고 있다(그리스어 ophis 뱀 + glossa 혀). 나도고사리삼과 근연관계에 있는 백두산고사리삼속(*Botrychium*)그림 36은 포자엽 끝에서 갈라진 가지마다 둥근 포자낭을 주렁주렁 매단 모습이 마치 포도 송이와 흡사하다(그리스어 botrys 덩이·송이). 오노클리아(*Onoclea*)그림 52는 포자엽의 잎조각이 말려서 단단한 염주처럼 된 생김새에서 붙여진 이름이다(그리스어 onos 그릇 + kleiein 닫히다).

예전의 분류학자들은 포자낭의 형태를 분류의 근거로 삼은 경우가 많았는데, 이는 속명을 명명하는 데도 반영되었다. 캄프토소루스속(*Camptosorus*)은 굽었거나 갈고리 모양을 한 포자낭군의 생김새에서 비롯된 이름이다(그리스어 kamptos 굽은). 마이크로그라마속(*Microgramma*)은 포자낭군이 약간 길쭉한 데에서 비롯되었다(그리스어 micros 작은 + gramme 선). 창일엽속(*Microsorum*)은 매우 작은 포자낭 때문에 비롯된 이름이다.(그리스어 micros 작은)

포자낭의 형태를 워낙 중시했던 옛날 분류학자들은 포막이 없는 둥근 포자낭군을 가진 고사리는 모두 미역고사리속(*Polypodium*)으로, 포막이 있고 길쭉한 포자낭군을 가진 고사리는 모두 꼬리고사리속(*Asplenium*)으로 분류하였다. 물론 오늘날에 와서는 그러한 분류방식은 부적절한 것으로 간주되고 있다. 진화학적으로 보아 유사한 포자낭군의 형태는 여러 차례에 걸쳐 독립적으로 진화해 왔을 것이므로, 무작정 포자낭의 형태에 집착하는 것도 문제가 있다. 이것과 관련하여 존 미켈John Mickel은 다음과 같이 지적하였다. "과학을 연구하는 입장에서는 유감스러운 일이지만, 포자낭군은 믿을 바가 못 된다."

　　포자낭군의 위치 또한 초기의 분류학자들이 속명을 명명하는 데 반영되었다. 개부싯고사리속(*Cheilanthes*)은 잎 가장자리에 붙은 포자낭군이 입술처럼 말린 잎 가장자리-위포막으로 덮여 있는 모습에서 생긴 이름이다 (그리스어 cheilos 입술 + anthos 꽃). 북바위고사리속(*Cryptogramma*)은 잎 가장자리에 짧은 선처럼 포자낭군이 붙고 여기에 위포막이 덮여 숨겨져 있는 데

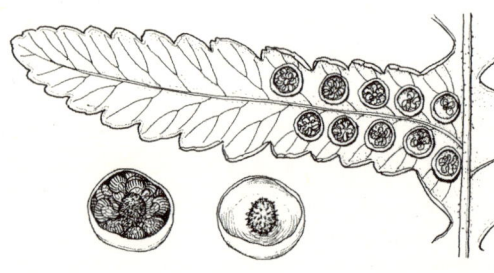

그림 54
키아테아속(*Cyathea*)(그리스어 kyathos, 술잔)의 컵 모양의 포막. 아래, 포자낭군에서 포자낭들을 제거하면 손잡이 모양의 포자낭탁이 보인다.

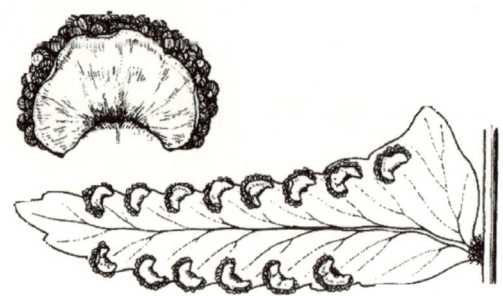

그림 55
멕시코 원산인 펙티나타줄고사리(*Nephrolepis pectinata*)의 콩팥 모양의 포막(그리스어 nephros 콩팥 +lepis 비늘). Mickel & Beitel(1988)

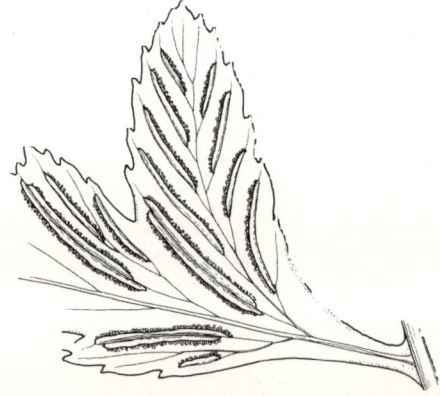

그림 56
포자낭군이 서로 등을 맞대고 붙어 있는 것이 버들참빗속(*Diplazium*)의 특징이다(그리스어 diplazios 두 배의); 하지만 말단부의 맥에 위치한 포자낭군들은 서로 붙어 있지 않다.

에서 생겨났다(그리스어 kryptos 숨겨진 + gramme 선). 아크로스티쿰 (*Acrostichum*)은 포자낭군이 잎 끝을 향해 열을 지어 붙어 있다.(그리스어 akros 정상 + stichos 줄). 나도히초미속(*Polystichum*)은 여러 줄로 포자낭군이 배열되어 있다(그리스어 poly 다수의 + stichos 줄). 아노그라마속(*Anogramma*)은 포자낭군이 잎조각 끝을 향해 뻗어 있다(그리스어 ano 위를 향한 + gramme 선).

한편 양치류들 중에는 포막으로 포자낭군을 감싸서 보호하고 있는 종류들이 많은데, 이 점 역시 속명을 명명하는 근거가 되었다. 텍트라리아속 (*Tectaria*)에 속한 많은 종들이 지붕 모양의 포막을 가지고 있다(라틴어 tectum 지붕). 반면에 토끼고사리속(*Gymnocarpium*)에는 포막이 아예 없다(그리스어 gymnos 벌거벗은 + karpos 열매). 나무고사리류 중 중요한 속인 키아테아속(*Cyathea*)그림 54은 컵 모양의 포막 때문에 생긴 이름이다(그리스어 kyathos 술잔). 한들고사리속(*Cystopteris*)이라는 이름은 부푼 부레 모양의 포막 때문에 생겼다(그리스어 kystos 부레 + pteris 고사리). 줄고사리속(*Nephrolepis*)그림 55의 포막은 콩팥 모양이거나 비늘 모양이다(그리스어 nephros 콩팥+lepis 비늘). 열대성 양치류 버들참빗속(*Diplazium*)그림 56은 포막이 쌍으로 생겨서 동일한 맥을 따라 길쭉한 포막이 서로 등을 맞대고 있다(그리스어 diplazios 두 배의). 점고사리속(*Hypolepis*)은 잎 가장자리가 변형된 비늘 같은 덮개가 아래로 말려서 포자낭군을 보호하고 있다(그리스어 hypo 아래 + lepis 비늘).

때론 포자낭 사이에 보호장치를 가지고 있는 포자낭군도 있다. 프레오펠티스속(*Pleopeltis*)의 경우에는 방패 모양의 비늘이 그와 같은 보호 장치다(그리스어 pleos 풍부한 + pelte 방패). 에리오소루스속(*Eriosorus*)은 텁수룩한 털 같은 보호 장치를 가지고 있다(그리스어 erion 양모 + soros 뭉치). 처녀이끼과의 트라이코마네스속(*Trichomanes*)그림 40은 포자낭이 붙는 털 같은 구조물-포자낭탁이 컵 또는 깔때기 모양의 포자낭군 밖으로 돌출되어 있다(그리스어 thrix 털 + manes 컵).

식물의 형태적인 특징과는 전혀 상관없이, 순전히 상상력을 동원하거나 즉흥적으로 지어진 속명들도 있다. 물부추류^{화보사진 3}와 근연관계인 스티리테스속(*Stylites*)은 시리아의 은둔자였던 성 시므온 스틸리테스^{Simeon Stylites, (AD 390(?)~459)}의 이름을 따서 지었다. 이 성자는 높은 기둥 위의 플랫폼에서 35년 간을 살았다고 하는데(그리스어 stylos ^{기둥}), 스티리테스속(*Stylites*) 역시 긴 기둥 같은 줄기 위에 잎이 펼쳐져 있다.

오늘날의 속새속과 유연관계에 있는 화석 식물속인 이비카속(*Ibyka*)은 '두루미^{crane}에게 쪼이다' 라는 뜻인데, 최초의 화석이 건설 장비인 크레인^{crane}으로 채석 작업을 하고 있던 채석장에서 발견되었다.

마지막으로 오늘날 텍트라리아속(*Tectaria*)과 동일한 것으로 간주되고 있는 아나파우시아속(*Anapausia*)이라는 속명을 소개하고자 한다. 이 속명은 '쉬다' 라는 뜻의 그리스어 anapausis에서 유래된 이름인데, 아마 명명한 학자가 식물 기재 작업을 마친 뒤에 휴식이 필요했던 것 같다. 독자 여러분들도 이제 잠시 휴식을 취하기 바란다.

10 영화 속에서

    1971년 개봉된 영화 〈미지의 잎사귀 A New Leaf〉^(Elaine May 감독)는 고사리의 신종을 주요 소재로 다루고 있다. 영화 속의 여주인공 헨리에타 로웰은 마음은 착하지만 촌티가 풀풀 나는 생물 교사인데, 큰 재산을 상속받기로 되어 있다. 그러다 어떤 기회에 그녀는 음흉한 중년의 바람둥이인 헨리 그래엄^(Walter Matthau분)을 만나게 된다. 그런데 이 남자는 이미 자신의 전 재산을 탕진해 버린 처지인지라 돈을 노리고 그녀와 결혼을 하기로 작정한다. 첫 번째 데이트에서 그는 이렇게 묻는다.

   "로웰 양, 당신에 대해서 좀 더 알고 싶네요. 당신이 하는 일, 당신의 소망이나 장래의 꿈에 대해서 말이오."
   "글쎄요, 저는 직업이 교사이고 논문도 쓰고 있죠. 야외조사도 하고 있고요. 가장 최근의 야외조사 때는 졸리보고^{Jollybogo} 지역의 모든 양치류들을 동정하고 분류하는 작업을 마쳤답니다. 그게 제가 지금껏 쓴 중에서 가장 긴 논문이죠."
   "그 논문 언제 한번 읽어 보고 싶구려."

따분함을 애써 감추며 헨리가 건성으로 대답했다.
"제 꿈은 지금껏 누구도 동정하거나 분류하지 못한 고사리 신종을 최초로 발견하는 것이랍니다."
"그런 걸 발견하면 어떻게 되죠?"
"별다를 건 없어요. 그냥 최초 발견자로 등재되고 그 속의 식물들에 제 이름이 붙게 되지요."
"아, 그래요……. 제임스 파킨스 이름을 따서 파킨스병이라고 이름 붙여지는 것처럼 말인가요?"
"맞아요. 루이 드 부갠빌라라는 이름에서 부갠빌라가 생긴 것처럼요."

그로부터 불과 일주일 만에 그들은 결혼식을 올리고 하와이로 신혼여행을 떠나게 된다. 하지만 헨리에타의 붙임성 없고 실수투성이인 품성과 고지식함은 사교적이고 세련된 신사 헨리에게는 경멸의 대상이 될 뿐이다. 그런데 신혼여행지에서 나무고사리를 채집하던 헨리에타가 포막이 퇴화된 특이한 형태의 알소필라속(*Alsophila*)의 고사리를 발견한다. 그러는 동안 헨리는 열심히 독약에 대한 책들을 뒤지고 있었다. 적당한 시기가 되면 원예용으로 흔히 쓰는 농약으로 그녀를 독살한 다음 그녀의 재산을 독차지하려는 꿍꿍이를 품고 있었던 것이다.
그런데 신혼여행에서 돌아온 뒤 마침내 그녀의 꿈이 이루어지게 되었다. 그녀는 헨리에게 당장 그 소식을 전했다.

"수락되었어요. 제 알소필라 그라하미(*Alsophila grahamii*)말예요!"
"좀 찬찬히 말해 보구려. 뭐가 수락되었다는 거요?"
"우리 신혼여행 때 제가 발견한 열대성 나무고사리 말이에요. 제가 동정同定을 할 수가 없어서 혹시나 신종이 아닐까 했거든요. 그래서 미시간대학에 표본을 보냈는데, 변종이 아니라 신종이라는군요. 제가 신종을 발견했다고요!"

"그것 참 잘 되었군요."
자신의 무관심을 애서 감추려 하며 헨리는 대답했다.
"이제 당신 원하는 대로 식물 이름을 지을 수 있겠군요. 그 뭐랬더라, 부갠빌라인지 뭔지처럼 말이오."

하지만 헨리에타가 그 새로운 고사리를 다름 아닌 그의 이름을 따서 짓겠다고 나서자 헨리는 그만 대경실색해 버렸다. 그는 그녀의 마음을 바꾸려고 무진 애를 썼지만, 헨리에타는 도무지 뜻을 굽히려 들지 않았다. 그의 사랑이 없었다면 그녀가 신종으로 발표할 확신이 없었을뿐더러, 그 식물은 두 사람의 신혼여행 중에 발견한 것이 아니냐는 것이었다. 그리고 사랑의 증표로서 헨리에타는 헨리에게 그 고사리의 잎조각이 들어 있는 로켓목걸이를 선사했다. 이에 헨리는 잠시 동안 감동을 받기는 했지만, 그렇다고 그녀를 독살하려는 마음이 변하지는 않았다.

여기서 영화 이야기는 잠시 접어두고, 새롭게 발견된 고사리를 명명하고 기재하는 절차에 대해서 이야기를 해보자. 새로운 식물을 명명하는 것은 속명屬名과 종소명種小名을 부여하고 그 끝에 명명자의 이름을 붙이게 된다. 가령 제왕고사리의 학명은 *Osmunda regalis* Linnaeus이다. 최초의 두 단어는 라틴어이므로 이탤릭체로 적는다(영문법에서 외래어는 모두 이탤릭체로 표기하듯이 말이다). *Osmunda*(고비속)는 속명인데, 첫 번째 철자는 대문자로 표기한다. 두 번째 단어 *regalis*는 종소명인데식물의 종명은 속명+종소명, 이것은 소문자로 표기한다(종소명이 사람의 이름이나 다른 식물의 속명에서 따오는 경우에는 첫 번째 철자를 대문자로 표기하는 경우도 있다). 마지막에 오는 것이 그 식물을 최초로 명명하고 기재한 사람의 이름이다. 명명자의 이름은 종종 공간을 줄이기 위해 약자로 표기되기도 한다. 가령 Linnaeus는 보통 L.로 줄여서 쓴다. 때론 *Matteuccia struthiopteris* Linnaeus Todaro(청나래고사리)처럼 명명자 이름이 두 개가 오는 경우도 있는데, 이때는 *Matteuccia struthiopteris* (L.) Todaro 처럼 첫 번째 이름을 괄호 처리한다. 이 경우는 처음에는 린네가 이 종을 *Osmunda*(고비속)로 분류했지만, 후에 아고스티노 토다로Agostino Todaro가 이를 *Matteuccia*(청나래고사리속)로 재분류했기 때문이다.

대부분의 사람들에게는 라틴어 이름을 쓰는 것은 별 의미가 없어 보일 것이다. 누가 라틴어 이름을 제대로 발음할 것이며 그 의미를 이해할 수 있단 말인가? 그렇다면 왜 좀 더 이해가 쉽도록 일반명을 사용하면 안 되는 것일까? 문제는 일반명을 쓰게 되면 지역이나 사용 언어에 따라 그 이름이 제멋대로 바뀌어 버린다는 것이다. 심지어는 같은 지역 안에서도 일반명이 하나 이상이 될 수도 있고, 같은 명칭으로 여러 식물들을 지칭하는 데 사용하기도 한다.

라틴명을 쓰는 방식의 장점은 중복의 여지가 없는 일관성이라 할 수 있다. 또한 이름을 정하는 규칙이 국제적으로 합의되어 정해져 있다. 하지만 새로운 식물에 라틴어 학명을 붙이기 위해서는 식물명에 관한 국제명명규약International Code of Botanical Nomenclature에 명기된 다섯 가지 요건들을 충족시켜야 한다. 이 규약은 6년마다 전 세계 여러 도시를 돌며 개최되는 국제식물학총회에서 식물학자들의 토론을 거쳐 지속적으로 개정되고 있다.

규약의 첫 번째 요건은 해당식물의 분류학적 소속과 지위가(가령 종인지 변종인지) 명확하게 규정되어야 한다. 둘째, 식물을 명명하는 데 있어서 기존에 사용되던 명칭을 재사용해서는 안 된다. 종소명은 명명자가 정하되, 라틴어로 된 용어를 사용해야 한다. 또한 식물학적 명명법은 1753년 린네가 『식물의 종(*Species Plantarum*)』을 출간하면서 시작되었으므로, 그 이후로 사용한 적이 있는 명칭을 중복해서 사용해서는 안 된다. 하지만 막상 1753년 이후에 출간된 수많은 학술지와 책에서 사용된 학명들을 모두 확인하는 작업은 녹록지 않은 일이다. 바로 이 때문에 『*Index Filicum*』이라는 참고도서가 필요하다. 이 책은 1753년 이후 출간된 문헌 자료에 등장하는 양치식물명을 모두 담고 있다.(식물 일반을 위한 학명 참고도서는 『Index Kewensis』.)

세 번째 요건은 이름의 명명과 함께 라틴어로 된 식물기재문도 함께 출간되어야 한다. 이것은 라틴어가 과학과 학문의 국제적 공용어로 사용되었던 1800년대부터 답습해 온 시대착오적인 관행이다. 원칙적으로는 현대의 모든 식물분류학자들이 라틴어를 읽고 쓸 줄 알아야 되겠지만, 실제로 라틴어에 능통한 학자들은 거의 없다. 그래서 대부분의 학자들은 라틴어 기재문은 건너뛰어 버리고 바로 영어 기재문으로 눈길을 돌리기 마련이다. 라틴어 기재문은 필수적으로 요구하면서 도해圖解삽화는 의무적으로 요구하지 않는 점 또한 우스꽝스러운 일이다. 도해만 보더라도 다른 언어권의 학자들이 쉽게 이해할 수 있을 텐데도 말이다. 다행히도 오늘날 대부분의 식물학자들은 그들의 기재문에 도해 삽화를 함께 첨부하고 있다.

네 번째 요건은 기준표본type specimen을 식물표본관에 보관하도록 해야 한다. 기준표본이야말로 '저자가 이름을 붙인 바로 그 식물이 여기 있음'을 보여주는 증거가 된다. 대개 최초의 기준표본–정기준표본holotype은 저자가 연구하는 표본관에서 소장한다. 이외에 다른 표본관에서 소장하는 중복 표본들은 동기준표본isotype이라고 부른다.

기준표본은 분류학 연구에 있어 필수적이다. 특히 열대식물들이 알려지기 시작한 1700년대와 1800년대에 발간된 식물명을 학술적으로 검증하는 데 있어서 기준표본은 유일한 준거가 된다. 이것은 그 당시 학자들의 기재문이 식물의 특징을 기술하는 데 허술한 점이 많았기 때문이다.

마지막으로, 다섯 번째 요건은 앞에서 열거한 모든 정보들–분류학적 지위, 명칭, 라틴어 기재문, 기준표본의 지정에 관한 제반 정보들–이 전 세계 식물학자들이 열람할 수 있는 방식으로 출간되어야 한다. 현실적으로 이러한 작업은 과학 학술지에 기고를 해야 한다는 것을 의미한다. 만일 학술회의에서 구두로만 새로운 식물명을 발표하거나 해당 식물에 대한 정보를 동료학자들에게 열람시키는 것은 공식 발표를 한 것으로 인정을 받지 못한다. 식물학과 직접 관련이 없는 인쇄물, 가령 동창회지에 신종을 발표하는 것도 마찬가지이다.

새로운 식물종을 명명하는 데 있어 공식적으로 출판 인가권을 지닌 직책이나 위원회 같은 것은 없다. (헨리에타가 미시간대학에 의뢰를 했다는 것은 그곳의 저명한 양치식물학자들과 학술지 편집부에서 선정한 여타 전문가들이 심사를 했다는 의미이다. 대부분의 학술지 출판은 이런 절차를 거친다.) 더욱이 새로운 식물명을 발표하는 데는 식물학 박사학위가 있어야 한다든가 관련 학술단체의 회원이어야 한다는 의무 조항 같은 것도 없다. 따라서 일반인이라 할지라도 앞에서 열거한 규약들만 따른다면 누구나 신종 발표를 할 수 있는 것이다. 하지만 학술지에 제시된 증거 자료들은 학술지의 편집자들과 심사를 담당한 2~3인의 까다로운 심사관들의 철저한 검증을 거치게 된다. 원고가 수락이 되고 나면 마지막으로 한 가지 장애물이 더 있는데, 그것은 바로 발표자가 출판 비용을 부담해야 한다는 것이다. 대부분의 식물학 저널들은 출판물의 인쇄와 배포 비용으로 페이지당 보통 50~100달러의 비용을 청구하고 있다.

새로운 식물종을 발표하는 것은 이미 과거에 완료된 일이 아니라 현재에도 계속 진행되고 있는 중이다. 1991년부터 1995년 사이에 전 세계적으로 대략 620종의 새로운 양치류들이 보고되었다. 물론 그 대부분은 종의 다양성이 풍부한 열대지방의 양치류들이다. 중앙아메리카(남부멕시코에서 파나마까지 걸친 지역)에서만 1985년부터 1995년까지 138종의 새로운 양치류들이 보고되었다. 심지어는 식물학 연구 역사가 오래된 온대지방에서조차도 새로운 양치류들이 속속 발견되고 있다. 가령 1985년에서 1993년 사이에 미국과 캐나다에서만 29종의 신종 양치류들이 보고되었다.

흔히 사람들은 식물의 이름을 알게 됨으로써 마치 그들이 그 식물을 마음대로 제어할 수 있거나 더 잘 이해하게 된 것인 양 특별한 힘을 부여받는 것처럼 느끼곤 한다. 물론 이름 자체만 가지고는 해당 식물에 대해서 알 수 있는 것이 별로 없다. 다음과 같은 본질적인 질문들이 더 중요할 것이다: 어떤 서식 환경에서 자라는가? 분포 영역이 어떻게 되는가? 어떤 방식으로 생육하는가? 기후의 변화에 어떻게 영향을 받는가? 일 년 중 어느 때에 포자엽이 만들어지는가? 실용적인 용도가 있는가?

그렇다 하더라도 여전히 이름의 중요성을 평가 절하할 수는 없다. 우선 이름이 있어야만 그 식물에 관한 해당 정보를 결부시킬 수 있을 것이 아닌가. 고대 그리스의 철학자 이소도루스Isodorus는 이렇게 말했다.

"만일 이름이 없다면 사물에 대한 지식 역시 아무런 의미가 없다."

다시 영화 속으로 돌아가 보자. 영화의 종반부로 가면, 어느 지역에서 함께 카누를 타고 있던 헨리와 헨리에타가 그만 급류 속에서 카누가 전복되는 사고를 당하게 된다. 헨리는 수영을 할 줄 모르는 헨리에타를 물속에 내버려둔 채 혼자 개울 밖으로 헤엄쳐 나온다. 하지만 강둑으로 올라온 그의 눈앞에 바로 헨리에타가 명명했던 알소필라 그라하미(*Alsophila grahamii*)처럼 생긴 고사리가 있는 것이 아닌가! 헨리는 이를 확인하려고 헨리에타가 선물한 로켓목걸이를 찾아 미친 듯이 주머니 속을 뒤지지만, 도무지 그것을 어디에 두었는지 찾을 길이 없다. 바로 그 순간 그에게 심정의 변화가 일어나고 그는 헨리에타를 구조하기 위해 다시 물속으로 뛰어든다. 영화는 마침내 헨리와 헨리에타가 물가 주변의 통나무에 다정하게 앉아 있는 장면으로 끝을 맺는다. 헨리는 그의 인생에서 새로운 전기를 맞이한 것이다.

Fern Fossi

Fern Fossils

1s 양치식물의 화석

- 11 _석탄기의 거인들
- 12 _거대한 속새의 속삭임
- 13 _중생대 최후의 생존자
- 14 _고사리류 스파이크
- 15 _고사리의 나이는 얼마나 될까?

146 ···양치식물의 화석

11
석탄기의 거인들

　예전에 아칸소주립대의 식물학 교수로 재직할 당시, 어느 농부로부터 전화를 한 통 받은 적이 있다. 그 농부는 사냥을 하다가 넓게 퍼진 사암층에 새겨진 기이한 문양을 보았던 것이다. "마치 바위 위에 눌린 자동차 타이어 자국 같은 것이 있는데, 바위가 생겼을 시대에는 자동차 따위가 있었을 리는 없잖습니까? 그렇다면 도대체 내가 본 것이 뭘까요?"
　짐작컨대 그 농부가 본 것은 거대한 인목鱗木; lepidodendrid의 줄기 화석이었을 것이다. 이 나무들의 화석은 아칸소 주의 사암층과 이탄암층에서 흔하게 발견되고 있다. 그림 57 오래전에 멸종하여 지금은 더 이상 존재하지 않는 이 식물들은 오늘날의 물부추류, 화보사진 3 부처손류 그리고 석송류의 식물과 유연관계가 있는 것들로서, 키가 작은 현존 식물들과는 달리 열대우림의 큰키나무처럼 우람한 줄기를 지니고 있었다. 이 중 어떤 종은 키가 55m에 달하고 밑동 지름이 2m가 넘는 것도 있었다. 이 식물들은 석탄기 후기의 약 4,000만 년 동안 습지를 차지하고 번성하였지만, 약 2,500만 년 전 페름기 말에 이르러서 멸종하고 말았다. 그림 58

나에게 전화를 한 이 농부처럼 많은 사람들이 악어가죽이나 타이어 자국을 닮은 이 식물의 줄기 문양을 보고 신기해 하곤 한다. 이 문양은 생김새가 독특한 나머지 인목鱗木 Lepidodendron (그리스어 lepido 비늘 + dendron 나무)이라는 이름이 붙어졌다. 문양 속의 각각의 비늘은 '엽침leaf cushion' 이라는 조직인데, 종에 따라 능형이나 육각형 꼴을 띠며 나선형이나 수직으로 배열되어 있다. 이 엽침의 배열로 인해 형성된 문양은 대단히 보기가 좋아서 종종 현대건축의 디자인으로도 활용되곤 한다. 런던에서도 가장 멋진 건물의 하나로 손꼽히는 자연사박물관 건물도 건물 정면과 정문 주변에 인목 줄기

그림 57
인목 화석의 수피는 암석 위에 눌린 타이어 자국처럼 보인다. 각각의 문양 조각들은 엽침(leaf cushion)이라는 조직이 화석화된 모습.

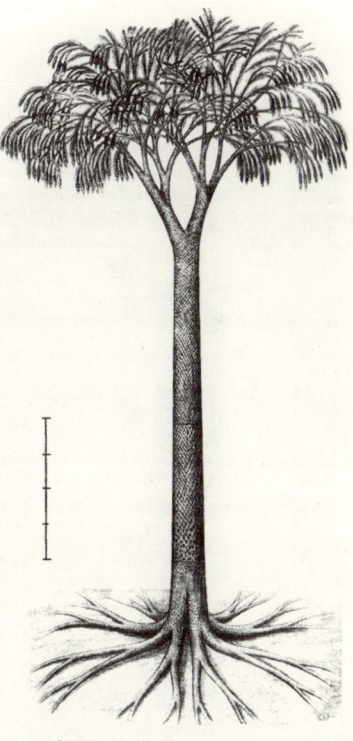

그림 58
거대한 인목의 복원도. 척도, 4m.
Hirmer(1927)

의 문양을 원용한 수많은 기둥을 세워 장식하고 있다.^{그림 59}

　　비록 둥치에 합착되어 있기는 하지만, 사실 엽침은 잎의 일부분이라 할 수 있다. 각각의 엽침은 단일 맥을 지닌 좁고 길게 뻗은 잎몸이 붙어 있던 자국인 것이다.^{그림 60} 엽침의 중앙부에는 점 같은 표식이 있는데, 이것은 잎맥이 줄기로부터 잎으로 연결되었던 흔적이다. 그런데 이 엽침이라는 조직은 오늘날의 나무들에서 볼 수 있는 코르크질의 엽흔과는 달리, 살아서 광합성을 하는 녹색의 조직들로 구성되어 있었던 것으로 추정되고 있다. 그렇다면 어떻게 화석만 보고 이러한 결론을 도출할 수 있는 것일까?

그림 59
인목의 문양을 활용한 런던 자연사박물관의 장식기둥.

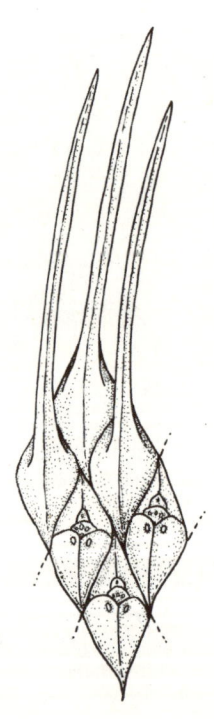

그림 60
잎이 떨어진 상태의 엽침과 잎이 함께 붙은 상태인 인목 가지의 표면. Stewart and Rothewell(1993)

우리는 두 가지 근거를 화석에서 도출할 수 있었다. 첫째, 엽침의 외부 표면은 수분 손실을 방지하는 얇은 왁스질의 큐티클층으로 덮여 있었다. 현존하는 육상식물들을 보면 대기에 노출된 조직들이 큐티클층으로 덮여 있다. 그러므로 인목의 경우에도 큐티클층이 살아 있는 조직을 덮고 있었을 것으로 추정할 수 있다. 둘째, 엽침의 표면에는 미세한 기공stomata이 산재해 있는데, 대기 중의 이산화탄소를 식물 내부로 흡수하는 기능을 수행하는 장치들이다. 기공은 광합성을 위해 진화된 것인데, 이것은 살아 있는 세포에서만 일어나는 화학작용이다. 그러므로 큐티클층과 기공의 존재야말로 엽침이 광합성 기능을 하는 살아 있는 세포조직이었음을 입증한다고 할 수 있다.

그리고 만일 엽침이 광합성을 했다고 한다면, 틀림없이 엽록소의 색상인 녹색을 띠고 있었을 것이다. 따라서 엽침으로 덮여 있던 인목의 줄기는 녹색을 띠었을 것이다. 이것은 줄기가 광합성을 하지 않는 갈색의 죽은 나무껍질로 싸여 있는 오늘날의 나무들과는 확연히 다른 특징이다.

인목의 번식방식 또한 오늘날의 나무들과는 사뭇 달랐다. 인목은 종자 대신에 위쪽 가지에 달리는 솔방울처럼 생긴 포자낭이삭strobilus으로부터 포자를 산포하여 번식하였다. 어떤 종류의 인목은 생을 마감할 즈음에야 단 한 차례 포자낭이삭를 만드는 경우도 있었다. 오늘날의 용설란이나 푸이아Puya, 또는 몇몇 종의 대나무들이 일생에 단 한 차례 생을 마감할 때만 개화하여 열매를 맺듯이 이 식물들 또한 마찬가지였다. 반면에 인목들 중에는 평생 여러 차례 반복해서 포자낭이삭를 만드는 종류도 있었다.

인목의 포자낭이삭은 중축 위에 고도로 퇴화된 포자엽sporophyll들이 나선상으로 배열되어 있는 독특한 구조를 띠고 있었다. 그리고 각각의 포자엽 앞면에는 암포자 또는 수포자를 만드는 포자낭이 하나씩 달려 있었다. 수포자 또는 소포자小胞子; microspore는 직경이 암포자보다 보통 10~20배 정도 작기 때문에 한 포자낭 안에서 수백 개가 만들어졌다. 이에 비해 암포자 또는 대포자大胞子; megaspore는 배아를 키울 자양분을 포함하고 있어 크기도 클 뿐 아니라 대개 포자낭당 16개 또는 8개의 대포자가 들어 있었는데, 어떤 종들은 단 1개의 대포자를 만들었다.*^{감수자주} 암포자와 수포자는 각각 다른 포자낭에 생겼지만, 종에 따라서는 한 포자낭이삭^{양성 포자낭수}; bisporangiate strobilus에 함께, 또는 각기 다른 포자낭이삭^{단성 포자낭수}; monosporangiate strobilus에서 만들어지는 것도 있었다. 포자 번식은 영양생식을 할 수 없었던 인목으로서는 번식할 수 있는 유일한 방식이었다.^(5장 참조)

인목들 중에는 포자낭이삭이 가지에 달린 채로 온전한 형태를 유지하면서 포자를 방출했던 속도 하나 있기는 했지만, 그 외의 속들은 모두 포자낭이삭이 분해되면서 포자가 방출되었다. 포자낭이삭으로부터 포자엽이 하나 둘씩 인목이 자라는 습지 위에 떨어져 마치 작은 배처럼 물 위에 떠서 포자를 멀리 실어 날랐던 것이다. 이 중 암포자를 지닌 포자엽을 수낭과^{水囊果}; aquacarp라고 부른다.^{그림 61} 물 위에 떨어진 암수포자는 때가 되면 암 또는 수배우자체로 자라나서 각각 난자와 정자를 만들었다. 수정 과정 역시 물 위에 떠 있는 포사엽에 암배우자체가 그대로 무작된 채로 이루어졌는데, 이것 역시 오늘날의 나무에서는 볼 수 없는 특징이다.

난자가 수정이 되면 배아가 생성되는데, 이것 역시 초기 생장 모습이 특이했다. 즉, 뿌리가 발육하는 대신에 최초로 나온 싹으로부터 기경^{氣莖}; aerial stem, 땅위줄기과 함께 뿌리와 유사한 기관이 아래쪽으로 뻗어나갔다. 이 기관은 뿌리와 흡사하기는 하지만, 발생학적으로 보아 진짜 뿌리라고 말할

---

*감수자주
　　대포자(macrospore)와 소포자(microspore)는 원 저자의 본문에는 없는 용어를 감수자가 삽입한 것이다. 이들을 각각 암포자와 수포자로 부를 수는 있지만 교과서에서는 보통 잘 사용하지 않는다. 이들이 발아해서 각각 암배우자체와 수배우자체를 만들기는 하지만 포자 때부터 암수를 구별하지는 않는다. 따라서 이들을 만드는 포자낭도 대포자낭(macrosporangium)과 소포자낭(microsporangium)이라고 부르며, 이 용어들은 나자 및 피자식물에서도 그대로 사용하고 있다.

수는 없다. 비록 진짜 뿌리처럼 식물체 고정과 영양분 흡수라는 기능은 수행하고 있었지만, 생육방식과 구조 그리고 형태에서 보면 오히려 줄기와 더 흡사하다. 그래서 이 기관은 근상간根狀幹; rhizomorph이라고 부른다.

근상간이 줄기와 닮은 특성을 지니고 있다는 것은 수관crown에서 갈라져 나가는 가지의 형태를 그대로 닮아 있다는 사실에서도 명확하게 드러난다. 그림 62 이들이 모두 Y자 형태로 똑같이 가지쳤는데, 가지친 가지의 끝은 생장점이 소진되어 더 이상 성장이 불가능해질 때까지 점차 좁아진다. 이처럼 성장의 폭이 애초부터 한정되어 있었기 때문에 근상간과 기경이 만들어 낼 수 있는 분지의 개수와 크기도 제한을 받을 수밖에 없었다. 또한 이 때문에 식물체의 지상부와 지하부가 놀랄 정도로 흡사한 모습을 띠게 되었고, 동일한 종에 속한 개체들의 형태도 일률적으로 흡사한 모습을 보여주었다. 만일 누가 인목을 뽑아 거꾸로 땅에 심어 놓았다손 치더라도 형태가 외관으로는 크게 다른 점을 보이지 않을 것이다.

근상간은 기경보다 빨리 발달했는데, 종에 따라서는 완전히 발달했을 때 반경이 12m에 이르는 것도 있었다. 근상간이 먼저 발달해야 후에 기경이 성장해서 묵직한 중량을 지닌 가지와 잎을 전개해 식물체를 안정적으로 고정할 수 있었을 것이다. 근상간의 원가지꿏枝 화석을 스티그마리아(Stigmaria)라고 하는데, 근상간의 원가지들은 오늘날의 양치류나 종자식물과는 사뭇 다르게 10~30cm 길이의 지근枝根; rootlet들로 덮여 있었다. 지근들

그림 61
부유성 포자엽인 수낭과(水囊果; aquacarp)의 형태. 음영이 진 부분이 포자낭이다.
Phillips(1979)

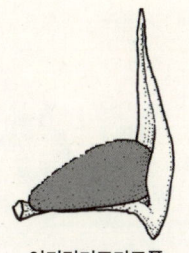
아카라미도카르폰
(*Achlamydocarpon*)

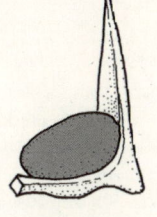
프레민지테스
(*Flemingites*)

은 중심축을 따라 규칙적으로 나선형으로 배열되어 있었는데, 달리 말하면 잎차례phyllotaxy에 비견하여 규칙적인 뿌리차례rhizotaxy를 보였다고 할 수 있다. 그림 62 오늘날의 양치류와 종자식물들을 보면 잎의 규칙적인 전개방식과는 달리 지근은 주근을 따라 불규칙적으로 붙어 있다. (오늘날 규칙적인 뿌리차례를 가지고 있는 유일한 식물은 인목과 근연관계인 것으로 추정되는 물부추뿐이다. 물부추 역시 근상간을 가지고 있다.) 인목들의 지근이 규칙적으로 배열되어 있었다는 것은 지근들이 잎의 상동기관相似器官, homologue임

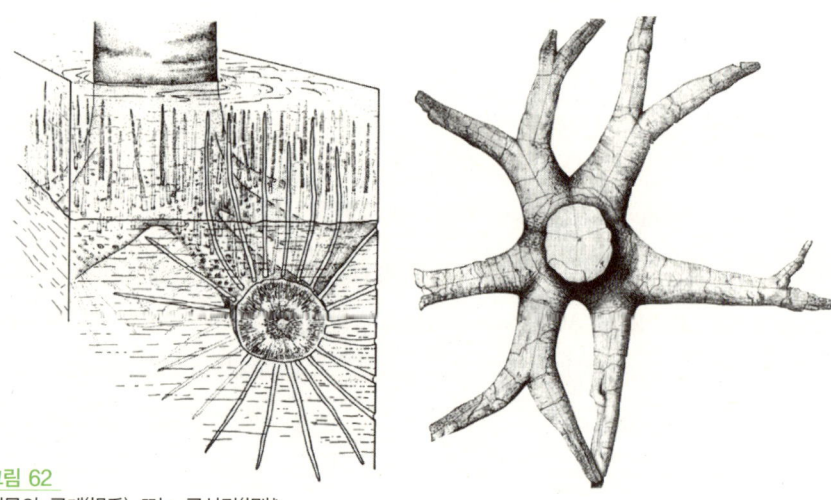

그림 62
인목의 근계(根系) 또는 근상간(根狀幹; rhizomorph). 왼쪽 위, 지근(rootlet)들이 중심축(Stigmaria)으로부터 방사상으로 뻗으면서 상부의 지근들은 햇빛에 노출되어 있다.
Phillips & Dimichele (1992)
오른쪽 위, 근상간의 중심축을 위에서 내려다본 모습. Y자 모양으로 가지가 갈라지며 점차 반경이 축소되는 모습이 보인다. **Hirmer (1927)**
아래, 스티그마리아(Stigmaria)의 화석. 나선형으로 배열된 홈들은 지근들이 붙어 있던 자국들이다.

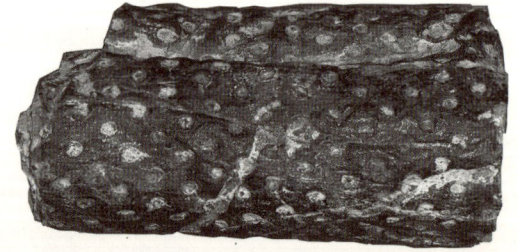

을 시사해 준다.

지근이 잎과 상동관계임을 보여주는 또 다른 특징들도 있다. 인목의 지근은 기부 부위에 있는 분리층separation layer에 의해서 깨끗하게 절단되었는데, 이 특징 덕분에 인목들은 습지의 진창을 뚫고 주근을 확장해 나갈 수 있었다. 잎이 줄기에서 떨어지면서 악어가죽 모양의 흔적을 남기는 것처럼, 지근 또한 주근에서 떨어지면서 나선상으로 배열된 보조개 같은 흔적을 남겼다.그림 62 따라서 지근은 발생학적으로 볼 때 기경의 상동기관이거나 기원이 같다고 할 수 있다. 또한 오늘날 대다수의 식물들과는 달리 인목의 지근은 땅속을 뻗어나가는 과정에서 마찰로 인하여 생장점이 손상되는 것을 방지해 줄 뿌리골무根冠; root cap가 없었을 뿐 아니라 수분과 미네랄을 흡수할 뿌리털root hair도 없었다. 지근이 주근에 결합된 규칙적인 배열상태, 주근으로부터의 탈리脫離; abscission, 근관과 뿌리털의 부재 등이 모든 특징들은 인목의 지근이 발생학적으로는 잎이 변형된 것임을 입증해 준다.

근상간의 지근은 해부학적으로도 오늘날 양치류와 종자식물의 뿌리줄기根莖와는 차이를 보인다. 각각의 지근 중앙부에는 기관氣管, air canal이 있고 가장자리로 관다발이 지나가는데, 이러한 특징은 오늘날 부처손류나 물부추의 지근에서 볼 수 있다. 이런 해부학적 구조를 볼 때, 인목의 지근이 오늘날의 물부추처럼 그들이 서식하던 진흙탕 속의 이산화탄소를 흡수했을 가능성을 고려해 보지 않을 수 없다.(20장 참조) 실제로 그랬을 가능성도 있다. 근상간의 축과 지근은 인목 총 질량의 3분의 1을 차지하는데, 이것은 다른 식물들보다 훨씬 높은 비율이다. 그러므로 지근이 단순하게 식물체를 고정하고 물과 양분을 흡수하는 것 이상의 역할을 했을 것으로 추정할 수도 있다. 지근들, 또는 최소한 지근들 중에서 햇빛에 노출된 지근은 광합성을 하였고, 이산화탄소(또는 물속에 중탄산염 이온 형태로 용해된 탄소)를 흡수하는 역할을 했을 것이라고 주장하는 고생물학자들도 있다(Phillips and DiMichele 1992). 줄기와 뿌리의 체관부phloem 간의 연속성이 없다는 점도 이 주장을 입증하는 근거가 될 수 있다. 이래서는 잎에서 만들어진 당분이 뿌리로 전달될 수 없었을 테니까 말이다. 그러므로 뿌리가 필요로 하는 당은 아마 자체적으로 광합성을 해서 조달했을 것으로 추측할 수 있다.

인목은 수형이 성장하는 양상에 있어서도 오늘날의 나무들과는 차이가 있었다. 온대지방의 나무들은 매년 줄기에 동심상으로 목질층이 축적되므로써 폭이 커지게 되는데, 나이테는 그 결과로 만들어지는 것이다. 만일 줄기가 두꺼워지지 않는다면 새로 생기는 가지와 잎의 무게로 인하여 줄기가 부러질 것이다. 이에 비해 인목은 목질층을 거의 만들지 않았다. 그 대신에 인목은 성장하면서 식물체를 싸고 있는 수피가 점차 두꺼워졌는데, 인목의 수피가 잘 벗겨지는 오늘날의 대부분의 나무와는 달리 강도가 아주 강하고 두꺼웠다.(17장 참조)

인목은 석탄기의 4,000만 년 세월 동안 북아메리카와 유럽의 늪지에서 번성했다. 만일 근연종까지 포함한다면 인목류의 식물들은 그 시기의 것으로 알려져 있는 식물 화석종들 전체의 반수 이상을 차지하고 있다. 또한 중국에서는 페름기가 끝날 때까지 4,000만 년 이상을 더 살아남았다. 이렇게 환경에 잘 적응했던 성공적인 식물군들이 어떻게 멸종해 버렸을까?

여기에는 몇 가지 요인이 작용한 것으로 보인다. 그중 한 가지 요인은 빙하기의 도래였다. 석탄기에서 페름기로 넘어가면서 인목들이 북아메리카와 유럽에서 절멸했던 시기는 곤드와나대륙 남부를 중심으로 극심한 빙하기가 진행되고 있었던 때이기도 하다. 담수가 빙하로 얼어붙으면서 전 세계적으로 해수면이 낮아지고 바닷물의 염도가 높아지는 현상이 초래되었는데, 이 때문에 인목들이 번성했던 해안습지들이 직접적인 타격을 받게 되었다. 또 다른 요인은 대륙이동에 의해서 초래된 건조 현상이었다. 인목들이 거의 멸종한 페름기 후기에 들어서면서 땅덩어리들이 합쳐져 초대륙 supercontinent 판게아Pangaea를 형성했는데, 이때 대부분의 이탄층 습지들은 이 광대한 초대륙의 내륙 깊숙이 고립되어 버렸다. 그런데 이 지역은 강수량이 적어 건조화를 피할 도리가 없었다. 판게아가 형성되면서 각 대륙의 주변부들이 서로 충돌하며 산맥을 형성하는 과정에서 건조화가 더 촉진된 지역도 있었다. 애팔래치아 산맥처럼 당시 새로이 형성된 산맥들은 습기를 머금은 공기가 내륙으로 유입되는 것을 차단했을 뿐 아니라, 산맥의 형성 과정에서 토사가 흘러내려 습지들을 메워 버렸다. 이렇게 해서 한 시대를 풍미하던 광대한 습지들이 말라붙어 버렸고, 인목들 또한 멸종의 길을 걷게 된 것이다.

비록 인목들은 역사의 뒤안길로 사라져 버렸지만, 압축 탄화된 인목의 잔존 화석들은 현대사회 성장의 원동력이 된 석탄의 주요 성분이 되어 지금도 남아 있다. 발화성이 강한 촉탄燭炭; cannel coal은 인목의 포자가 화석화되어 생긴 것인데, 이는 그 옛날 인목들이 얼마나 번성했는가를 보여주는 좋은 증거라고 할 수 있다. 내가 지금 이 글을 쓰고 있는 컴퓨터를 가동하는 에너지 역시 간접적으로는 수억 년 전 잎과 줄기(그리고 근상간의 지근들)에 태양에너지를 모아서 이를 화학적 에너지의 형태로 전환하여 지금껏 보존해 온 인목들로부터 얻은 것이라고 할 수 있다. 인목들의 화석은 산업과 경제를 성장시키는 원동력이 되었을 뿐만 아니라, 또한 사람들의 지적인 호기심과 상상력을 촉발하는 원동력이기도 하다.

12 거대한 속새의 속삭임

"내 일생에 그렇게 놀라운 광경은 처음이었다."

이것은 19세기의 가장 유명한 식물탐사가라 할 수 있는 리차드 스프루스Richard Spruce가 1860년대 초 에과도르의 끼넬로스Canelos라는 곳에서 거대한 속새류(giant horsetails)의 군락을 처음 보고 술회한 대목이다. 이 말이 아마존 유역에서 15년 동안 식물을 채집하면서 온갖 희귀식물들을 다 보아왔던 사람의 입에서 나온 것임을 유념해 주기 바란다. 그가 남긴 기록을 보자:

까넬로스 지역의 숲에서 만난 가장 놀라운 식물은 대형 속새류의 식물(gigantic *Equisetum*)이다. 키가 무려 6m에 이르고, 줄기가 내 손목만큼이나 굵었다! 이 거대한 식물의 군락은 빠스따사Pastaza강에 이르면서 표고가 60m 정도 더 올라간 평원지대에 1.6km 정도 펼쳐져 있었다. 아마 우리들이 어린 이깔나무가 들어찬 숲에서 받는 느낌과 비슷할지도 모르겠다…. 그건 마치 나 자신이 태고의 노목蘆木, *Calamites* 숲 속에 들어와 있는 것 같았다. 설혹 거대한 파충류가 갑자기 나타나 그 속을 헤집고 다닌다 해도 별로 놀라지도 않을 성싶었다.

스프루스가 그의 고향인 요크셔 지방에서 흔히 볼 수 있는 속새류는 기껏해야 키가 1m를 넘지 못한다. 그런데 그가 속새류의 식물을 보면서 지금은 멸종된 3억4,500만 년~2억8,000만 년 전 석탄기의 늪지에서 번성했던 속새과의 친척뻘이 되는 노목을 떠올렸다는 사실이 흥미롭다.^{그림 63} 이 노목은 키가 20m까지 자랐던 식물이다. 그리고 스프루스가 '거대한 파충류'라고 언급한 것은 아마도 석탄기에 육상에서 번성했던 양서류의 동물들을 염두에 두고 한 말인 것 같은데, 이 거대한 동물들은 실제로 빽빽한 노목 숲을 헤집고 다녔을 것이다. 과연 스프루스가 정말로 2억5,000만 년 전에 멸종한 것으로 추정하고 있던 노목을 발견하기라도 했단 말인가?

스프루스 말고 거대한 속새류의 식물을 직접 본 사람으로는 프랑스의

그림 63
석탄기에 번성했던 노목(蘆木).
Hirmer(1927)

그림 64
꼬라손(Corazón)의 대왕쇠뜨기 군락. **André(1883)**

식물학자이자 탐험가였던 에두와르도 앙드레 Édouard André가 유일하다. 이 사람 역시 1870년대에 에콰도르를 여행하면서 안데스 산맥의 서쪽 사면에 위치한 꼬라손 Corazón이라는 지역에서 거대한 식물들을 목격했다고 보고하였다. 그가 이 여행에 대해 쓴 책의 삽화를 보면, 이 식물이 말을 탄 사람보다 키가 몇 배나 더 큰 것으로 묘사하고 있는데, 이 정도로 큰 속새류는 현재까지 알려진 바가 없다. 그림 64 비록 그의 해당 삽화가 매우 흥미롭기는 하지만, 앙드레는 증거표본을 확보하여 제출하지 못했기 때문에 그의 주장은 전문가들 입장으로서는 무조건적으로 신뢰할 수만도 없는 상황이다. 또한 보다 냉소적인 시각에서 보자면, 독자들에게 강렬한 인상을 주어 책을 더 많이 팔기 위해 앙드레가 고의로 식물체의 크기를 부풀렸다고 의심할 소지가 있다고 할 수도 있다.

하지만 스프루스의 주장이라면 경우가 좀 다르다. 그는 일류 식물학자로서 매우 신중하고도 성실한 관찰자였다. 유감스럽게도 그 역시 표본을 채집하지 않았으므로 그가 본 것이 정확히 어떤 식물인지는 영원히 확인할 길이 없다. 그렇지만 잠시 속새류의 식물들과 노목에 대하여 알려진 사실들을 검토해 봄으로써 그가 목격한 식물이 무엇인지 추론을 해볼 수는 있을 듯하다. (앙드레와는 달리, 스프루스가 표본 채집을 하지 않은 데 대해서는 정상 참작의 여지가 없지 않다. 스프루스는 그의 주 수입원이 식물들의 표본을 만들어서 유럽 각지의 식물원에 판매하는 일이었다. 당시 그는 영국 여왕의 지시에 따라 급히 안데스 산맥의 서쪽 사면 지역으로 이동하던 중이어서 표본을 채집할 짬이 없었을 것이다. 안데스에서 그는 야생 키니네 Cinchona의 종자를 채집하여 그것을 영국 배를 통해 인도로 밀반출시켰다. 이것들이 오늘날까지도 인도, 파키스탄 등지에서 경작되고 있는 키니네 재배 농장의 효시가 된 종자들이다. 참고로, 키니네는 그 당시에 극심하게 창궐했고 오늘날까지도 정복되지 않고 있는 무서운 질병인 말라리아의 치료제를 만드는 데 사용되고 있다. 현재에도 전 세계에서 말라리아에 감염되는 사람들이 1억 명이 넘으며, 아프리카에서만도 매년 백만 명의 아이들이 말라리아로 죽고 있다. 스프루스의 채집 활동과 식물학계에 대한 그의 공로에 대해서는 1949년에 쓴 폰 하겐von Hagen의 글 속에 상세히 기술되어 있다.)

속새류와 노목이 다른 식물들과 다른 점은 줄기의 속이 비고 둥글며 마디가 졌다는 것이다. 이 식물의 줄기는 마디 부위에서 원통형의 조각들로 쉽게 분리되는데, 아이들이나 철없는 어른들이 재미로 가끔 이런 장난을 하곤 한다. 또한 녹색을 띠고 있는 줄기가 식물체의 광합성을 거의 전담하다시피 하는데, 생장방식도 유별나다. 다른 식물들처럼 속새류나 노목도 정단분열조직(apical meristem-줄기 끝에 위치한 분열 세포군)의 활동에 의해 키가 크거나 길이가 길어진다. 하지만 다른 식물들과는 달리, 속새류나 노목은 새로운 줄기 마디가 생성될 때마다 정단분열조직이 점점 더 작아지기 때문에 정단분열조직이 소진되어 성장이 멈출 때까지 줄기의 직경이 점차적으로 줄어들게 된다. 이런 식의 생장방식을 아폭스제네시스apoxogenesis라고 하는데, 현존하는 식물들 중에서는 속새류가 이런 유형의 생장방식을 보이는 유일한 식물이다.

또한 속새류나 노목은 잎처럼 생기지 않는 잎, 즉 엽초葉鞘; leaf sheath를 가지고 있다는 특징이 있다. 이 식물들의 잎은 줄기의 마디 부위를 따라 윤생돌려나기을 한다. 각 마디의 윤생엽들은 측면이 서로 합착融되어 엽초를 형성하여 상부 마디의 기부를 둘러싸고 있다.그림 65 엽초는 줄기를 닮기는 했지만, 이빨처럼 생긴 엽초의 끝치편이 있다는 점을 고려할 때 그 기원이 잎과

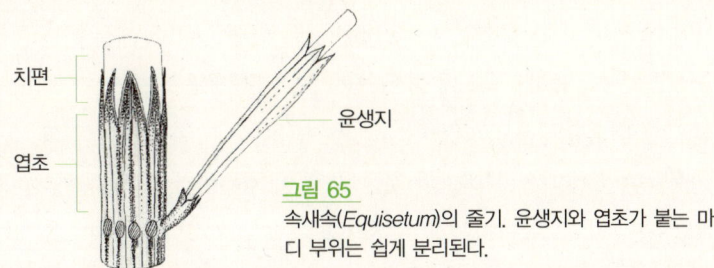

그림 65
속새속(*Equisetum*)의 줄기. 윤생지와 엽초가 붙는 마디 부위는 쉽게 분리된다.

동일한 기관이라는 것이 명백하다(속새*Equisetum hyemale*처럼 치편이 빨리 떨어지는 경우도 있으므로 종에 따라서 보이지 않는 경우도 있다).

개성이 뚜렷한 줄기와 잎 외에도 속새류와 노목은 줄기나 가지 끝에 포자낭이삭이 달리는 특징이 있다. 각각의 포자낭이삭은 중축에 밀집하여 붙어 있는 다각형의 인편^{포자낭병}으로 이루어져 있다. 그림 66 그리고 인편의 안쪽 표면에는 광합성을 하는 녹색 포자들로 속이 채워져 있는 노르스름한 포자낭이 몇 개씩 붙어 있다. 포자가 성숙하면 포자낭이삭의 중축이 늘어나면서 밀착해 있던 포자낭병 사이에 틈이 생겨 포자낭이 외부에 노출된다. 그리고 외부 공기에 노출된 포자낭의 수분이 마르게 되면, 그것이 길이 방향으로 갈라지면서 속에 든 포자들이 방출되어 기류를 타고 사방으로 퍼지게 되는 것이다. 이 포자의 표면에는 바람을 잘 탈 수 있도록 돕는 4개의 탄사彈絲, elater가 붙어 있다. 탄사는 공기 중의 습도의 변화에 반응하여 말리거나 펴지도록 되어 있는데, 만일 대기가 건조하면 탄사가 펼쳐져 공기에 대한 저항력이 커지기 때문에 이 힘에 의해 포자가 공중으로 떠오르게 된다. 반대로 대기에 습도가 높으면 탄사가 포자를 감싸듯이 말아버리기 때문에 부양력을 잃은 포자가 지면으로 떨어지는 것이다. 그림 67 이때 만일 운 좋게도 포자가 축축한 땅 위에 떨어진다면 그곳에서 새싹을 틔우게 되는 것이다. 탄사는 오로지 속새류와 노목에서만 나타나는 특징으로 이 식물군 사이의 근연관계를 입증하는 명백한 증거라고 할 수 있다.

하지만 비록 속새류와 노목이 많은 특징들을 공유하고 있다고 할지라도, 두 식물군들은 두 가지 점에서 차이가 있다. 첫째, 노목은 포자낭이삭 내부에 잎이 퇴화한 포엽bract이 남아 있는 반면, 속새류에는 이런 특징이 보이지 않는다. 둘째, 노목이 나무처럼 2기생장二期生長, secondary growth에 의해서 줄기가 두꺼워지면서 성장하는 반면, 속새류는 이런 능력이 없다. 속새류의 식물들이 상대적으로 왜소한 것은 바로 이 때문이다. 그렇다 하더라도 속새류는 근본적으로는 1기생장 단계의 노목과 흡사하다고 할 수 있다. 그것은

그림 66
속새의 포자낭이삭. 포자낭이삭의 중축이 길어지면서 포자낭(인편에 붙어 있는 흰색의 작은 조직)이 들어 있는 인편들이 분리된다.

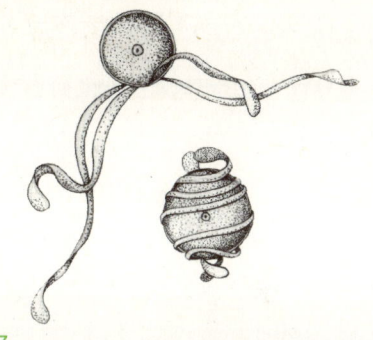

그림 67
속새속 식물들의 포자에는 탄사(彈絲, elater)라는 끈같이 생긴 부속체가 달려 있다. 탄사는 공기가 건조하면 펴졌다가 습도가 높아지면 포자를 감싸며 말아버린다.

이와 같은 차이점들이 있음에도 이들 식물군들은 닮은 점들이 매우 많기 때문이다. 만일 유전학적인 견지에서 본다면, 노목은 아직도 속새류 식물들의 내부에 잠재해 존속하고 있다고 할 수 있을 것이다. 과연 현대의 속새류 식물 내부에 캄브리아기부터 전승되어 온 유전자가 발현되지 않은 채 휴면 상태로 숨겨져 있는 것일까? 아마 유전공학적으로 약간의 자극만 준다면 이 억제된 유전자들을 다시 활성화시키는 일도 불가능하지만은 않으리라. 그럴 수만 있다면 노목을 다시 복원하여 쥐라기식물공원을 재현하는 일도 꿈만은 아닐 것이다.

속새속 식물들은 줄기의 마디 부위에서 윤생지가 생기는지 여부에 따라 두 종류로 나뉜다. 속새(E. hyemale)처럼 가지를 치지 않는 종류를 '속새류(scouring rush, 수세미풀이라는 뜻—옮긴이주)' 라고 부르는데, 이것은 실생활에서 솥이나 냄비를 닦는 데 사용하던 이 식물들의 쓰임새와 관련이 있다. 이 식물들은 줄기에 규소질의 작은 혹 같은 돌기가 있어 거칠거칠하기 때문에 그릇을 닦기에 아주 적합하다. 또한 예전에는 요리 도구를 씻으러 개울가로 가곤 했는데, 마침 이 식물들의 서식지가 그런 곳이었다. 요즈음에는 목관악기의 리드reed를 연마하는 데 속새류의 줄기를 사용하고 있다. 속새속 중에서 가지를 치는 종류는 쇠뜨기류(horsetail)라고 부르는데, 가지가 돌려나서 텁수룩한 모습이 말의 꼬리를 연상시키기 때문이다. 스프루스가 이깔나무에 비유한 것을 보면(이깔나무도 가지가 윤생한다), 그가 까넬로스에서 본 것도 역시 쇠뜨기류였을 것이다.

그렇다면 스프루스가 진짜 노목을 발견했을 가능성은 거의 희박할 것 같다. 노목은 지구상 식물의 역사 절반에 해당하는 기간인 지난 2억5,000만 년 사이에 어떠한 화석 증거도 발견되지 않고 있기 때문이다. 노목처럼 늪지 같은 화석 증거가 잘 보존되는 서식지에 살았던 식물이 아무런 흔적도 남기지 않고 지금껏 존속해 왔을 가능성은 거의 없어 보인다. 그러면 도대체 스프루스가 본 것은 무엇이란 말인가?

남아메리카에는 3종의 속새류가 자생하는데 그것들은 모두 에콰도르에 분포한다. 그중 2종은 안데스 산맥의 중턱 이상에서만 자라므로 스프루스가 아마존 저지대에서 이를 보았을 것 같지는 않다. 그렇지만 세 번째 종인 대왕쇠뜨기(E. giganteum)는 아마존 유역에 자생하고 있으며, 그 키가 5m에 이르며 폭은 13mm이다. 종소명에서도 알 수 있듯이 이 식물은 속새속의 식물들 중에서 가장 크기가 큰 식물이다.그림 69 물론 스프루스가 보고한 식물은 지금껏 기록된 어떤 대왕쇠뜨기보다도 키가 더 큰 것으로 기록하고 있지만(약 6m) 그가 대략 눈짐작으로 크기를 추정한 점을 고려할 때 이 점은 용납할 수 있는 오차 수준의 범위 안에 있다고 할 수 있을 것이다. 그렇다고 하더라도 그가 줄기의 직경이 '손목 굵기만 했다'라고 한 것은 지금까지 알려진 어떤 속새류의 식물과도 크게 차이가 나는 것 또한 사실이다. 스프루스가 결코 허풍선이가 아니라고 할지라도, 처음 본 거대한 양치류의 키에 압도된 나머지 그가 잠시 줄기의 굵기를 착각했을 가능성도 있지 않을까?

비록 스프루스가 보았던 것이 무성한 대왕쇠뜨기의 군락일 가능성이 현재로서는 가장 크기는 하지만, 가끔 나 홀로 풀밭에 앉아 쇠뜨기의 줄기 마디를 하나하나 뜯어보며 소일하고 있노라면 나도 모르게 절로 낭만적인 상상의 나래를 펴기도 한다. 아마 그의 눈에 띄었던 것은 지금껏 발견되지는 않았지만, 아마존의 오지 깊은 곳에서 멸종되지 않은 채 수억 년 동안 살아남아 온 진짜 노목의 군락이 아니었을까? 지금 이 순간에도 그 원시식물들은 어느 정력적인 식물탐험가가 그들을 다시 발견해 줄 날을 기다리고 있는 것은 아닐까? 지나친 억측이라고? 천만의 말씀이다. 지금까지 까넬로스 인근으로 채집 여행을 다녀온 양치식물학자로는 덴마크 오후스Aarhus대학의 벤야민 올가드Benjamin Øllgaard박사가 유일하다. 하지만 그의 탐사 여행은 기간도 짧았을뿐더러 횟수도 얼마 되지 않는다. 그런 오지에 지금껏 발견되지 않은 식물들이 숨어 있을 리 없다고 그 누가 장담할 수 있겠는가?

그림 68
가지를 치지 않는 속새류(*E. laevigatum*). 줄기 끝에 포자낭이삭이 보인다.

그림 69
덴마크의 식물학자 포울젠(Axel Poulsen)이 에콰도르에서 대왕쇠뜨기를 들고 서 있는 모습.

13
중생대 최후의 생존자

1928년 네덜란드의 양치식물학자 포스투무스Oene Posthumus는 인도네시아의 자바 섬에 있는 보고르식물원에서 그곳의 식물 표본들을 검토하던 중 깜짝 놀랄 만한 발견을 하였다. 우연히 뉴기니에서 채집한 표본들 중에서 특이한 고사리가 그의 눈에 띄었는데, 그것이 다름 아닌 디프테리스속(Dipteris)의 기록되지 않은 종이었다. 더욱이 그의 고식물학적 지식으로 판단했을 때, 그것은 이미 수백만 년 전에 멸종했던 중생대의 화석종과 그대로 판박이였다. 그림 70 양치류의 현존종과 화석종의 분류가 전공인 그로서는 정말 황홀한 순간이었을 것이다. 왜냐하면 그것은 미기록종인 식물과 화석식물을 동시에 찾아낸 보기 드문 경우였기 때문이다.

그의 발견이 대단한 것임에는 아무런 이론의 여지가 없다. 하지만 디프테리스과(Dipteridaceae)에서 화석식물을 발견할 확률은 의외로 높은 편이다. 또한 유연관계가 가까운 마토니아과(Matoniaceae)도 마찬가지일 것이다. 이 과들에 속한 식물들은 공룡의 시대로 더욱 잘 알려진 중생대의 암석층에서 풍부한 화석들이 출토되고 있다(그 이전 시대의 암석에서는 아직 발견된 바가 없다). 중생대는 2억2,500만 년 전~6,500만 년 전까지 지속되었는데, 이 시기는 앞서 말한 두 과의 양치식물들이 절정기를 맞고 있던 시기였다. 당시 이 식물들은 지피식물들 중에서 우점종으로 번성하고 있었다. 분류학적으로 볼 때도 디프테리스과는 6속 60종 이상, 마토니아과는 8속 26종 이상에 이르는 풍부한 종의 다양성을 보여주고 있었다.^{그림 71} 또한 이 식물들은 지리학적으로도 북반부의 그린란드에서 남반부의 남극대륙에 이르기까지 모든 대륙에 걸쳐 광범위하게 분포하고 있었다.^{그림 73, 74} 이처럼 종의 다양성이 풍부하면서도 서식지가 광범위하게 분포하고 있는 식물군을 제쳐두고 화석식물을 발견할 확률이 이보다 더 높은 경우가 현실적으로 또 어디 있겠는가?

그림 70
현생종인 디프테리스 노보귀넨시스(*Dipteris novoguineensis*)(왼쪽)와 트라이아스기의 화석종인 하우스만니아 크레나타(*Hausmannia crenata*)(오른쪽). 화석에는 오른쪽 우편만이 보인다.
Posthumus(1928)

그림 71
마토니아과(Matoniaceae)에서 가장 오래된(트라이아스기 후반) 화석종으로 추정되는 플레보프테리스 스미티이(*Phlebopteris smithii*)의 복원도.
Ash et al.(1982)

하지만 만일 지금부터 수백만 년이 흐른 미래의 고식물학자들이 우리 시대의 디프테리스과와 마토니아과의 화석을 찾는다면, 그와 같은 행운을 기대하기는 좀 어려울 것 같다. 오늘날에 이르러서는 이 식물군에 속한 식물들의 서식영역이 대폭 감소해 버린 탓에 중생대의 그 왕성한 활력에 비하면 지금은 그저 미미한 흔적만 남기는 정도니까. 현재 디프테리스과는 단 1속(*Dipteris*)그림 70 6종만이 보고되고 있고, 마토니아과는 2속(*Matonia* 그림 72, *Phanerosorus*) 4종에 불과하다. 비율로 따지자면 현생종 1종에 대해서 화석종이 9종 가량이 있는 셈이다. 또한 관련 학술 논문의 분량을 보더라도 화석종에 대한 논문이 현생종에 대한 논문보다 10배 이상 발표되고 있는 실정이다. 비단 식물종의 수만 줄어든 것이 아니다. 형태학적으로 볼 때, 특히 식물체의 모양과 잎의 갈라지는 양상에서도 현생종이 화석종에 비해 훨씬 다양성이 떨어지는 경향을 보이고 있다.

지리적으로 보더라도 이 식물군들의 현생종들은 과거보다 훨씬 서식범위가 줄어들었음을 알 수 있다. 이제 이 식물들은 더 이상 전 세계적으로

그림 72
디프테리스 콘주가타(*Dipteris conjugata*)(왼쪽)와 마토니아 펙티나타(*Matonia pectinata*)(오른쪽).

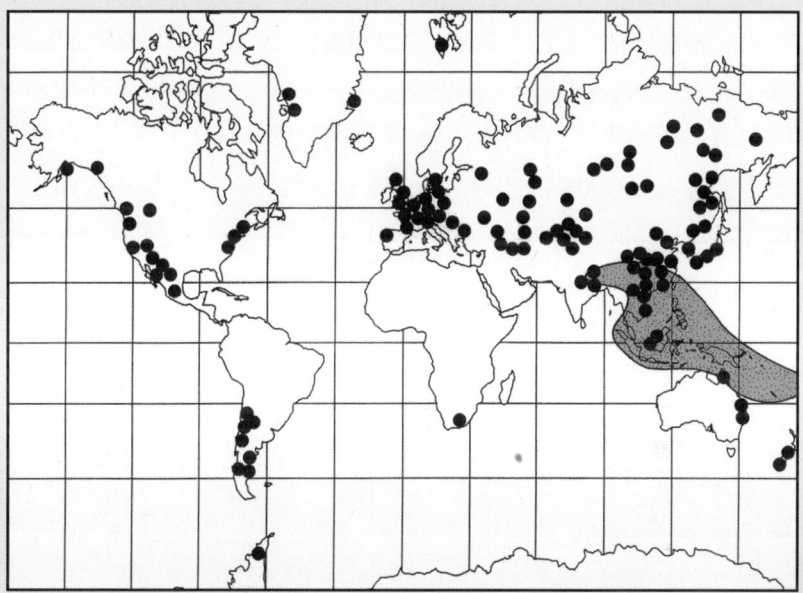

그림 73 중생대(검은 점)와 현재(음영)의 디프테리스과(Dipteridaceae) 분포도. Corsin & Waterlot(1979)

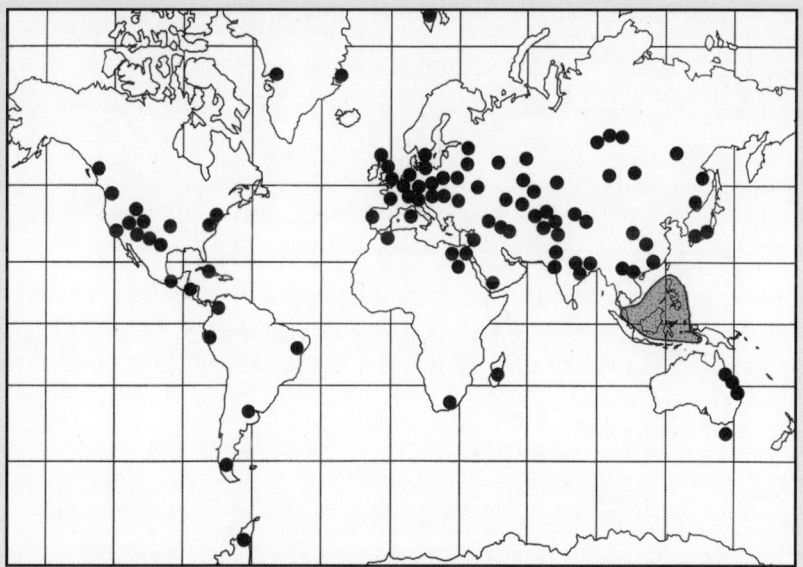

그림 74 중생대(검은 점)와 현재(음영)의 마토니아과(Matoniaceae) 분포도. Corsin & Waterlot(1979)

분포하지 않으며, 지금은 분포지가 그저 동남아시아 지역에 국한되어 있다. 심지어는 자생지 내에서조차 매우 협소한 분포 영역을 보이는 경향이 있는데, 가령 파네로소루스속(Phanerosorus)은 보르네오 섬과 뉴기니의 서해안 인근의 몇 개 섬에서만 발견되고 있고, 마토니아속은 자생지가 필리핀, 말레이 반도, 보르네오 섬에 국한되어 있다. 이처럼 서식 영역이 과거에 비해 축소되는 원인은 무엇일까?

우선 오늘날의 디프테리스과와 마토니아과의 서식 환경을 고려해 볼 때, 그 원인을 생태적인 요인으로 설명해 볼 수도 있을 것 같다. 현재 해당 식물들의 자생지 환경은 개활지 또는 준개활지이다. 가령 현재 가장 광범위하게 서식하는 디프테리스 콘주가타(Dipteris conjugata)와 마토니아 펙티나타(Matonia pectinata) 그림 72, 화보사진 11, 19는 나출된 산등성이나 숲의 가장자리 또는 개활지에서 자란다. 이 2종의 식물들이 중생대의 선조들이 그랬던 것처럼 함께 뒤섞여 자라는 곳은 말레이 반도의 오피르 산이 대표적이다. 여기에 대해서는 찰스 다윈과 더불어 자연도태에 의한 진화를 주창했던 알프레드 러셀 월리스Alfred Russel Wallace가 1886년 남긴 기록이 있다:

> 잡목과 진창투성이의 정글을 지나자 덤불 없이 큰키나무들만 서 있는 멋진 숲이 나타났다. 이곳부터 비로소 수월하게 걸음을 옮길 수 있었다. 왼쪽에 깊은 협곡을 끼고 몇 마일 정도 완만한 경사 길을 오르자 평평한 고원지대가 나타났다. 하지만 이곳을 지나고부터는 길이 갑자기 가팔라지면서 다시 무성한 숲을 지나야 했는데, 이곳을 통과하자 드디어 돌밭이라는 뜻의 '빠당-바타Padang-Bata'에 도착했다…….
> 이 지역의 일부는 매우 황량했다. 하지만 암석들이 갈라진 틈새가 있는 곳에서는 식물들이 무성하게 자라고 있었는데, 특히 벌레잡이통풀류네펜테스가 가장 눈에 띄었다……. 이곳에서는 다크리디움속(Dacrydium)의 침엽수도 처음으로 볼 수 있었다. 그리고 우리 일행은 암석 표층 바로 위쪽의 덤불 속을 지나면서 키

가 2~2.4m나 되는 가는 줄기 위에 손바닥 모양의 잎을 활짝 펼친 디프테리스 홀스필디이(*Dipteris Horsfieldii*) [*D. conjugata*]와 마토니아 팩티나타(*Matonia pectinata*)의 환상적인 군락을 헤치고 가야만 했다.

월리스가 관찰한 디프테리스와 마토니아처럼, 파네로소루스속의 2종 역시 대개는 석회암지대의 개활지에서 강한 햇볕을 받으며 자란다.(Walker and Jermy 1982) 실제로 이 2과에 속한 거의 모든 식물종들이 음지를 싫어해서 주로 양지나 숲의 반그늘에서 서식한다.

중생대의 디프테리스과와 마토니아과 역시 주로 반그늘이 진 숲 속이나 개활지에 자생했다. 초기와 중기의 중생대 숲은 침엽수, 은행나무, 베네티타목(Benettitales), 소철 같은 나자식물들이 많이 서식하고 있었다. 또 이들만큼은 무성하지는 않았더라도 딕소니아과(Dicksoniaceae)의 나무고사리들도 함께 자라고 있었다. 야자수나 원뿔 모양의 이 식물들은 그늘을 짙게 드리우지 않았기 때문에 숲의 하층부까지 햇볕이 들어올 수 있었다. 디프테리스과와 마토니아과는 이렇게 햇빛이 들어오는 숲 속이나 완전히 트인 개활지에서 번성했는데, 때로는 벼과와 사초과의 초본들과 더불어 대초원을 형성하기도 하였다.

하지만 이러한 식생구조는 중생대의 마지막인 백악기 후기에 이르러 큰 변화를 겪게 되었다. 지금껏 우점종優占種이었던 나자식물은 점차 새로이 등장한 피자식물에게 자리를 내어주고 사라져 갔다. 새로 등장한 나무들은 높이가 40m나 되었고, 햇볕을 많이 받을 수 있도록 가지가 많이 갈라져 넓은 수관을 이루고 있었다. 더욱이 이 큰키나무들 아래에는 작은키나무들과 관목류, 덩굴식물과 착생식물들이 서식하면서 그나마 무성한 수관을 뚫고 조금씩 들어오던 빛을 모두 차단해 버렸기 때문에 숲의 바닥林牀은 짙은 그늘 속에 덮이게 되었다(오늘날의 열대우림의 경우 임상까지 도달하는 빛이 1%가 채 되지 않는다). 이렇게 중생대 후기에 피자식물이 나자식물을 대체

하면서 숲의 바닥까지 도달하는 빛의 양이 대폭 줄어들게 되자, 수백만 년 동안 햇볕을 듬뿍 받으며 번성했던 디프테리스과와 마토니아과의 양치류 또한 생존의 위기를 맞게 되었다. 결국 변화된 환경에 적응하지 못한 이 식물들은 중생대 후기에 이르러 급격하게 위축되어 버렸다. 이 시기 이후로는 화석 기록조차 거의 전무한 실정이다. 하지만 이것만으로 종의 쇠락을 설명하기에는 부족한 감이 없지 않다. 가령 왜 이 식물들이 동남아시아에서만 살아남고 다른 곳에서는 자취를 감추었는지에 대한 의문이 남는 것이다.

그럼에도 불구하고 중생대 후기의 환경 변화가 양치류들에게 미친 영향이 반드시 부정적이었다고만은 할 수 없을 것이다. 그중 일부는 그늘진 숲의 환경에 적응하는 데 성공하여 오늘날 우리가 열대우림에서 목도하는 바와 같이 종의 다양성이 풍부한 그룹으로 진화해 갔기 때문이다. 특히 포자낭의 환대가 줄기에서 끊기는 고란초형 고사리류(polypodiaceous fern)의 약진이 두드러진다. 이들 중 넉줄고사리과(Davalliaceae)와 고란초과의 미역고사리속(*Polypodium*)처럼 가장 진화적으로 특화된 그룹들은 거의 모두 목본성 피자식물의 밑동과 가지에 붙어 사는 착생식물로서 살아남았다. 이마 이러한 진화 양식은 백악기 말기에 이르러 번성하게 되는 현화식물들이 어두운 숲 속 환경에 적응하기 위하여 촉발되었을 것이다.

지구상의 생명체의 역사를 이해하는 데 디프테리스과와 마토니아과의 경우만큼 화석의 중요성을 보여주는 사례도 드물 것이다. 만일 화석 증거가 없었다면, 이 고사리들이 오랜 옛날 전 세계적으로 다양하게 번성하고 있었다는 사실을 어떻게 알 수 있겠는가? 또한 중생대가 마감되는 시기에 나자식물들이 쇠퇴하고 새로이 피자식물들이 등장하기 시작했던 사실을 어떻게 알 수 있겠는가? 중생대로부터 남겨진 식물 화석들 덕분에 우리는 희열을 느끼지 않을 수 없다. 마치 수십 년 전에 포스투무스가 그랬던 것처럼.

14 고사리류 스파이크*

코펜하겐에서 40km 정도 떨어진 곳에 스티븐즈 클린트Stevens Klint라는 백악질의 석회암 절벽이 발트 해를 내려다보고 있다. 이 절벽은 1~10cm 두께의 회녹색 점토층의 띠를 제외하고는 온통 흰색을 띠고 있다. 이 점토층에서는 물고기의 뼈와 비늘이 발견되고 있기 때문에 덴마크 사람들은 이 띠를 피스크 레어fisk ler.(물고기 점토라는 뜻)라고 부르고 있다. 지질학자들은 이 지층의 생성 연대를 대략 6,500만 년 이전으로 추정하고 있는데, 이 지층이야말로 지질연대 중에서 백악기와 제3기를 구분 짓는 경계선으로 공인되고 있다.

그런데 이 점토층의 띠는 지질시대를 나누는 경계선일 뿐 아니라, 지구 역사상 생명체들이 대멸종을 했던 시기들 중 하나를 나타내고 있기도 하다. 재앙은 땅과 하늘과 물속에 사는 모든 생명체들에게 엄습하여, 당시 존재했던 전 세계의 65~70%에 이르는 생물종들이 멸종해 버릴 정도였다. 그 중에서는 공룡이 오늘날 가장 널리 알려져 있기는 하지만, 당시 공룡 외에

---

*스파이크 spike : 그래프에서 위쪽으로 급격하게 상승한 뾰족한 부분을 지칭하는 용어
—옮긴이주

도 잘 알려져 있지 않은 수많은 생명체들이 말살당하고 말았다. 그중에서도 특히 단세포동물들이 심각한 타격을 받았다: 당시 존재하던 원생동물原生動物과 조류藻類의 모든 속들 중에서 90%가 소멸해 버렸으며, 대부분의 해양성 플랑크톤도 당시 얼마나 급격하게 멸종했던지, 오늘날 암석 표면에 지질학자들이 '플랑크톤 선'이라고 부르는 뚜렷한 경계선을 남겨 놓았다.

이러한 대멸종의 원인에 대해 지금도 여러 분야의 과학자들이 격론을 벌이고 있다. 그들이 논거로 삼는 증거 자료들의 출처는 탄도학, 기상학, 화산학, 광물학, 고생물학, 천문학 등으로 매우 다양한데, 특히 식물학의 한 분야인 화분학花粉學의 연구 결과가 흥미를 끈다. 특히 화분학 연구에 의해서 대량 살상의 증거 자료에 대한 흥미로운 결과가 도출되었는데, 그것은 주로 양치류 화석의 포자 연구에서 도출된 것이다.

이 증거 자료를 논의하기에 앞서, 멸종의 원인을 가장 잘 설명하고 있어 대부분의 연구자들이 수긍하고 있는 이론을 우선적으로 검토해 볼 필요가 있다. 운석충돌설impact theory에 따르면, 지구에 유성이 충돌하면서 지각의 암석들과 더불어 유성 자체도 가루로 분해되었다. 충돌과정에서 생겨난 분진과 연기는 대기 속으로 떠올라 몇 달 동안 또는 심지어 몇 년 동안 지구 전체를 뒤덮으며 햇빛을 차단해 버렸을 것이다. 미국 NASA의 과학자들이 시행한 컴퓨터 시뮬레이션 실험 결과에 의하면, 이 몇 달 동안 세상이 너무 캄캄해져서 바로 눈앞에 있는 자신의 손조차도 볼 수 없을 정도였다. 햇빛이 사라지자 광합성을 할 수 없게 된 식물종들이 사라져 갔고, 먹이사슬이 붕괴되면서 동물들 또한 멸종을 맞이하였다. 이윽고 지구를 둘러싸고 있던 이 분진들이 가라앉으면서 백악기와 제3기 경계선이 드러나는 전 세계의 거의 모든 지질층에서 스티븐즈 클린트 같은 점토층의 띠가 생성되었다.

캄캄한 어둠에도 불구하고 불은 존재했다. 과학자들은 운석의 충돌로 생긴 산란물들이 대기 밖으로 튕겨져 나갔다가 다시 대기로 진입하면서 뜨겁게 달아올라 지표면에 떨어졌을 것으로 추정하고 있다. 이로 인해 지구 전역이 불길에 휩싸였을 것이다. 이런 시나리오는 근거가 없는 비관론처럼 들릴지도 모르겠지만, 지질학자들은 실제로 점토층 속에서 그을린 흔적들을 발견하였다. 이 숯검정들이 만일 1~2년의 시기 안에 이 정도로 퇴적하려면, 현재 전 세계 숲의 절반에 상당하는 규모의 식물들을 태워야만 가능한 일이다.

점토층 안에서는 운석충돌설을 입증하는 증거들이 두 종류가 더 발견되고 있다. 첫 번째는, 지구의 지각에서는 희귀하지만 소행성에서는 흔하게 발견되는 금속인 이리듐iridium이 점토층에서 풍부하게 발견되었다는 점이다. 두 번째는, 충격석영결정shock quartz으로 막대한 압력을 급작스레 받아 내부구조가 변형된 작은 석영결정들이 존재한다는 점이다. 점토층 외에 이러한 석영 입자들이 발견되는 곳은 오직 운석구덩이와 핵실험 지역뿐이다.

지질학자들은 이 운석이 충돌해서 생긴 운석구덩이(운석구)를 발견한 것으로 믿고 있다. 칙슐럽Chicxulub 운석구는 멕시코의 유카탄 반도 인근에 위치하고 있는데, 점토층의 생성 연대와 정확하게 일치하는 6,500만 년 전에 형성된 것으로 보인다. 이 운석구는 너비가 약 175km에 이르는데, 이 정도 크기의 운석구가 형성되려면 소행성의 직경이 최소한 16km는 되었을

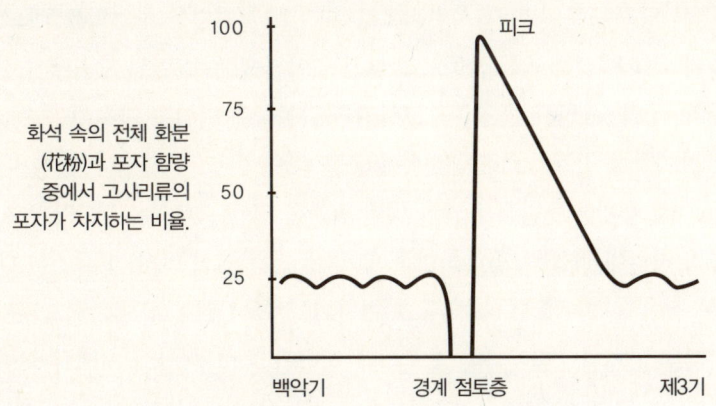

그림 75 점토층 바로 다음에 나타나는 고사리류의 스파이크.

것으로 과학자들은 추정하고 있다. 운석이 충돌하는 순간에는 현존하는 모든 핵무기를 터뜨린 것보다 1,000배는 더 강력한 에너지가 분출되었을 것이므로, 백악기 말에 멸종한 당시 식물들의 모습은 마치 요즈음의 산불 방지 포스터 속에 나오는 새까맣게 타버린 임야처럼 보였을 것이다.

그런데 전 세계에 산재한 백악기와 제3기 경계선상의 암석들에 대한 화분花粉 분석을 해본 결과, 당시 놀랄 만한 변화가 있음이 밝혀졌다. 백악기 후기의 암석에 함유된 전체 화분과 포자 미화석微化石; microfossil 중에서 고사리류 포자의 화석은 전체의 15~30% 정도이고, 나머지는 종자식물의 화분들이 차지하고 있다. 하지만 경계층 바로 위쪽 제3기 초기의 암석들에서 고사리류 포자 화석이 차지하는 비중은 무려 99%에 이를 정도로 그 비율이 급증한 양상을 보이고 있다. 그렇지만 바로 위쪽을 덮고 있는 10~15cm의 제3기 암석층에서는 고사리류 포자 화석의 비율이 다시 원래대로 되돌아왔다. 이것을 그래프로 나타내면 뒤집어진 뾰족한 V자를 그리고 있어 화분학자들은 이를 '고사리류 스파이크fern spike' 라고 부른다. 그림 75 고사리류는 재앙이 지나고 난 제3기 초기에 최초로 지구상에 재정착한 식물들이었던 것이다. 그리고 이후 상대적으로 성장 속도가 느린 종자식물이 점차적으로 고사리류의 자리를 차지하게 되었다.

그 당시 고사리류가 폭발적으로 증가했던 원인은 무엇일까? 아마도 그들이 헐벗은 분화구나 산불로 소실된 임야와 같은 교란된 환경에 쉽사리 정착할 수 있기 때문일 것이다. 고사리류 식물들은 바람을 이용해서 수십억 개의 포자들을 산포함으로써 신속하게 군락을 이루고 번식할 수 있다. 운석 충돌 후에 황폐한 모습으로 남아 있던 지표면 위에 고사리류 식물들은 식물세계의 전위대 역할을 맡아 척박한 땅 위에 정착한 뒤 다시 그 자리를 다른 식물들에게 물려주었던 것이다(그 기간이 정확히 얼마나 지속되었는지는 확실치는 않지만). 잠시나마 고사리류 식물들은 이 세상의 지배자가 되어 을씨년스러웠던 세상의 풍경을 푸른 녹색으로 되돌려놓았다. 당시 형성된 암석층에 고사리류 포자 화석의 비중이 높다는 사실은 운석 충돌 직후에 고사리류들이 번성했음을 입증하는 증거라고 할 수 있다.

이 고사리류 그래프 덕분에 과학자들은 대멸종 당시의 상황을 짐작할 보기 드문 기회를 얻게 되었다. 이전까지는 대멸종에 관한 대부분의 생물학적인 증거들이라고 해야 백악기 말기에 사라진 생명체들의 종, 속, 과의 숫자를 산술적으로 추산하는 식의 분류적인 것들뿐이었다. 이에 비해 이 그래프는 생태환경 차원에서의 변화를 실증적으로 보여주고 있다. 이는 식물세계에서 발생한 식생 재편성의 추이와 더불어 시간 경과에 따른 식물들의 상대적인 우점도의 변화를 보여주는 것이다.

흔히 백악기의 종말은 공룡의 멸종과 결부시켜 바라볼 뿐 식물에 대해서 생각하는 사람은 거의 없다. 하지만 불에 검게 타버린 제3기 초기의 땅에 어떤 식물들이 다시 생명을 불어넣었는가 하는 문제는 6,500만 년 전에 어떤 일이 일어났는지를 이해하는 데 있어 멸종이라는 사건 자체만큼이나 중요하다고 할 수 있다. 영화화될 정도로 매력적인 공룡 같은 생명체뿐만 아니라 고사리처럼 보잘것없는 존재에서도 이를 이해하는 데 도움이 될 중요한 증거들을 얻을 수 있는 것이다.

15
고사리의 나이는 얼마나 될까?

　흔히 말하기를, 고사리들은 현재 식물상의 주종을 이루는 나자식물과 현화식물보다 훨씬 이전부터 진화해 온 유서 깊은 식물군이라고 한다. 하지만 이 말은 부분적으로 믿기는 하지만, 어떤 측면에서는 사실을 오도하는 면도 없지 않다. 지질학상으로 보면 현존하는 고사리류의 분류군들 중 상당수는 기원이 그다지 오래되지 않은 것들로서, 현화식물이 등장하고 난 이후에야 진화한 식물들이다. 바로 이 점을 이해해야 고사리류의 생태에 대한 보다 정확한 이해가 가능할 것이다.

　가장 오래된 고사리류의 화석은 약 3억 4,500만 년 전인 석탄기 초기의 것이다. 이 시기는 양서류와 파충류가 최초로 지구를 활보하기 시작하고, 하늘을 나는 곤충들이 처음 등장했던 때이다. 그러나 공룡과 조류(鳥類) 그리고 포유류는 아직 그 모습을 드러내지 않은 때이기도 하다. 이 시기의 화석들을 초기 고사리류의 화석이라고 확정 지을 수 있는 것은, 포자낭의 모양이 현존하는 일부 고사리류들과 유사한 점이 있기 때문이다. 그러나 전체적으로 볼 때, 이 고대의 고사리류들은 현존하는 고사리류들과는 사뭇 달랐다. 이 식물들은 줄기가 특이한 부위에서 계속적으로 가지가 분지되 나와 정교한 지상계shoot system를 형성하였으며, 물관부와 체관부의 배열이 오늘날의 양치류에서 발견되는 것과는 전혀 달랐다. 이 차이점 때문에 고대의 양치류 식물들은 현대의 양치류들과는 다른 독립된 과로 분류되어 아나코로프테리다과(Anachoropteridaceae), 보트리오프테리다과(Botryopteridaceae), 프살릭소크래나과(Psalixochlaenaceae) 같은 매혹적인 학명들이 붙여졌다. 비록 이 식물군들은 지금부터 대략 2억9,000만~2억7,000만 년 이전의 석탄기 말기 또는 페름기 초기로 접어들면서 모두 사라지고 말았지만, 멸종하기 이전에 현생 양치류들로 이어지는 뚜렷한 계통적 특성들을 갖고 있었다.

참고로, 가장 오래된 나자식물의 화석들 또한 대략 3억4,000만 년 전인 석탄기 초기에 생성된 것으로 추정되고 있는데, 이들이 속한 과들 역시 지금은 존재하지 않는다. 이들 또한 양치류만큼이나 역사가 오래된 식물들이다. 이에 비해 현화식물은 약 1억4,000만 년 전인 백악기 초기에 처음 등장했는데, 이는 최초의 양치류와 나자식물이 등장한 시점보다 대략 2억 년 후의 일이다.

만일 멸종해서 현재에는 남아 있지 않은 화석군을 제외하고 현존하는 고사리류와 나자식물의 분류군만을 놓고 본다면, 과연 고사리류가 나자식물보다 더 오래되었다고 할 수 있을까? 현생 고사리류들 중에서 가장 오래된 화석 기록이 남아 있는 분류군은 마라티아과(Marattiaceae)인데, 이 과에 속한 식물들은 전 세계 열대지방의 습하고 그늘진 숲 속에서 번성하고 있다. 마라티아과는 지금으로부터 약 3억4,000만 년 전인 하부석탄기에 태동하였는데, 주로 이탄 습지에서 번성하다가 지금은 멸종해 버린 프사로니우스속(Psaronius)의 식물들이 대표적이다. 이에 비해 현존하는 나자식물들 중 가장 오래된 분류군들은 은행나무과(Ginkgoaceae)와 소철과(Cycadaceae) 인데(세 개의 과로 세분하기도 한다). 이들은 지금으로부터 약 2억2,500만 년 전인 페름기 후기에 처음으로 등장했다. 그러므로 만일 현존하는 식물분류군만을 놓고 본다면, 고사리류는 나자식물보다 대략 1억1,500만 년 정도 앞선다고 할 수 있다.

하지만 마라티아과는 상대적으로 규모가 작은 고사리군으로서 전 세계 1만2,000여 종의 고사리류들 중에서 불과 100여 종만이 여기에 속해 있을 뿐이다. 그렇다면 다수를 차지하는 대부분의 고사리류들의 경우는 어떨까? 이들을 가장 오래된 피자식물이나 나자식물과 연대를 비교한다면 어떤 결과가 나올까?

전체 양치류들 중 대략 80% 정도는 총체적으로 고란초형 고사리류 또는 '발달한 박벽포자낭' 고사리류에 속해 있다. 이 식물군의 특징은 환대가 포자낭의 주위를 약 3/4 정도 싸고 있으면서 포자낭병과 만나는 부위에서는 환대세포가 끊어진다는 것이다. 그림1 이 양치류들은 DNA의 배열과 구조에서도 유사성을 보이고 있다. 대표적인 종류로는 차꼬리고사리(꼬리고사리과; Aspleniaceae), 사슬고사리(새깃아재비과; Blechnaceae), 나무고사리(면마과; Dryopteridaceae), 미역고사리(고란초과; Polypodiaceae)에 속한 고사리들이 있다. 화석 기록에 의하면, 고란초형 고사리류는 대략 7,500만 년 전 백악기 후기에 처음 등장한 것이 분명하다. 따라서 이들은 화석 기록으로 보면 1억4,000만 년 전에 등장한 최초의 현화식물이나 2억3,000만 년 전에 등장한 나자식물보다도 역사가 짧다. 이렇게 볼 때, 모든 양치류가 현화식물들보다 오래되었을 것이라는 짐작은 근거 없는 추측일 뿐이다!

비고란초형 nonpolypodiaceous 고사리류 또는 원시적인 박벽포자낭고사리류에는 나무고사리류(Cyatheaceae, Dicksoniaceae), 풀고사리류(풀고사리과; Gleicheniaceae), 고비류(고비과; Osmundaceae), 처녀이끼류(처녀이끼과; Hymenophyllaceae) 등이 속해 있다. 이들의 환대의 위치는 각양각색이지만, 환대가 일정 각도로 기울어져 포자낭에 붙어 있어 포자낭병을 우회하며 포자낭을 완전히 감싼다는 특징을 공유하고 있다. 그림43 이 계통의 양치류들의 화석은 연대가 약 2억7,000만 년 전 페름기 초기까지 거슬러 올라가므로 고란초형 고사리류보다 훨씬 오래된 화석 기록을 보유하고 있다고 할 수 있다.

그런데 대다수의 고사리류인 고란초형 고사리류들의 기원이 상대적으로 그다지 오래되지 않은 시점임을 감안하면, 어째서 특정 종 또는 특정 군의 고사리류들이 여러 지역 또는 대륙에서 공통적으로 나타나는지도 설명할 수 있을 것이다. 가령 열대아메리카와 아프리카-마다가스카르에 공통적으로 자생하는 양치식물은 27종이 있는데, 이 종들은 그 외의 다른 지역에서는 볼 수 없는 식물들이다. 또한 이 두 대륙에서는 각 대륙마다 각각 1종씩 자생하는 근연종들이 87쌍이나 된다. 어떻게 대서양으로 가로막혀 서로 떨어진 두 대륙에서 공통종이나 근연종들이 발생하는 것일까?

여기에는 두 가지 설명이 가능할 것 같다. 첫째, 포자의 원거리 산포 능력을 고려할 수 있다. 고사리류의 포자가 대서양을 넘어서 살아남을 수 있다는 가능성을 차치하고라도, 그렇게 먼 거리까지 퍼져 나갈 수 있다는 것 자체만도 믿기 어려울지 모르겠다. 하지만 고사리류의 포자들은 바람에 실려 멀리까지 이동할 수 있는 것이 틀림없는 사실일뿐더러, 실제로 대기권 높은 고도에서도 이들이 발견되고 있다. 또한 고사리류의 포자가 대류권(對流圈) 상층의 낮은 기온과 강렬한 자외선을 견뎌 낼 수 있음은 실험으로도 입증되었다. 둘째, 대륙 이동설로 설명할 수도 있다. 이 가설에 의하면, 오래전 아프리카-마다가스카르와 열대아메리카가 붙어 있던 땅덩어리에서 동일종과 근연종들이 함께 자생할 수도 있었을 것이다.

그렇다면 이 두 가지 가설 중에서 도대체 어느 쪽을 선택해야 할 것인가? 바로 이 시점에서 고사리의 연대를 따져 보아야 할 필요성이 대두된다. 지질학자들은 남아메리카와 아프리카가 약 1억2,000만 년 이전에 분리되기 시작하여 마지막 연결지점(오늘날의 아이보리코스트 인근 지역과 브라질 최동단의 돌출부)이 완전히 분리된 시점을 대략 9,500만 년 이전인 것으로 추정하고 있다. 그런데 이 시점은 고란초형 고사리류가 등장하기 2,000만 년 전이다. 따라서 남아메리카와 아프리카가 하나의 대륙이었을 때는 고란초형 고사리류가 아직 없었을 시기이므로, 대륙 이동설로는 두 대륙에 고란초형 고사리류의 공통종이나 근연종들이 함께 나타나는 것을 설명하기 어렵다.(Moran and Smith 2001) 따라서 이 현상의 원인은 아마도 포자의 원거리 산포로 설명해야 할 것 같다. 뉴질랜드와 호주에 공통적으로 자생하는 양치류에 대해서도 마찬가지로 논증할 수 있을 것이다. 뉴질랜드와 호주에 공통적으로 자생하는 고사리류들이 존재한다는 사실은 예전에는 대륙 이동설의 결과로 말미암은 것으로 추정했다. 하지만 뉴질랜드와 호주가 대륙 이동에 의해 분리된 것은 8,000만 년 이전의 일이다. 이 역시 고란초형 고사리류가 등장하기 오래 전의 일이다(아닐 수도 있다.). (Schneider et al. 2004 참조) 그러므로 고사리류의 이 같은 공통적인 서식 분포 현상은 대륙 이동설로는 설명하기 어렵다.(Brownsey 2001, Perrie et al. 2003) 대륙 이동설은 나무고사리류(키아테아과

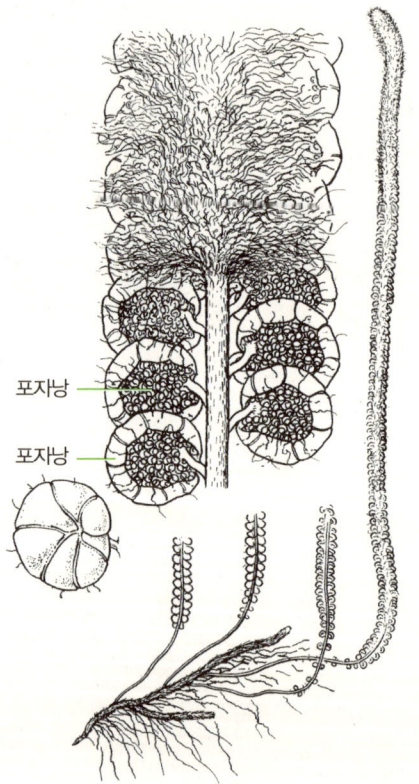

포자낭
포자낭

그림 76
빠라모(péramo)의 식생을 대표하는 제임소니아(*Jamesonia*) 양치류의 도해. 밀생한 털을 제거한 하부 우편의 확대 도면에 잎 가장자리가 말려 생성된 위포막과 포자낭이 보인다. 왼쪽 하단은 우편 표면의 모습. Mickel & Beitel(1988).

와 딕소니아과), 처녀이끼류(처녀이끼과; Hymenophyllaceae), 실고사리류(실고사리과; Schizaeaceae)처럼 발생 시기가 오래된 고사리류에는 적용할 수 있을 것이다. 하지만 이 식물군의 고사리류들 역시 포자가 원거리 산포를 하였을 가능성을 배제해서는 안 된다.

화석 기록을 살펴보면, 일부 종의 고사리류들은 장구한 세월 동안 거의 변화 없이 초기의 형태 그대로를 유지해 왔음을 알 수 있다. 진화생물학자들은 변화를 보이지 않는 이러한 현상을 진화정지stasis라고 부른다. 오늘날 북미 동부와 아시아 지역에서만 자생하는 음양고비(*Claytoniana*) 그림 38, 110는 현재 존재하는 모든 고사리종들 중에서 가장 기원이 오래된 고사리로서 약 2억 년 이전의 트라이아스기 후기부터 화석이 출토되고 있다.(Phipps et al. 1998) 북아메리카와 동아시아에 자생하는 야산고비(*Onoclea sensibilis*) 역시 기원이 대단히 오래된 고사리이다. 그림 52, 112 이 식물의 화석은 그린란드, 미국 서부, 캐나다, 일본, 극동러시아, 영국 등지에 산재한 약 5,500만 년 이전으로 추정되는 트라이아스기 초기의 암석층에서 발견되고 있다. 만일 음양고비와 야산고비의 연령을 현화식물종들과 비교한다면 어떨까? 화석 기록 속에 나타나는 현화식물종들의 평균 수명이 약 350만 년 정도인 것을 고려하면,(Niklas et al. 1983) 음양고비나 야산고비가 얼마나 장구한 세월을 존속해 왔는지 실감할 수 있을 것이다. (아직까지 고사리류 식물종의 평균 수명에 대한 연구 결과는 발표된 바가 없다.)

이렇게 역사가 오래된 고사리류들이 있는 반면에, 상대적으로 그다지 오래되지 않은 근래에 생겨난 고사리류들도 있다. 남아메리카에 자생하는 제임소니아속(*Jamesonia*)이 그 일례이다. 이 속에는 대략 20여 종이 속해 있는데, 선형의 뻣뻣한 잎이 직립하고, 그 끝에 돌돌 말린 새순은 절대로 다 펼쳐지는 법이 없다. 그림 76, 화보사진 8 소형의 원형 잎조각들은 마치 동전을 쌓아놓은 것처럼 서로 겹쳐 빽빽하게 자란다. 제임소니아는 안데스 산맥의 해발고도 3,000m 이상 되는 고원지대인 빠라모에서만 자생하는데, 안데스 산맥이 높은 고도까지 융기하여 빠라모의 식생이 형성되기 시작한 것은 지질학상으로 볼 때 겨우 200~300만 년 이전에 불과한 '최근'의 일이다. (인류가 처음 출현한 것이 200만 년 이전임을 생각해 보라!) '최근'이라고 할 수 있는 이러한 논법은 자생지가 제임소니아와 마찬가지로 빠라모에 국한된 다람쥐꼬리속(*Huperzia*; 석송과), 화보사진 9의 60여 개 종에도 적용할 수 있을 것이다.

  마지막으로, 심지어 이보다 훨씬 최근에 분화한 고사리류도 있음을 언급하고자 한다. 북아메리카 동부에 자생하는 셀사지네고사리(*Dryopteris celsa*)가 그러한 경우인데, 이 종은 고작해야 1만 8,000년 이전의 마지막 빙하최성기last glacial maximum 동안 발생했을 것으로 추정되고 있다. 셀사지네고사리는 테네시한들고사리(Tennessee bladder fern)에서 실증된 것처럼 교잡과 배수성 과정그림 27을 통해 생성되어 임성姙性을 지닌 종이다. 기묘하게도 교잡이 일어나기 위해서는 두 모종母種의 자생지가 서로 겹치는 곳이 있어야 할 텐데도 실제로는 그런 곳이 발견되지 않는다. 모종들 중 하나인 골디아나관중(*D. goldiana*)의 자생 범위는 미국의 메인 주부터 애팔래치아 산맥 남부와 미네소타에 이르는 지역이다. 또 다른 모종인 루도비키나아관중(*D. ludoviciana*)은 자생지가 주로 노스캐롤라이나에서 루이지애나에 이르는 해안 평야지대에 국한되어 있다. 어떻게 자생지가 다른 이 두 종의 고사리들이 교잡하여 셀사지네고사리가 생기게 되었을까? 여기에 대해서는 가장 최근의 주 빙하기major glaciation 동안 골디아나관중이 따뜻한 곳을 찾아 남하하는 과정에서 루도비키나아관중과 접촉하여 교잡이 발생했을 가능성을 생각해 볼 수 있다. 골디아나관중은 빙하가 퇴조한 후에 다시 북상하여 점차적으로 지금의 북쪽 지역을 자생지로 삼게 되었을 것이다. 루도비키나아관중은 남부의 해안 평야지대와 멕시코만 연안 5개 주에 그대로 존속했고, 이들 사이에서 교잡되어 생겨난 셀사지네고사리는 모종들의 자생지와 살짝 겹치는 중간 지역에 자리 잡게 되었을 것이다. 만일 이 추정이 옳다고 한다면,

지질학적으로 말해서 셀사지네고사리의 기원이 매우 최근의 것이라고 할 수 있다.

    이상과 같이 고사리들이 매우 오래된 식물군일 것이라는 선입견은 발생 시기와 장소가 제각각인 12,000여 종에 달하는 현존 고사리류들을 한데 뭉뚱그려 일반화하려 한다는 데 문제가 있다. 이들 중 일부는 그 기원이 길뿐더러 오래된 화석 기록도 남아 있는 반면, 대다수(대략 80%)의 고사리류들은 최초의 현화식물들보다도 발생 시기가 더 늦은 시점에야 등장했다. 이 중에는 지난 200~300만 년 이내에 생겨난 종들도 있고, 심지어는 가장 최근의 빙하기 이후에 생겨난 종들도 있다. 고사리류는 하나의 단일식물군으로서 동시에 발생하여 진화해 온 것이 아닌 것이다. 하지만 그들이 언제 어디에서 생겨났건 간에 향후에는 모든 고사리들이 만수무강을 누릴 수 있기를!

Adaptatio

Adaptations by Ferns

양치식물의 적응력

ns by Ferns

- 16 _감자를 닮은 고사리
- 17 _나무가 되어 버린 고사리들
- 18 _채광성고사리의 현란한 생태
- 19 _인편은 어떤 구실을 할까
- 20 _물부추의 생존전략
- 21 _독살자 고사리
- 22 _불가사의한 나선 '스피라 미라빌리스'

16 감자를 닮은 고사리

　　남아메리카에 자생하는 솔라노프테리스속(*Solanopteris*)의 감자고사리에 섣불리 접근하다가는 봉변을 당할 수도 있다. 고사리의 줄기가 변형되어 작은 감자처럼 부풀어 오른 기관 속에는 주로 아즈테카속(*Azteca*)과 캄포노투스속(*Camponotus*)에 속한 사나운 개미들이 살고 있기 때문이다. 그림 77, 78, 화보사진 25 사람들이 감자고사리를 살짝 건드리기만 해도 줄기 속에서 개미들이 쏟아져 나와 손가락과 손목을 타고 올라가 피부의 약한 부위를 사정없이 물어뜯어 버린다. 나 역시 코스타리카에서 이 고사리를 처음 채집할 때 이런 봉변을 당한 적이 있다. 그때의 느낌은 마치 불로 내 손등 위의 털을 지져 버리는 것 같았다.

　　그렇다고 해서 만일 여러분이 감자고사리의 자생지인 코스타리카에서 페루에 걸친 열대우림을 탐방할 기회가 생긴다 하더라도 미리 걱정할 필요는 없을 것 같다. 그림 79 5종의 감자고사리들은 모두 나무의 수관부 상층의 가지 끝 부분에 서식하므로 사람들 눈에 띌 가능성이 거의 없기 때문이다. 다른 착생식물들처럼 감자고사리는 빗물과 위에서 떨어지는 유기물을 통해

양분을 흡수할 뿐, 숙주식물에 기생하지는 않는다. 운이 좋으면 땅에 떨어진 가지에 붙은 감자고사리나 해가 잘 드는 강둑의 나뭇가지에 붙은 감자고사리를 볼 수 있을지도 모른다. 하지만 감자고사리를 직접 건드리지 않는 이상 개미에게 봉변을 당할 가능성은 거의 없다고 할 수 있다.

개미들이 살고 있는 감자 같은 기관은 짧은 곁줄기로부터 발달하는데, 대부분의 고란초과 식물들에서 흔히 볼 수 있는 가늘고 긴 포복경기는 줄기에 생긴다. 이 기관은 짧은 곁줄기가 골프공만 한 크기로 부풀어 오른 것이다.(Hagemann 1969) 비록 외관이 줄기처럼 보이지는 않지만, 간혹 여기에 잎이 달린다는 사실에서 줄기의 특성이 드러난다고 할 수 있다. 그림 78 감자 형태의 줄기는 개미가 없는 곳에서 인공적으로 재배하더라도 잘 발달한다. 이러한 기관을 식물학 용어로는 괴경塊莖 tuber이라고 부른다. 이 고사리의 속명 *Solanopteris*에도 감자라는 뜻이 함축되어 있다(Solanum 감자의 속명 + pteris 고사리).

솔라노프테리스속은 근연관계에 있는 마이크로그라마속(*Microgramma*)과는 괴경이 생성된다는 점에서만 차이가 있을 뿐이다. 양치류의 진화계통수를 보면 솔라노프테리스속은 마이크로그라마속과 같은 위치에 자리 잡고 있는 것을 볼 수 있다. 이런 이유로 요즘 솔라노프테리스속을 마이크로그라마속으로 통합하여 분류하고 있다.(León & Beltrán 2002; 자세한 내용은 7장 참조)

괴경의 바닥 쪽에는 개미들이 드나드는 구멍이 나 있다. 또한 괴경의 내부는 비어 있으며, 내벽은 부드러운 재질로 되어 있다. 입구 테두리 주변에 돋아나는 뿌리는 주변의 나뭇가지를 향하는 대신 격실 안쪽으로 뚫고 들어가며 자란다. 일단 안으로 들어간 뿌리는 격실의 벽 쪽에 납작하게 붙으면 그 위에서 갈색의 흡수뿌리absorbent hair가 빽빽하게 자라난다. 그림 78

식물학자들은 애초에는 이 괴경들이 구멍을 통해 흘러내리는 빗물을 모아 저장하는 기능을 할 것으로 추측했다. 하지만 현장에서 직접 관찰한

188 ···양치식물의 적응력

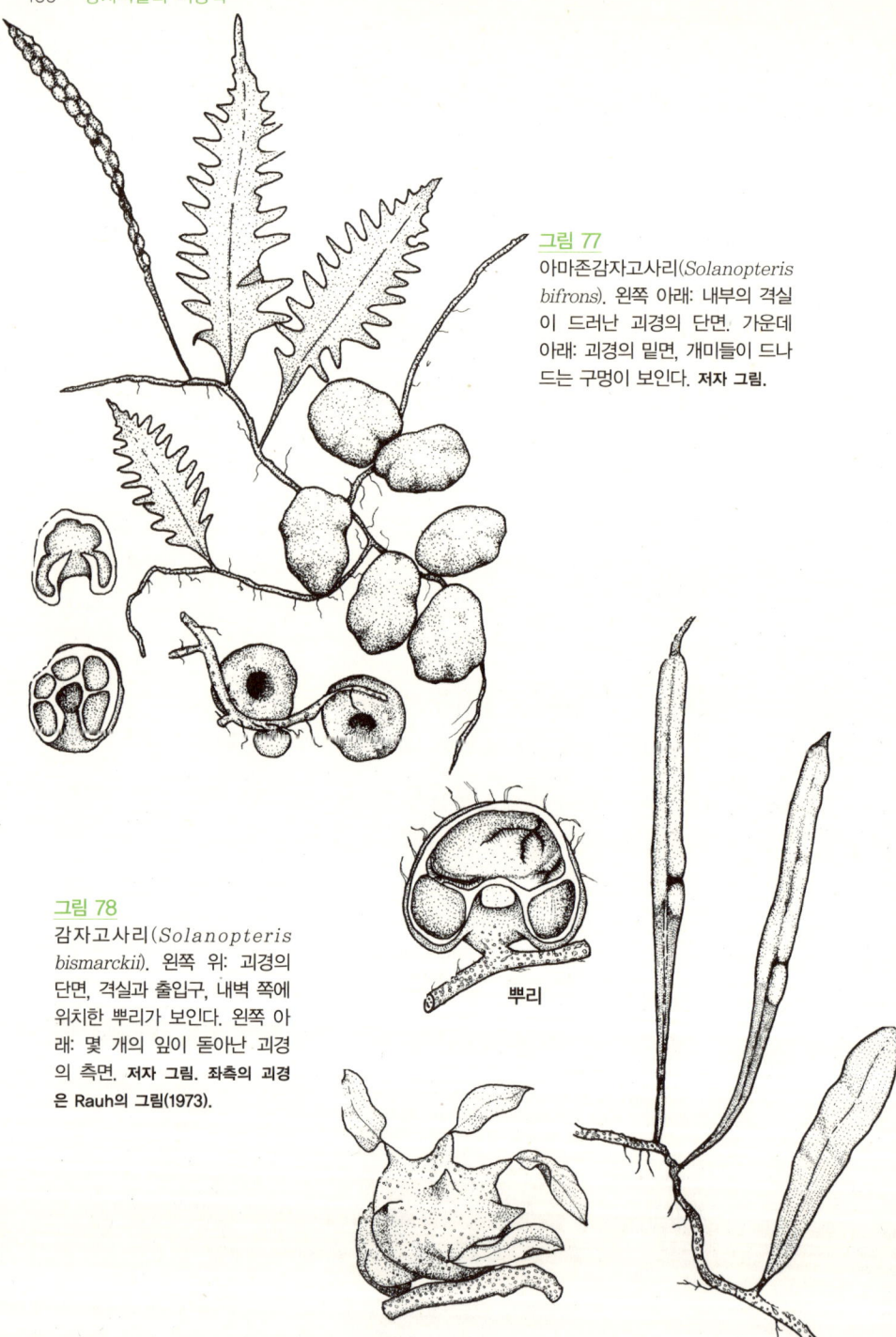

그림 77
아마존감자고사리(*Solanopteris bifrons*). 왼쪽 아래: 내부의 격실이 드러난 괴경의 단면. 가운데 아래: 괴경의 밑면, 개미들이 드나드는 구멍이 보인다. **저자 그림**.

그림 78
감자고사리(*Solanopteris bismarckii*). 왼쪽 위: 괴경의 단면, 격실과 출입구, 내벽 쪽에 위치한 뿌리가 보인다. 왼쪽 아래: 몇 개의 잎이 돋아난 괴경의 측면. **저자 그림**. 좌측의 괴경은 Rauh의 그림(1973).

뿌리

결과, 괴경이 기주의 가지에 밀착해 붙어 있고 구멍이 아래쪽을 향하고 있어 빗물을 모으기에는 그다지 적합하지 않음이 판명됨에 따라 이 가설은 배제되고 말았다. 이후 쉽지 않은 관찰 과정을 통해 개미와의 공생관계가 밝혀지게 되었고, 식물학자들은 이 괴경들이 개미에게 안전한 서식 장소를 제공하는 기능을 한다는 사실을 깨닫게 되었다. 부드럽고 즙이 많은 어린 괴경 조직들은 식량으로 활용할 수도 있을뿐더러, 동시에 이렇게 함으로써 장래에 사용할 내부 격실의 공간을 넓히는 일석이조의 효과도 노릴 수 있다. 그 대가로 개미들은 식물체를 외부로부터 보호하는 역할을 수행하는 것이다.

그런데 괴경들이 물을 저장하는 구실을 할 것이라는 최초의 가설이 완전히 틀린 생각만은 아니라는 사실이 새로이 밝혀지고 있다. 시간이 경과

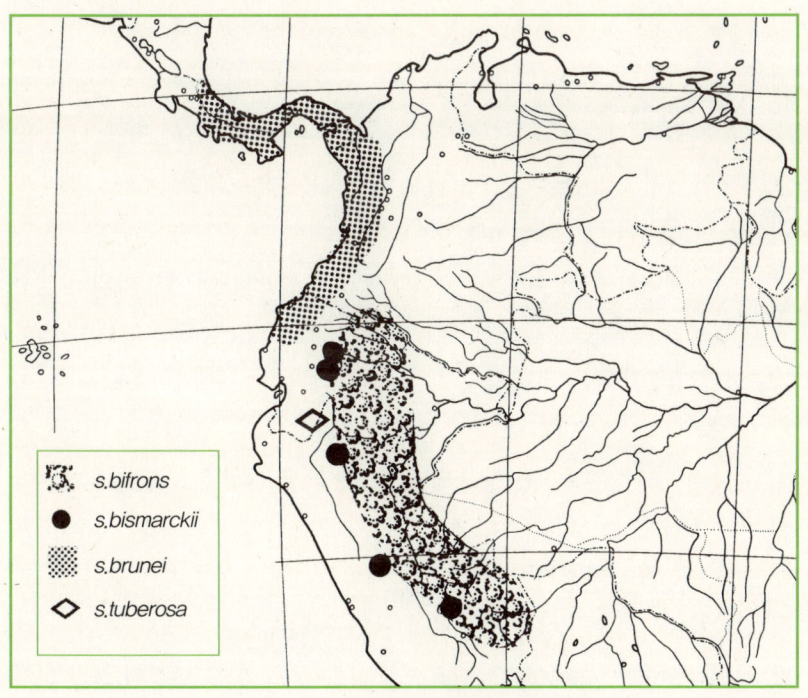

그림 79 4종의 감자고사리류의 서식 분포도

하면서 괴경 속에는 개미들이 운반해 온 유기물과 죽은 번데기와 유충의 배설물이 쌓여 이것들이 분해되면서 비옥한 부식토질이 만들어진다. 이렇게 괴경에 부식토질이 축적되어 생육 공간이 줄어들면, 개미들은 속이 좁아진 괴경을 버리고 새로운 괴경으로 옮겨 가서 다시 집을 만든다. 개미들이 버린 괴경들은 다소간의 수축현상을 보이면서 내부의 부식토질이 압착됨과 동시에 괴경의 외벽이 약해지면서 빗물이 침투하게 된다. 이와 같이 괴경 내부의 부식토질은 외벽을 통해 투과된 수분과 영양분을 머금은 상태가 되고, 격실 내벽에 붙어 있던 뿌리들은 부식토질을 흡수한다. 개미들이 떠나고 부식토질로 채워진 이 괴경들은 마치 나무의 높은 가지 끝에 붙여 놓은 스펀지처럼 보인다.(Gómez 1974, 1977, Wagner 1972)

　　이 스펀지들은 식물체에게 생존에 필요한 수분을 공급하는 기능을 한다. 비록 감자고사리가 일반적으로 습기가 많은 열대우림에 서식하기는 하지만, 숲의 수관부는 강렬한 태양과 높은 기온, 건조한 바람에 노출되어 있으므로 건조에 취약한 혹독한 환경이라고 할 수 있다. 특히 토양으로부터 수분을 안정적으로 공급받을 수 없는 착생식물들의 경우에는 항상 탈수의 위험을 안고 살아가기 마련이다.

　　남아메리카에 서식하는 모든 고사리류속들 가운데 개미와의 공생관계를 형성한 경우는 솔라노프테리스속이 유일한데, 솔라노프테리스속은 남북아메리카 대륙을 통틀어 유일한 개미식물myrmecophyte이기도 하다. 이 밖에 줄기 속에 개미가 서식하는 양치류속으로는 레카노프테리스속(*Lecanopteris*)이 있다. 레카노프테리스속에 속한 13종은 모두 동남아시아에 자생하는데, 주로 수마트라에서 뉴기니로 이어지는 군도들이 레카노프테리스속의 주요 자생지이다. 그런데 레카노프테리스속 역시 고란초과의 식물이기는 하지만, 감자고사리와의 근연관계는 없는 것으로 보인다. 레카노프테리스속이 솔라노프테리스속과 다른 점은, 따로 변형된 줄기 없이 단일 형태의 줄기를 가지고 있다는 것이다. 이 줄기는 마치 누가 발로 밟

은 것처럼 폭이 넓고 납작한데, 그 속에 개미집이 광범위하게 퍼져 있다.(Gay 1991, 1993)

개미와의 공생관계 덕분에 감자고사리는 남아메리카의 다른 대부분의 고사리들보다 더 많은 주목을 받아왔지만, 아직도 밝혀지지 않은 의문들이 적지 않다. 지금껏 고사리와 개미의 공생관계 연구는 주로 코스타리카에 서식하는 한 종만을 대상으로 진행되어 왔기 때문에 남아메리카에 자생하는 다른 종들의 연구를 통해서 더욱 흥미진진하고 굉장한 사실들이 밝혀질 가능성이 아주 크다고 할 수 있다.

17 나무가 되어버린 고사리들

문제 : 1년에 15cm씩 자라는 나무가 있다. 만일 땅 위에서 120cm 되는 지점의 줄기에 팻말을 박아 둔다면, 2년 후에는 팻말의 높이가 얼마가 될까?

아마 숫자 계산에 속아 넘어가서 150cm라고 대답하는 사람들도 있을지 모르지만, 정답은 다름 아닌 120cm이다. 성장한 나무의 줄기는 너비만 늘어날 뿐 길이로는 자라지 않기 때문에 팻말의 높이에는 변화가 없다.

너비의 증가는 나무의 성장에 있어 절대적으로 필요하다. 위쪽에 새로 생기는 가지와 잎의 무게를 감당하기 위해서는 반드시 줄기의 너비가 증가해야 하기 때문이다. 만일 이런 능력이 없다면 줄기가 휘어져 버릴 것이다. 우리가 주변에서 보는 대부분의 침엽수와 쌍떡잎식물의 목본들은 수피 바로 아래에 위치한 관다발형성층vascular cambium에서 목재를 생성함으로써 줄기가 비대해진다. 이 때문에 잘린 밑동에서 볼 수 있는 나이테가 형성된다. 이러한 목질의 비대 성장은 너무나 흔하기 때문에 이를 나무의 유일한 생장방식으로 생각하기 쉽다. 하지만 고사리는 목질을 생성할 능력이 없으므로 줄기의 비대 성장이 불가능하다. 그렇다면 도대체 어떻게 고사리가 나무처럼 자라날 수 있단 말인가?

　　나무고사리들 ᵉ보사진 13은 나무처럼 자라기 위해 기본적으로 두 가지 방법을 발달시켜 왔다. 첫째, 후벽조직厚壁組織; sclerenchyma이라고 부르는 단단한 세포조직으로 줄기 내부를 강화하는 방법이다. 이 세포는 통도조직conducting tissue; 물관과 체관을 감싼 채 줄기의 주변부를 따라 길이 방향으로 발달한다. 그림 80, 81 이것은 콘크리트 기둥을 건설하는 데 사용하는 철골 구조물처럼 줄기를 강화하는 기능을 한다. (식물학적인 견지에서 보면, 후벽조직은 통도세포가 없고 관다발형성층에서 만들어지는 것이 아니므로 목부wood라고 할 수는 없다.) 후벽조직은 강도와 내부식성耐腐蝕性이 탁월하기 때문에 열대지방의 오지에서는 나무고사리의 줄기를 훌륭한 건축자재로 사용하고 있다. 남아메리카에서는 나무고사리의 줄기를 지붕을 받치는 기둥으로도 종종 사용하곤 한다.

　　목초지를 만드느라 숲을 개간한 곳에서도 나무고사리들이 외로운 파수꾼인 양 여기저기 서 있는 모습을 볼 수 있다. 나무고사리의 후벽조직은 그 단단함이 도끼나 기계톱의 날을 금방 무뎌지게 할 정도여서 농부들도 나무고사리는 잘 베지 않는다. 사실 기계톱으로 나무고사리를 베는 것은 위험할 수도 있다. 후벽조직의 파편이 체인과 톱날 사이에 끼게 되면 체인이 끊어져 튕겨 나갈 수 있기 때문이다. 설혹 나무고사리를 베어 넘기는 데 성공한다 하더라도 넘어진 나무고사리를 목초지에 그대로 방치해 두면 또 다른 문제를 야기할 수 있다. 잘려진 나무고사리의 밑동이 분해되는 데는 10~15년 정도 걸리는데, 그 사이에 가축들이 여기에 걸려 넘어질 수 있기 때문이다. 이런 이유로 농부들이 나무고사리에 손을 대지 않기 때문에 군데군데 나무고사리가 서 있는 독특한 목초지의 풍광이 조성되는 것이다.

　　나무처럼 성장할 수 있는 두 번째 방법은 외부로 빽빽하게 얽힌 억센 뿌리조직을 발달시켜 줄기를 지탱하게 하는 것이다. 덮개뿌리root mantle라고 부르는 이 뿌리층은 줄기의 직경보다 보통 2~5배 정도 두껍다. 그림 82 단단하고 내구성이 강하기 때문에 덮개뿌리는 마치 갑옷처럼 줄기를 보호할 뿐만 아니라 줄기의 직경을 늘려줌으로써 식물체의 하중을 지탱하는 중요한 역할을 한다. 일반적으로 덮개뿌리는 나무 둥치의 기부 쪽이 가장 두꺼운데, 이는 그만큼 성장할 시간이 많았기 때문이다.

덮개뿌리는 때로는 특이한 용도로 사용되어 왔다. 덮개뿌리를 절단하여 만든 블록을 나무고사리 파이버tree fern fiber라고 하는데, 착생 난초를 키우는 데 배지substrate 재료로 사용되고 있다. 이 블록은 내구성이 높고 난초들이 쉽게 착생하기 때문에 원예업자들 사이에서 높은 평가를 받고 있다.

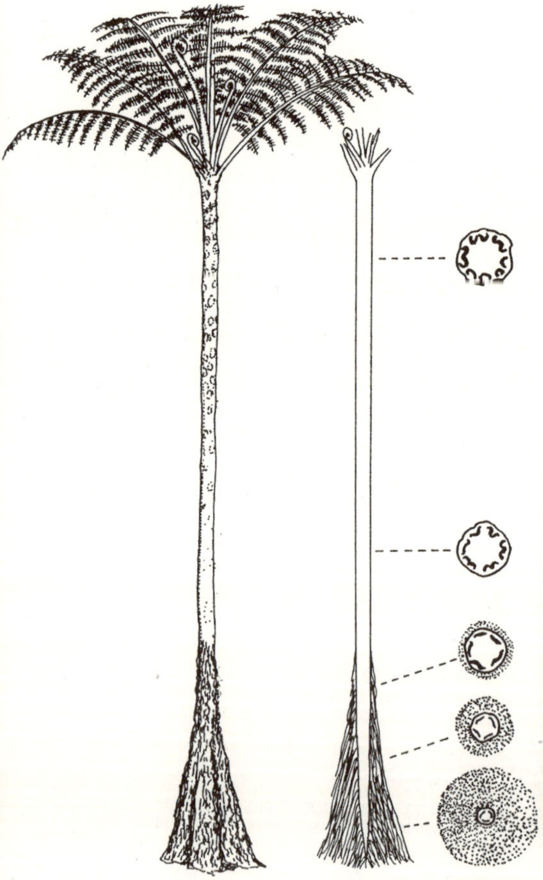

그림 80
전형적인 나무고사리의 구조. 왼쪽: 생육 형태-수간(樹幹) 기부로 갈수록 덮개뿌리가 더 두꺼워진다. 가운데: 수간의 횡단면-기부로 갈수록 줄기가 가늘어지는 모습이 보인다. 오른쪽: 여러 부위의 줄기 가로 단면. 점선 표시부가 덮개뿌리이고, 검은색의 구불구불한 선은 후벽조직이다.

그림 81
나무고사리 줄기의 가로 단면. 검은색의 후벽조직이 통도조직(체관과 물관)을 둘러싸며 길이 방향으로 발달하여 지지대 역할을 한다.

Photo by Benjamin Øligaard

횡단면

하지만 요즈음은 모든 종류의 나무고사리들이 '멸종 위기에 처한 야생 동식물의 국제거래에 관한 협약(CITES)'에 의거하여 금수품목으로 지정되어 있어 시중에서 구하기가 쉽지 않다. 또한 덮개뿌리는 조각 재료로도 사용한다. 화보사진 12 멕시코에서는 이런 조각품을 마키크*maquique* 그림 82라고 부른다. 이런 활용 방법들은 모두 덮개뿌리의 강도가 뛰어나기 때문에 가능한 일이다. 이것만 보아도 덮개뿌리가 줄기를 지탱하는 데 얼마나 효과적인지 가늠할 수 있다.

뉴칼레도니아 북동쪽의 바누아투 제도 이전의 뉴헤브리디스만큼 나무고사리 줄기를 특이한 용도로 사용하는 곳도 없을 것이다. 그곳 사람들은 나무고사리 줄기를 조각하여 양식화된 두상이나 전신상을 만든 다음 그 위에 점토를 얇게 바른다. 점토가 마른 뒤에는 그 위에 다시 채색을 한다. 이 조각상의 용도는 두 가지인데, 주요 용도는 어떤 사람의 종교적·사회적 지위가 상승할 때 개최하는 의례용으로 사용하는 것이다. 의례가 벌어질 때마다 솜씨 좋은 장인을 초빙하여 나무고사리로 조각상을 만들게 한다. 그 조각상은 서서히 썩어 버려질 때까지 의례 장소에 그대로 남겨진다.

바누아투에서는 또한 나무고사리로 조상신의 두상을 조각하여 제실 입구의 위쪽 천장 꼭대기 장식으로 설

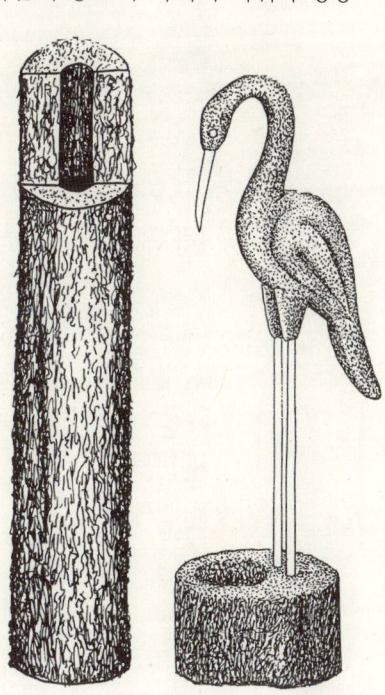

그림 82
왼쪽: 나무고사리의 수간(樹幹)-바깥쪽이 덮개뿌리, 안쪽의 빈 구멍은 줄기가 있던 공간. 오른쪽: 나무고사리의 덮개뿌리로 조각한 멕시코의 공예품 마키크(*maquique*)-기부의 홈은 줄기가 있던 공간.

치한다. 이때 조상신의 얼굴은 아래쪽을 향하고 있어 제실을 드나드는 사람들이 부정을 타는 짓을 하지 않았는지 판정하는 재판관 역할을 한다. 만일 부정 타는 행위를 한 자가 있으면 조상신이 그 사람에게 벌을 내려 병에 걸리게 한다고 믿고 있다.

덮개뿌리는 지금껏 알려진 가장 오래된 양치식물의 화석인 프사로니우스속(*Psaronius* 마라티아과)에서도 볼 수 있다. 이 식물은 3억4,500만~2억 8,000만 년 전 석탄기 시절 석탄 습지에서 노목蘆木이나 인목鱗木과 함께 번성하던 식물이다. 덮개뿌리 덕분에 이 식물은 줄기의 높이만 3m에 달했다. 또한 덮개뿌리는 부가적인 기능도 수행했는데, 다양한 착생식물들이 붙을 수 있는 배지 역할을 하였다. 이 식물들은 덮개뿌리 사이로 뿌리와 줄기를 뻗어

줄기에 단단히 부착해 있을 수 있었다.(Rothwell & Roessler 2000) 이 점은 오늘날의 열대림에 사는 나무고사리도 마찬가지이다. 심지어는 나무고사리의 덮개뿌리에만 착생하는 식물들이 있을 정도이다. 이뿐 아니라 여타 착생식물들도 덮개뿌리가 없는 종자식물의 수피보다는 나무고사리의 덮개뿌리에 더욱 잘 착생하며 무성하게 자란다.(Moran et al. 2003)

1억4,100만~6,500만 년 이전 백악기에 북아메리카, 유럽, 일본 등지에서 번성했던 템프스키야속(*Tempskya*) 역시 뿌리를 본체에 지

그림 83
1900년경 나무고사리 덮개뿌리로 만든 바누아투의 제의용 조각상. 오른쪽 조각상에는 색칠한 흔적이 남아 있다; 머리 위에는 나뭇잎이나 깃털로 만든 장식이 부착되었을 것이다. 두 조각상 모두 나무고사리를 거꾸로 세워서 조각한 것으로, 머리쪽이 더 두껍다. 메트로폴리탄미술관, Michael C. Rockefeller Memorial 컬렉션(1972)

17 ・・ 나무가 되어버린 고사리들… 197

탱하기 위한 용도로 사용하였다. 이 식물은 줄기의 높이가 6m나 되고, 폭은 0.5m 정도였다. 템프스키야는 오늘날 유사한 식물을 찾아볼 수 없으리만치 특이한 식물인데, 매트처럼 빽빽하게 얽힌 뿌리가 수간(樹幹; trunk)을 형성하여 그 속에 있는 연필 두께의 무수한 줄기들을 지탱하였다.^{그림 84} 특히 폭이 25cm 이상인 수간 기부의 단면에서 이 점이 잘 드러나는데, 이 부위에서는 보통 줄기들이 완전히 삭은 상태로 뿌리가 수간의 무게를 전적으로 지탱하고 있다.^{그림 83} 템프스키야는 마치 스스로 자기 몸을 지탱하는 착생식물 같다고 할 수 있다.

무수한 줄기로 이루어진 수간으로 인해 템프스키야는 독특한 외양을 지니게 되었다.^{그림 84} 수간의 상부에 잎이 달리는 오늘날의 나무고사리와는 달리, 템프스키야는 수간을 따라 잎이 돋아났다. 템프스키야의 분류학상의 위치는 실고사리과(Schizaeaceae)로 추정하는 견해가 많기는 하지만, 아직 명확하게 밝혀진 바가 없다. 현재로서는 그저 편의상 템프스키야과(Tempskyaceae)로 분류하고 있을 뿐이다.

과거에 나무와 같은 형태로 자라났던 양치류는 고비과(Osmundaceae)에도 있었다. 중

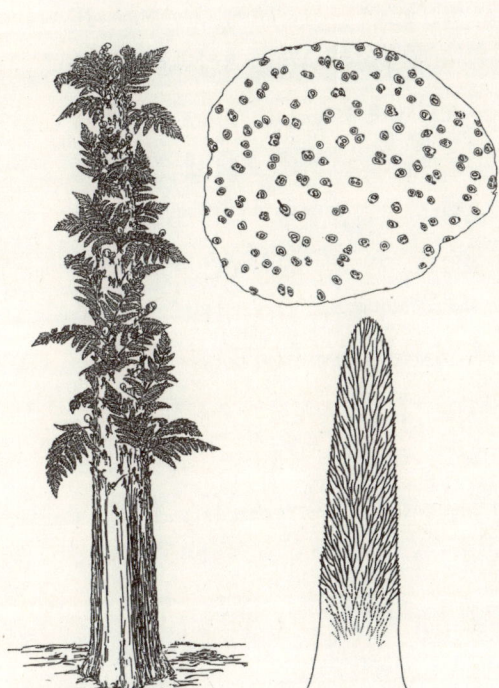

그림 84
백악기의 나무고사리 화석 템프스키야. 왼쪽: 생육 형태—수간(樹幹)을 따라 잎이 돋아난다. 오른쪽 위: 덮개뿌리 속에 무수히 많은 줄기들로 싸여 있는 수간의 가로 단면. 오른쪽 아래: 줄기들이 위로 자라면서 분지(分枝)하는 가지의 세로 단면; 기부의 점선은 삭아가고 있는 줄기의 모습.
Andrews & Kerns(1947), 미주리식물원.

생대에는 고비과에 속하는 오스문디카울리스(*Osmundicaulis*), 팔레오스문다(*Palaeosmunda*), 탐놉테리스(*Thamnopteris*), 잘레스키아(*Zalesskya*) 같은 속들이 있었다. 화보사진 17 이 고사리류들은 빽빽하게 겹쳐져 경질화된 엽병들이 뿌리와 얽혀 단단히 결속함으로써 줄기가 비대 생장하였다. 화보사진 17 또한 꿩고비류(*Osmunda cinnamomea*), 음양고비(*O. claytoniana*), 고비류(*O. regalis*) 등과 같은 대부분의 현존종들 역시 나무만큼은 아니라 할지라도 크게 성장할 수 있는 뭉뚝한 지하경地下莖; 땅속줄기을 지니고 있다.

　개인적으로 고비속(*Osmunda*) 양치류들의 엽병이 얼마나 단단한지 알게 된 일화를 소개하고 싶다. 나는 나 자신의 경험을 통해 나무처럼 거대하게 자랐던 양치류 화석종들이 얼마나 굳건하게 수간을 지탱했을지 짐작할 수 있었다. 내 논문 지도교수인 워렌 와그너 박사Warren H. Herb Wagner, Jr. 의 양치식물 강좌를 이수하고 있을 때의 일이다. 한번은 지도교수로부터 고비속 식물의 근경 단면부를 수업시간에 발표하라는 지시를 받았다. 그래서 표본을 하나 채집한 뒤 예리한 면도칼로 엽병 부위의 단면을 절개하려 하였지만, 표면에 흠집을 내는 것조차 어려웠다. 결국 목공용 톱까지 동원하고 나서야 이 과제를 완수할 수 있었지만, 막상 잘려진 단면을 보니 내 수고에 대한 보답을 충분히 받았다고 느낄 정도였다. 잘려진 근경의 단면에는 백색의 좁고 왜소한 줄기가 중앙에 위치해 있고 그 주위를 무수한 검은색 엽병들이 갑옷을 두른 듯 둘러싸고 있었다. 비록 규모가 훨씬 작기는 하지만, 근경 구조를 볼 때 중생대에 살았던 조상들과 기본적으로 별 차이가 없는 것이다.

　고사리류 외에도 석송류 중에서도 나무처럼 성장한 종류가 있었다. 비록 현존하는 종은 없지만, 석탄기에 살았던 현존 석송류의 조상 격인 인목鱗木 역시 거대한 나무처럼 자랐던 식물이다. (11장 참조) 인목은 나무의 높이가 무려 10~55m에 달했고, 수간의 직경도 2m에 이르러 그 크기가 오늘날의 나무들과 비교하더라도 대단했다고 할 수 있다. 하지만 인목은 목부木部 wood를 생성한 것이 아니라 바깥 수피층그림 85이 발달함으로써 거대하게 자라났다. 인목은 수피의 생장이 얼마나 왕성했던지, 오늘날 일리노이 주의 석탄 광산들 중에는 인목의 수피가 석탄의 주성분을 이루는 곳이 있을 정도다.

인목과 함께 자라던 식물들 중에는 현존하는 속새류 식물들의 선조 격인 노목과(Calamitaceae)도 있었다.^(11장 참조) 노목은 나무의 높이가 30m, 폭이 60cm에 달했는데, 관다발형성층에서 생성된 목부층으로 이를 지탱하였다. 이 점에서 보면, 노목들은 현화식물이나 나자식물의 목본식물들과 유사한 방식으로 거대 성장하였다고 할 수 있다.

양치류와 석송류의 경우를 살펴봄으로써 나무처럼 거대 성장하는 데에는 여러 가지 방법이 있음을 알 수 있을 것이다. 식물들이 거대 성장하기 위해서는 나무처럼 줄기에 목부를 생성하여 비대 성장함으로써 무게를 지탱하는 식물만 있는 것은 아니다. 후벽조직, 덮개뿌리, 강화된 엽병, 발달한 외피층 등을 생성하는 것 역시 효과적인 방안들이라 할 수 있다. 그러므로 어떤 식물이든 나무처럼 크게 자라나려면, 반드시 소나무나 참나무의 성장 방식을 그대로 답습할 것이라는 생각은 당장 지워버리기 바란다. 이는 나무만 보고 숲을 보지 못하는 격이다.

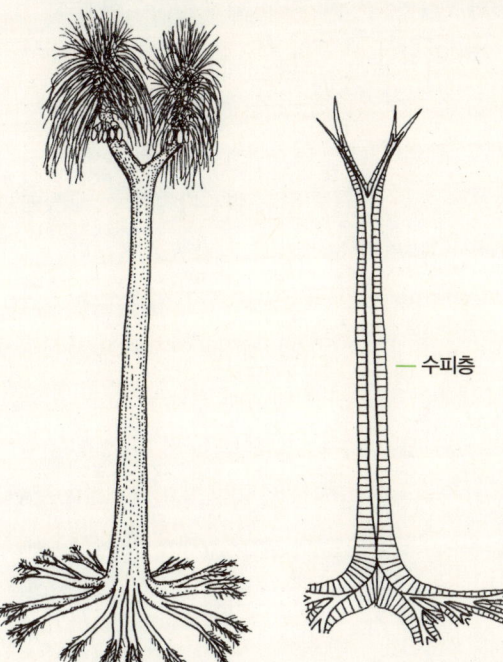

— 수피층

그림 85
석탄기의 석탄 습지에서 번성했던 석송류 *Sigillaria*. 왼쪽은 생육 형태, 오른쪽은 세로 단면; 수피층(바깥쪽의 괘선을 넣은 부위)이 두꺼워지면서 수간(樹幹)을 지탱하였다.

18 채광성고사리의 현란한 생태

　　내가 땅에서 자라는 고사리인 트리코마네스 엘레강스(*Trichomanes elegans*)를 처음 본 것은 1988년 2월 파나마의 어느 열대우림 오지에 갔을 때이다. 어두운 숲길을 따라 자라고 있던 이 식물은 잎이 금속 느낌을 주는 밝은 청록색을 띠고 있어 어두운 숲 속에서도 눈에 잘 띄었다. 그 색조가 너무나 강렬했을 뿐 아니라 두껍고 광택이 나는 잎 때문에 고사리는 마치 묘지나 대중식당에서 쓰는 플라스틱 조화처럼 보였다. 잠시나마 나는 그것이 장난기 많은 내 동료가 꽂아 놓은 플라스틱 모형인 줄 착각했을 정도다.

　　결국 두 손가락 사이로 잎을 비벼 보고 나서야 그것이 플라스틱이 아니라 진짜임을 알 수 있었지만, 금속성의 청록색 색조는 여전히 인공적인 느낌이 강했다. 다른 각도에서 바라보아도 광택 때문에 번들거리는 느낌을 주었다. 그런데 잎을 거의 수평으로 놓고 보자, 그제야 금속성의 색조가 사라지고 일반적인 엽록소의 색상인 녹색을 띠는 것을 알게 되었다. 고향으로 돌아가 이 이야기를 하면 사람들이 내 말을 믿어줄까? 그래서 나는 고감도 필름이 장착된 카메라를 꺼내어 초점을 맞춘 다음 측광 버튼을 눌렀지만,

수치가 거의 0에 가깝게 나와서 촬영이 아예 불가능했다. 주변이 너무 어두웠던 것이다. 아마도 사진은 좀 더 밝은 장소에 사는 식물을 찍어야 할 것 같았다.

미국으로 돌아온 뒤에야 나는 비로소 내가 생전 처음으로 채광성彩光性 iridescence 고사리를 보았다는 사실을 알게 되었다. 이 지구상에서 오직 극소수의 양치류들만이 채광을 띠는데, 이들은 모두 열대성이라는 공통점이 있다. 화보사진 6 이 중에는 트리코마네스속(Trichomanes) 식물들처럼 금속성의 광택이 나는 것도 있지만, 청록색이 아닌 하늘색을 띠는 종류도 있다. 도대체 어떤 비법으로 채광을 띠게 되는지, 또 그런 색상이 식물체에게 어떠한 이득을 주는지 궁금하지 않을 수가 없었다. 그래서 도서관으로 가서 자료를 검색해 보니, 아니나 다를까 이미 여러 식물학자들이 이 의문에 대한 해답을 찾기 위해 연구를 해왔음을 알게 되었다.

양치식물의 채광성에 대하여 처음으로 연구한 학자는 자바의 보고르식물원에서 근무했던 독일의 식물형태학자 에른스트 스탈Ernst Stahl이다. 그는 1896년 채광을 띠는 윌데노부처손(Selaginella willdenowii)화보사진 18을 조사하면서 큐티클층 속에 박혀 있는 반사성 색소 입자로 인해 금속성의 청색 광택이 나는 것으로 추정하였다.

이후 미시간의 크랜브룩연구소의 연구원인 데니스 팍스Denis Fox와 제임스 웰즈James Wells가 스탈이 연구했던 동일종을 재검토할 때까지 지난 75년 간 고사리의 채광성에 대해서 아무런 연구도 진척되지 못했다. 팍스와 웰즈는 물이나

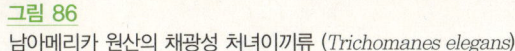
그림 86
남아메리카 원산의 채광성 처녀이끼류 (Trichomanes elegans)

알코올로 잎을 적시거나, 또는 그냥 시들도록 방치하면 채광이 사라진다는 사실을 발견하였다. 반대로 젖은 잎이 다시 건조되거나 또는 시든 잎이 다시 생기를 되찾게 되면 채광성이 다시 복구되는 것이었다. 팍스와 웰즈는 이 관찰 결과를 토대로 채광성은 색소보다는 광학적인 효과에 의해서 야기된다는 결론을 내렸다(1971).

그리고 1970년대 중반에 식물의 잎과 빛의 상호작용에 대한 연구에 있어 세계적인 권위자로 손꼽히는 플로리다국제대학교의 데이비드 리David Lee는 이 연구에 새로운 전기를 마련하였다. 그는 우선 윌데노부처손(*Selaginella willdenowii*)에는 유기용매로 추출할 수 있는 채광성 색소가 함유되어 있지 않으며, 그런 색소의 존재는 동식물을 막론하고 보고된 바가 없음을 지적하였다. 더욱이 광학현미경으로 큐티클층을 조사해 보아도 색소 입자의 존재를 확인할 수 없었다. 팍스와 웰즈의 연구 성과와 더불어 이 새로운 관찰 결과에 따라Lee 1977, 1986, Lee & Lowry 1975 색소 연관설은 종지부를 찍게 되었다.

그렇다면 채광성은 과연 어떻게 하여 생기는 것일까? 리는 이것이 막막 간섭薄膜 干涉; thin-film interference이라는 광학적 현상으로 설명할 수 있다고 지적하였다. 이 현상은 물과 공기처럼 빛의 굴절도가 다른 두 물질 사이에 얇은 막이 존재할 때 발생한다. 특정 빛의 파장(색상)들은 막의 상층과 기층에서 각각 따로 반사된 다음, 막의 두께와 굴절률에 따라 보강간섭 또는 상쇄간섭을 하게 된다. 만일 기층에서 반사되어 막을 통과한 빛의 파동정점wave crest이 상층의 파동정점과 일치하면 파장이 강화되어 강렬한 색상을 띠게 만든다. 이런 현상을 보강간섭이라고 한다.그림 87 이와는 달리 만일 상층과 기층에서 반사된 파장들이 일치하지 않고 한 파장의 정점crest과 다른 파장의 저점trough이 짝을 이루어 정렬하면 두 개의 파장이 서로 상쇄되어 버리는데, 이를 상쇄간섭이라고 한다. 이 상황에서는 특정 파장을 갖는 색상이 아무것도 생성되지 못하기 때문에 빛과 빛이 서로 합체하면서 암흑이 되어 버리는 역설적인 상황이 초래된다. 부처손속(*Selaginella*)과 트리코마네스속(*Trichomanes*)의 식물들은 박막층이 보강간섭에 의해 푸른색의 빛만 강화되고 여타의 빛 파장들은 상쇄간섭에 의하여 소멸되어 버리는 구조의 박막 두께를 지니고 있는 것이다.

색의 간섭에 대한 이러한 설명은 일반인이 듣기엔 이상하게 들리거나 이해가 어려울지도 모르지만, 이 현상은 일상에서도 흔하게 접할 수 있다. 물웅덩이 또는 기름 막으로 덮인 아스팔트에 무지갯빛이 감도는 것을 생각해 보라. 코팅이 된 카메라 렌즈나 망원경 렌즈에도 이런 색상이 보인다. 또한 나비나 딱정벌레 중에서도 날개에 금속성의 색상이 도는 종류들이 있다.

리Lee는 윌데노부처손의 채광성은 상피 부위에 위치한 박막층으로 인해 야기되는 것으로 추정하였다. 이 박막층은 푸른빛은 반사하고 붉은빛은 투과시켜 버리는 경향이 있어 잎이 푸른색을 띤 것으로 보이게 된다는 가설이었다. 1978년 그는 프랑스 몽펠리에대학교의 찰스 에방Charles He'bant과 함께 이 박막층을 규명하는 연구에 착수하였다. 그들은 우선 식물의 세포벽에서 푸른빛을 반사시키는 데 필요한 박막의 정확한 두께를 산출하는 작업을 시작하였다. 그 결과, 이를 위해 필요한 두께가 71~80nm나노미터, 1미터의 10억분의 1 정도임을 알게 되었다. 그런 다음 채광성을 지닌 2종의 부처손속

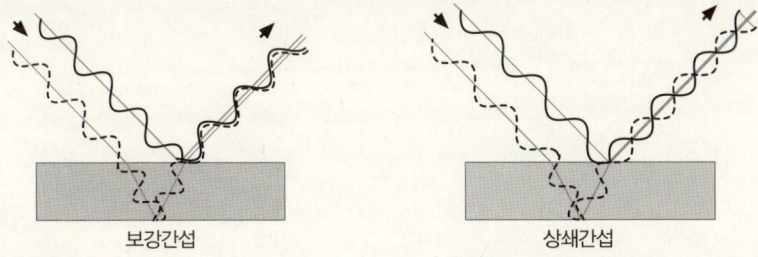

보강간섭 　　　　　　　　상쇄간섭

그림 87
박막 간섭(薄膜 干涉; thin-film interference)의 원리. 하단의 음영이 진 사각형 부위가 박막으로 상하 양쪽 면과는 굴절률이 다르다. 이 때문에 박막의 상부와 기부 양면에서 빛 반사가 생긴다. 만일 반사된 빛의 파장이 합치하여 정렬하면(왼쪽), 상호 보강이 되어(보강간섭) 채광이 발생한다. 하지만 반사된 파장들이 일치하지 않고 한 파장의 정점과 다른 파장의 저점이 짝을 이루어 정렬되면(오른쪽), 두 파장들이 상쇄되어 버리므로(상쇄간섭) 아무런 색조도 생성되지 않는다.

(Selaginellas)-윌데노부처손과 운키나타부처손(S. uncinata)을 대상으로 하여 잎의 단면을 전자현미경으로 검사하였다. 그로 인해 상피층의 외부 세포벽 부위에서 하나가 아닌 서로 평행한(채광성을 강화하는 역할을 함) 두 개의 얇은 박막층을 발견하였다. 이 박막들은 채광성 식물들을 볕이 잘 드는 곳에서 키워서 채광이 없어지도록 유도한 잎에서는 전혀 보이지 않았다. 이 연구를 통해 마침내 채광성은 박막의 존재와 밀접한 관계가 있음이 입증되었다.

박막은 부처손속 외에 다른 채광성 고사리류들에서도 발견된다. 현재로서는 마디다나에아 노도사(Danaea nodosa), 털버들참빗(Diplazium tomentosum), 윤채 비고사리(Lindsaea lucida), 둥근잎데트라토필룸(Teratophyllum rotundifoliatum), 트리코마네스 엘레강스(Trichomanes elegans) 불과 5종에 대해서만 연구가 수행되었을 뿐이지만, 이것만으로도 박막층의 위치가 종에 따라 각양각색이라는 점이 분명하게 드러났다. 다나에아속(Danaea), 버들참빗속(Diplazium), 비고사리속(Lindsaea), 테라토필룸속(Teratophyllum)의 경우에는 박막이 부처손속의 경우처럼 상피층의 세포 외

그림 88
채광성 고사리 Lindsaea lucida의 상피층 세포 외벽의 단면에 드러난 다수의 박막층. David Lee TEM 촬영.

벽에 평행하게 배치되어 있다.그림 88 하지만 박막층의 개수가 부처손속처럼 2개가 아니라 18~30개에 이른다.(Gould & Lee 1996, Graham et al. 1993, Nasrulhaq-Boyce & Duckett 1991) 반면에 트리코마네스속(Trichomanes)의 경우에는 상피층의 세포 외벽이 아닌 엽록체 속에 박막들이 위치해 있다. 엽록체 속에는 그라나grana라는 짙은색의 물질들이 함유되어 있는데, 이 그라나들이 중첩되어 푸른빛을 반사시키기에 적절한 두께의 박막들을 형성한다. 세포 외벽이 아닌 세포 속에 자리하고 있어 잎의 표면이 젖는다 해도 굴절률이 변화하여 푸른빛을 반사하는 속성을 상실하지는 않는다. 이 때문에 트리코마네스 엘레강스(Trichomanes elegans)의 잎은 젖은 상태에서도 채광성을 잃지 않는 것이다.

박막층의 세부적인 특성들은 제각각일지라도 채광성 고사리류들과 부처손속 식물들은 한 가지의 공통점을 보이고 있다. 즉, 이 식물들의 서식 장소가 모두 매우 어두운 곳이라는 점이다. 이 사실에서 미루어 볼 때, 채광성이란 식물들이 어두운 환경에 적응하기 위한 장치임을 짐작할 수 있다. 일반적으로 임상林床에 서식하는 식물들은 채광 조건이 숲의 상층부가 받는 일조량의 1% 미만에 불과한, 대부분의 식물들이 광합성을 하기에는 심각한 제약을 받는 그늘 속에서 살아가야만 한다. (코스타리카의 라셀바생물학연구기지La Selva Biological Field Station에서 데이비드 리는 트리코마네스 엘레강스가 서식하는 임상까지 도달하는 평균 일조량은 전체 일조량 중 0.25%에 불과하다는 점을 확인하였다.) 하지만 빛의 광도가 약한 것은 문제의 일부분에 지나지 않는다. 빛을 구성하는 다양한 색광의 광량이 빈약한 것 역시 식물들에게 문제가 된다. 가령 적색광은 대부분 숲 상층부의 식생에서 흡수해 버리기 때문에 임상에는 거의 도달하지 못한다. 적색광은 식물들이 광합성을 하는 데 가장 효과적으로 사용하는 색광이므로 적색광이 없으면 식물들이 잘 자랄 수 없다. 그러므로 식물 입장에서 보면, 임상은 어두울 뿐 아니라 적색광이 희박하기 때문에 살아가기에 혹독한 곳이라고 할 수 있다.

채광성 고사리가 발견되는 곳은 거의 예외 없이 어둡고 스트레스를 많이 받는 장소이다. 그러므로 이런 환경에서는 채광성이 생존에 요긴할 것으로 추정된다. 하지만 정확하게 어떤 방식으로 채광성이 요긴한 것일까? 채광성 덕분에 빈약한 적색광이 표피층의 세포벽을 투과하여 광합성이 일어나는 엽록체에 보다 많이 닿게 된다는 추정도 가능하다. 적색광의 투과량이 많아지면 광합성이 보다 활발해져 생장에 보탬이 될 것이다. 또한 적색광은 상대적인 함량 비율에 의해 세포의 특정한 생리적 과정을 제어하는 2종의 식물 호르몬인 Pr형 피토크롬과 Pfr형 피토크롬을 호환하는 작용을 한다. 하지만 채광성이 식물의 적응성을 지원하는 역할을 하리라는 가설은 아직 검증되지 않은 상태이다. 그 정확한 의미가 무엇인지는 아직 아무도 확실히 알지 못하고 있다. 아마 우리가 미처 파악하지 못한 그 어떤 실체가 따로 있고, 채광성이란 그저 사람 눈에 보기 좋은 부산물에 불과할지도 모른다.

채광성 고사리류와 부처손속 식물들은 어두운 임상에서 살아갈 수 있는 적응력을 지니고 있다. 대부분의 식물들이 세포당 각각의 직경이 4~6μm 0.004~0.006mm인 20~200개의 엽록체를 가지고 있는 데 비해, 채광성 양치류와 부처손속 식물들은 직경이 10~27μm 0.010~0.027mm인 엽록체를 1~12개가량 지니고 있다. 수량은 작지만 크기가 큰 엽록체를 보유함으로써 빛을 흡수할 수 있도록 거의 연속적으로 층을 형성하게 되는 것이다. 그림 89

이 식물들의 빛을 흡수하는 능력은 상표피 upper epidermis의 세포 외벽의 형태에 의해 한층 더 강화된다. 부처손속(Selaginellas)과 테라토필룸속(*Teratophyllum*)은 세포 외벽이 볼록렌즈처럼 굴곡이 져 있다. 이를 통째로 고배율로 확대해 보면, 마치 플라스틱 진공 포장지처럼 보인다. 그림 90 이러한 렌즈 형태의 구조에 의해 세포의 안쪽에 위치한 엽록체에 빛이 쌓이게 되고, 또 잎 표면과 평행하게 배열됨으로써 빛을 흡수할 수 있는 표면적을 최대화하고 있는 것이다.

채광성 고사리류와 부처손속 식물들의 이러한 광선 흡수 능력은 내가

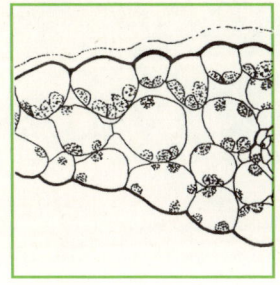  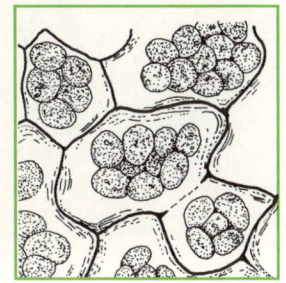

그림 89
테라토필룸 로툰디포리아툼(*Teratophyllum rotundifoliatum*) 잎의 확대 모습. 엽록체(음영이 진 부분)가 상표피 세포의 기부에 위치해 있다. 렌즈 형태의 세포 외벽에 의해 빛이 엽록체에 모인다. 잎의 횡단면(왼쪽과 가운데)과 종단면(오른쪽). Nasrullhaq-Boyce & Duckett(1991)

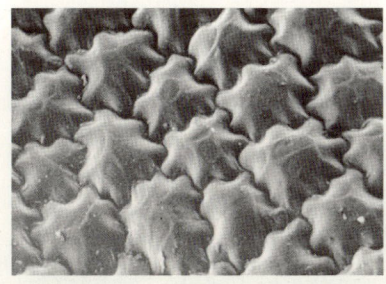 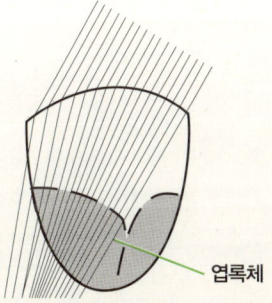

그림 90
왼쪽: 볼록한 형태를 띤 윌데노부처손(*Selaginella willdenowii*)의 표피세포; David Lee 촬영. 오른쪽: 레이트레이싱(ray-tracing; 광선 추적) 도표. 볼록렌즈 형태의 표피세포 외벽에 의해 더 많은 빛이 엽록체(음영이 진 부분)에 모이고 있다. Lee(1986)

파나마에서 트리코마네스 엘레강스(*Trichomanes elegans*)를 촬영하는 데 사용하려 했던 카메라에 비견될 수 있을 것 같다. 식물체의 상피층에 위치한 얇은 막은 카메라 렌즈의 코팅 같은 역할을 하여 특정 광선들을 반사하거나 흡수하는 역할을 한다. 볼록한 세포 외벽은 카메라 렌즈에 상응하는 기능을 하여 세포 안쪽으로 빛을 모아주는 역할을 수행한다. 그리고 초점이 맞는 중심부에 엽록체가 위치하여 사진 필름처럼 빛을 흡수하여 변환시키는 역할을 한다. 물론 이런 비유는 좀 과장된 것일지도 모르겠다. 내 카메라는 제대로 작동조치 하지 못했던 어두운 숲 속에서도 채광성 양치류와 부처손속 식물들은 별 탈 없이 잘 살아가고 있으니까 말이다.

19 인편은 어떤 구실을 할까

여느 때처럼 무더운 7월의 어느 여름날 오후, 일리노이 주 남부의 석회암 언덕에서 벌어진 일이다. 한 식물학자가 그의 친구와 함께 풀밭을 가로질러 나무가 우거진 능선 위쪽으로 터벅터벅 걸어 올라가는 중이었다. 그런데 노간주나무와 참나무가 그늘을 드리운 곳에 멈추어 잠시 휴식을 취하던 중, 우연히 부근 바위에 붙어 자라고 있는 비늘미역고사리(*Pleopeltis polypodioides*) 군락이 일행의 시선을 잡아끌게 되었다. 그 고사리들은 잎이 말리고 꼬여서 바짝 말라버린 상태였다. 잎조각 또한 끝부터 안쪽으로 말려서 흰색이 도는 인편들로 수북이 덮인 잎 뒷면을 그대로 드러내고 있었다. 한마디로 말해서 그 고사리들은 완전히 말라죽은 것처럼 보였는데, 마치 사후경직이라도 일으킨 양 형태가 심하게 뒤틀려 있었다. 화보사진 15

식물학자는 친구에게 이 같은 빈사 상태는 단지 일시적일 뿐이라고 이야기했다. 비가 내리기만 하면 이 말라비틀어진 고사리들은 불과 몇 시간 안에 다시 싱싱하고 푸른 잎들을 펼쳐서, 마치 숙련된 정원사가 그것을 줄곧 가꾸어 온 것처럼 보기 좋은 모습으로 돌아갈 것이다. 화보사진 14 하지만 비가 오기 전까지는 잎 표면의 수분 손실을 방지하기 위해서 저렇게 잎이 말린 상태로 남아 있을 것이라고 설명했다. 또한 잎 뒷면의 인편들그림 92 역시 수분이 빠져나가는 기공氣孔; stomata의 일부를 감싸줌으로써 건조를 억제하는 역할을 한다는 것이 그 식물학자의 주장이었다.

하지만 그날 오후 늦게, 식물학자는 잎이 말리는 원인에 대한 자신의 주장을 다시 생각해 보아야만 했다. 왜 구태여 잎 표면을 보호하자고 잎이 말린단 말인가? 잎의 표면에는 기공이 없으므로 급격한 수분 손실을 걱정할 필요가 없지 않을까? 한참 동안 혼자 고민하던 식물학자는 약간 곤혹스럽게 느끼면서도 조금 전 고사리의 잎이 말리는 원인에 대해 자신이 말했던 것이 틀렸을 수도 있다고 자기 친구에게 실토할 수밖에 없었다.

1920년대 초반, 식물생태학자인 루이 페생Louis Pessin 역시 이와 같은

그림 91
비늘미역고사리(*Pleopeltis polypodioides*)의 탈수 상태의 모습(왼쪽, Sam Wilkes 그림)과 완전히 복원된 모습(오른쪽, Haruto M. Fukuda 그림).

의문을 지니고 있었다. 페상은 당시 미시시피에서 일하고 있었는데, 그곳에서는 비늘미역고사리가 나무의 수간과 줄기, 특히 살아 있는 참나무류에 착생하여 자란다. 그는 건조기 동안 이 고사리들의 잎이 말리는 모습을 보았다. 잎에 인편이 빽빽하게 붙는 고사리들 중에는 이런 생태를 보이는 종류들이 많다는 사실을 익히 알고 있었던 페상은, 왜 이 고사리들이 잎의 뒷면을 감싸도록 말리지 않고, 그 반대로 뒷면을 드러내면서 말리는지 그 이유가 궁금해졌다. 해답을 찾기 위해서 그는 즉시 실험에 착수했다.

우선 그는 기공이 위치한 잎 뒷면이 앞면보다 수분 손실이 훨씬 더 심할 것이라는 자신의 추측을 검증하기로 하였다. 이를 위해 비늘미역고사리의 잎을 줄기에서 떼어낸 뒤 4장씩 한 그룹으로 묶어 4개의 실험군을 설정하였다. 그런 다음 1그룹의 잎들은 수분 증발을 막기 위해 바셀린을 잎 양면에 모두 발랐다. 2그룹의 잎들은 잎 표면만 바셀린을 발랐다. 반대로 3그룹의 잎들은 잎 뒷면만 바셀린을 발라주고, 4그룹의 잎들은 아무것도 바르지 않은 채로 그대로 두었다. 그다음 잎의 무게를 측정한 뒤 잎들을 건조기 속에 넣고 이후 1주일 동안 매일 잎들을 꺼내어 무게 변화의 추이를 측정하였다.

예상했던 대로 페상은 양면을 모두 코팅한 잎들이 수분 손실이 가장

그림 92
비늘미역고사리(*Pleopeltis polypodioides*)의 잎 뒷면. 물을 잎의 중간부로 전달하는 역할을 하는 인편들이 보인다. 인편의 어두운 부위는 부착점. 잎조각 가장자리의 큰 점들은 포자낭군.

적고, 전혀 코팅을 하지 않은 잎들이 수분 손실이 가장 많음을 확인하였다. 더욱 의미심장한 사실은, 표면만 코팅한 잎이 뒷면만 코팅한 잎에 비해 수분 손실이 두 배나 많았다는 것이었다. 이 점으로 미루어 볼 때, 표면을 안쪽으로 두고 잎이 말리는 것이 잎의 건조를 방지하는 역할을 별로 하지 못한다는 것을 알 수 있다.

이 실험을 통해 알게 된 또 한 가지 사실은, 이 고사리의 잎들이 수분이 거의 빠져나간 상태에서도 생명력을 유지한다는 것이었다. 그중에는 정상적인 수분 함유량보다 수분이 76%나 빠져나간 잎들도 있었는데, 이것은 8~12% 정도의 수분 손실만으로도 폐사해 버리는 대부분의 식물들과 견주어 볼 때 대단한 수치가 아닐 수 없다. (이후 식물학자들은 비늘미역고사리는 체내의 수분을 97%까지 상실하더라도 죽지 않는다는 것을 알게 되었다.) 비늘미역고사리는 세포 속의 유기분자들을 수화水化; hydrate시키는 데 사용하고, 잎 속의 남은 유리수遊離水; free water들을 모두 잃고서도 끄떡도 하지 않는다. 그 상태로 비가 다시 내릴 때까지 꿋꿋하게 버텨 내는 것이다. 이처럼 이 고사리의 세포는 극한의 건조상태도 견뎌 낼 수 있으므로, 잎이 말리는 것이 수분 손실을 방지하기 위한 것으로는 보기 힘들다. 그렇다면 수분이 빠져나갈 때 도대체 왜 잎을 안쪽으로 말아서 잎 뒷면을 노출시키는 것일까?

폐상은 잎의 뒷면을 드러내는 것은 잎에 수분을 재공급해 줄 빗방울을 받기 위한 것이라고 추정하였다. 뿌리는 수분 흡수 속도가 빠르지 않으므로 신속한 수분 재공급을 위해서는 그다지 효율적인 장치가 되지 못함을 이미 알고 있었기 때문이다. 이를 입증하기 위해 그는 수분이 빠져 말라버린 식물의 뿌리를 물속에 담가두었다. 이렇게 해도 식물이 소생하기는 하였지만, 그러는 데에는 며칠의 시간이 소요되었다. 이 방법은 잎을 물에 적셔준 뒤 습도가 높은 실내에 보관하는 것보다 훨씬 많은 시간이 걸렸다. 폐상은 잎의 뒷면이 수분을 흡수하리라는 그의 추측을 검증하기 위해 이번에는 앞에서 언급한 실험을 역순으로 다시 시행하였다. 네 그룹의 실험군들을 이번에는 항습기 속에 증류수를 넣고 그 위에 마른 잎들을 매달아 두는 식으로 다시 수화를 시킨 것이다. 이번 실험 역시 항습기에 넣기 전 각각의 잎의 무게를 측정하고, 1주일 동안 매일 무게 변화의 추이를 관찰하였다.

그 결과 페상(Pessin 1924, 1925)은 잎 뒷면을 코팅하지 않은 쪽이 코팅한 쪽보다 두 배나 빨리 수분을 흡수한다는 것을 발견하였다. 이것은 잎의 앞면이 아니라 뒷면을 통해 수화작용이 일어난다는 것을 말해 준다. 이 연구결과로 볼 때, 잎이 마르면서 뒷면을 노출시키는 것도 일리가 있는 것으로 보인다. 이렇게 함으로써 비가 온 뒤 잎이 다시 수화되는 것을 돕는 역할을 수행하는 것이다.

수분을 상실하면 오그라들어 말아버리는 고사리들 중 상당수가 수분이 공급될 때 원래 상태로 복원하는 속도가 매우 빠르다. 나 역시 에콰도르의 어느 건조한 계곡 지대로 채집 여행을 갔을 때 이를 경험하였다. 당시 식물 표본을 만들기 어려울 정도로 오그라든 고사리들을 몇 점 채집했는데, 플라스틱 백 속에 다른 식물들과 함께 넣고 밀봉해 둔 채 하룻밤이 지나고 보니 표본하기에 딱 좋을 정도로 푸르고 싱싱한 상태로 되돌아와 있는 것이 아닌가!

페상의 실험을 통해 비늘미역고사리에 대하여 다음과 같은 세 가지 사실이 입증되었다: 첫째, 주로 잎의 뒷면을 통해 수분이 빠져나간다는 것, 둘째, 극한의 건조 상태도 견뎌 낼 수 있다는 것, 셋째, 재수화再水化; rehydration 과정 동안 잎의 뒷면을 통해 신속하게 수분을 재흡수한다는 것이다. 이제 한 가지 의문만이 남게 되는데, 그렇다면 재수화 과정 동안 어떻게 수분이 잎 속으로 이동하는 것일까? 다른 육상식물들처럼 비늘미역고사리의 잎은 큐티클층이라고 부르는 물이 투과하지 못하는 얇은 막으로 덮여 있다. 이 얇은 막은 잎 내부의 물이 증발하지 못하도록 막아주는 구실을 한다. 하지만 이 장치가 내부의 물을 가두어 둘 수 있다고 한다면, 외부로부터 물이 유입되는 것 역시 차단할 것이 분명하다. 폐상 이후의 식물생리학자들은 수분이 큐티클층을 우회하여 잎의 뒷면에 있는 인편을 통해 흡수되는 것을 알게 되었다.(Müller et al. 1981, Stuart 1968) 각각의 인편은 두 개의 부분들로 구성되어 있다: 속이 빈 죽은 세포들로 이루어진 원반처럼 납작한 부위와, 4~8개의 살아 있는 세포들이 일렬로 배열되어 있는 줄기 부위가 바로 그것이다.그림 93 줄기 가장 하단의 세포는 잎의 중간 조직인 엽육葉肉 ; mesophyll과 맞닿아 있다. 잎이 젖게 되면 모세관 작용에 의해 인편의 원반처럼 생긴 부위의 죽은 세포 안으로 물이 빨려 들어간다. 일단 안으로 들어간 물은 줄기 부위의 살아 있는 세포가 흡수하여 이를 엽육의 세포들에게 공급한다. 이렇게 물이 투과하는 데 걸리는 시간은 고작 15분에 불과하다는 것이 실험에 의해 증명되었다. 이와 같은 수분 공급 과정을 통해 잎이 원래 형상대로 복원되는 것이다.

기능적인 측면에서 보면, 비늘미역고사리의 인편은 파인애플과(Bromeliaceae)에 속한 몇몇 식물들과 비슷한 역할을 한다. 그중 수염틸란드시아(*Tillandsia usneoides*)가 대표적인데, 이 식물은 지의류가 아닌 현화식물이다. 주로 걸프 해안지역 전역에서 서식하는 참나무류에 붙어 자라면서 미국 최남부지방의 전형적인 풍경을 연출하는 바로 그 식물이다. 이 식물은 식물체 전체가 서릿발 같은 은빛의 인편으로 덮여 있는데, 이 인편들은 대

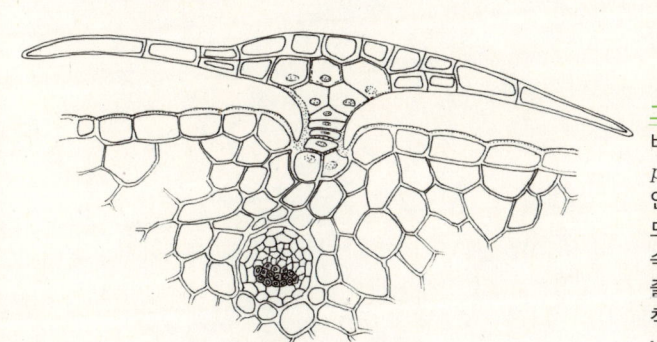

그림 93
비늘미역고사리(*Pleopeltis polypodioides*) 인편의 횡단면. 인편 속으로 수분이 이동하는 모습이 보인다. 상부의 세포는 속이 빈 죽은 세포인 데 비해 줄기 부위의 세포는 살아 있다. 척도는 50㎛(0.05㎜).
Müller et al.(1981)

기 중에서 수분을 흡수하여 식물이 필요로 하는 모든 물과 양분을 공급한다. 따라서 이 식물에는 뿌리기관이 없다. 이처럼 대기 중에서 직접 영양분을 흡수하기 때문에 수염틸란드시아는 전화선, 철조망이나 철망 등을 가리지 않고 어디든 붙어 자랄 수 있다. 하지만 수염틸란드시아와 비늘미역고사리 사이에는 한 가지 중요한 차이점이 있다: 즉, 수염틸란드시아의 잎은 다육엽질이기 때문에 건기에도 형태가 변하지 않는다는 것이다.

가뭄에 강한 양치류들을 연구함으로써 식물생리학자들은 세포막과 세포소기관이 얼마나 섬세하게 작용하는지, 또한 극도의 건조 상태도 견뎌낼 수 있을뿐더러 손상 없이 신속하게 복원될 수도 있는 광합성 기관이 존재한다는 점을 보다 더 잘 이해할 수 있게 되었다. 이러한 메커니즘이 생리학자들의 흥미를 끄는 이유는, 이들로부터 건조한 기후에서도 재배할 수 있는 신품종 작물을 개발하는 데 응용할 수 있는 잠재력이 있을 것으로 기대하기 때문이다. 이에 대한 연구 성과들은 해당 분야의 학술지에 꾸준히 기고되고 있지만, 안타깝게도 식물분류학자들은 이 정보들을 간과해 버리는 경우가 많다.

진작 내가 이 연구 성과들을 알았더라면 얼마나 좋았을까! 그랬더라면 그 무더웠던 7월 어느 날, 일리노이 주 남부의 석회암 언덕에서 겪어야 했던 그 창피스러운 순간도 모면할 수 있었을 텐데!

20 물부추의 생존전략

"찾았다!" 브리앙 소렐의 기쁨에 찬 외침 소리가 들려왔다.
"물부추를 찾았어."
"비슷하게 생겨먹은 다른 놈은 아닐 테지?"라고 내가 되물었다.
"잎의 단면을 자세히 보라고." 채집한 식물을 건네주며 그는 말했다.

6월 초순의 어느 날, 나는 덴마크의 오르후스대학교에서 수생식물 강의를 하는 뉴질랜드 출신의 브리앙과 함께 가슴장화를 신고 중부 유틀란트의 칼가르드Kalgaard 호수의 얼음장 같은 물속에 허리까지 잠긴 채 탐사를 하고 있었다. 우리는 수생식물의 가스 교환에 대한 연구를 하고 있던 브리앙 때문에 물부추를 채집하러 이곳으로 왔던 것이다. 나는 브리앙의 물부추 동정同定에 선뜻 확신을 하지 못하고 있었다. 그 이유는 호수에 사는 많은 수생식물들, 그중에서도 특히 리토렐라(*Littorella*)나 물꼬챙이골 등의 잎이 물부추와 매우 흡사했기 때문이다.

잠시 후 나는 브리앙이 건네준 식물을 세심하게 살펴보기 시작했는

216 · 양치식물의 적응력

그림 94
라쿠스트리스물부추 *Isoetes lacustris*. 왼쪽, 생육 형태. 오른쪽 위, 줄기에서 분리된 잎, 기부에 포자낭이 보인다. 오른쪽 아래, 기부의 확대 모습. 왼쪽의 종단면에서는 기방과 격막이 보인다. 오른쪽 삽화 윗부분의 횡단면에는 4개의 기방이 보인다; 기부에는 단일 포자낭이 위치해 있고, 포자낭 위쪽에는 설엽(혓조각; ligule)이라는 난형의 기관이 있다. 설엽의 기능은 아직 밝혀지지 않고 있다.

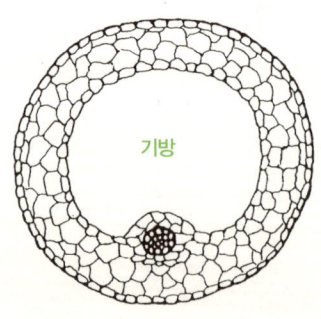

그림 95
라쿠스트리스물부추 *Isoetes lacustris*의 뿌리 횡단면. 중앙의 기방이 관다발로 둘러싸여 있다. 이러한 해부학적 구조는 석탄기의 인목(鱗木)과 동일하다.

데, 대부분의 식물들과는 달리 원통형의 잎이 끝으로 가면서 뾰족해지는 것을 확인할 수 있었다. 잎들은 짧고 뭉뚝한 줄기 위에 느슨한 로제트 유형을 이루고 있었고, 줄기 끝에는 아직도 붉은 진흙덩어리가 붙은 채로 흰빛이 도는 뿌리가 하늘거리고 있었다. 그중 잎 하나를 뜯어내어 잘린 단면을 들여다보니, 그 속에 4개의 기방氣房; air chamber들이 보였다. 과연 브리앙의 동정이 옳았던 것이다. 잎에 4개의 기방이 있는 식물로는 이 세상에서 물부추류(Isoetes)가 유일하다.그림 94

호수 위의 아침 안개가 걷히는 것을 보며 브리앙과 나는 계속해서 물부추를 찾았다. 우리 뒤로는 호기심 많은 논병아리 한 쌍이 계속 따라오고 있었다. 우리는 수생식물로 인하여 별다른 진로 방해를 받지 않은 채 모래와 자갈로 형성된 호수 바닥을 수월하게 헤치고 나아갔다. 깨끗한 수질, 사질 침전층, 식물들이 거의 자라지 않는 환경 등을 미루어 우리는 칼가르드 호수가 빈영양호貧營養湖 oligotrophic lake임을 익히 알고 있었다. 이런 종류의 호수에는 퇴적층의 영양분이 적고, 광합성에 필요한 수중 이산화탄소 함유량도 적은 법이다. 칼가르드 호수에 식물들이 거의 자라지 않는 것도 이런 이유에서이다. 영양분이 적은 탓에 식물들이 빽빽한 군락을 이룰 만큼 번성하기가 어려운 것이다. 하지만 칼가르드 호수뿐 아니라 여타 빈영양호에서도 물부추는 별 탈 없이 번성하고 있다. 때로는 물속에 깔아놓은 암녹색 카펫처럼 보일 정도로 퍼지기도 한다.

어떻게 물부추는 다른 식물들이 살기 힘들 정도로 영양이 빈약한 호수에서 번성할 수 있는 것일까? 이 의문의 답은, 물부추가 이산화탄소를 흡수하여 저장하는 방식에서 찾을 수 있을 것이다.

내가 들고 있는 식물을 가리키며 브리앙이 말했다. "기방이 보이지? 그것 때문에 잎 속에서 이산화탄소가 이동할 수 있지. 하지만 물부추는 정작 이산화탄소를 흡수하는 것은 잎이 아니라 뿌리기관이거든. 물부추는 이산화탄소를 얻는 방식이 다른 식물과는 완전히 다르다네."

나는 육지식물들은 이산화탄소를 잎에 있는 기공을 통해서 흡수하고, 수생식물들은 잎이나 줄기를 통해 수중으로부터(주로 중탄산염의 형태로, HCO_3^-) 직접 흡수한다는 것을 알고 있었다. 그런데 물부추는 뿌리를 통해 침전층 속의 이산화탄소를 흡수한다니, 이 얼마나 희한한 일인가? 브리앙에 의하면, 물부추는 이 방법에 의해 식물체가 필요로 하는 탄소의 70~100%를 공급받는다고 하는데, 이것은 과연 탁월한 전략인 것으로 보인다. 수중 토양 속 간극수間隙水; interstitial water 속에는 호수 상층부의 물보다 5~100배나 많은 이산화탄소가 녹아 있기 때문이다. 이 풍부하게 저장된 이산화탄소를 이용함으로써 물부추는 다른 식물들과 성공적으로 경쟁할 수 있는 것이다.

브리앙과 나는 플라스틱 백 하나 가득 물부추를 채워 가지고 서둘러 대학 연구실로 돌아왔다. 연구실에 도착한 뒤 우리는 면도날로 물부추의 뿌리와 잎을 얇게 썰어 현미경 관찰을 실시했다. 현미경을 통해 우리는 이 식물의 독특한 해부학적 구조를 확인할 수 있었다. 뿌리기관의 중앙에는 커다란 기방이 위치해 있고, 그 주위를 관다발이 둘러싸고 있었다.그림 95 이것은 3억4,500만 년~2억8,000만 년 이전의 석탄기에 번성하던 인목과 동일한 구조라고 할 수 있다.(Stewart 1947) 지금은 멸종하고 없는 이 화석식물과 물부추와의 유연관계를 추정하는 이유들 중 하나가 바로 이 때문이다.

현미경을 통해 잎의 단면을 관찰한 결과, 역시 물부추에는 기공이 없다는 것을 확인하였다. 물론 수중의 토양으로부터 직접 이산화탄소를 흡수하는 물부추는 기공이 필요 없을 것이다(하지만 물부추류 중에서도 계절에 따른 수위水位 변화 때문에 연중 일정 기간은 대기 중에서 이산화탄소를 흡수해야 하는 환경에서 자생하는 종들은 기공을 가지고 있다). 하지만 무엇보다도 물부추 잎의 횡단면에서 가장 두드러지게 보이는 특징은 단면적의

70~80%를 차지하는 큼직한 4개의 기방들이다. 나머지 부분은 녹색의 단단한 광합성 조직으로 이루어져 있다.

뿌리와 잎 속의 기방들은 이산화탄소를 운반하는 도관導管; conduit 역할을 한다. 토양으로부터 뿌리 표면을 통해 흡수된 이산화탄소는 뿌리의 기방을 거쳐 잎으로 이동한다. 잎에 도달한 이산화탄소는 기방을 가로질러가는 과정에서 기방을 둘러싸고 있는 광합성 조직에 의해 흡수된다.(Boston 1986, Madsen 1987, Wium-Andersen 1971)

그런데 잎의 기방을 통과하는 이산화탄소는 기방 속에 있는 수많은 격막들에게 가로막히지 않을까? 잎 표면에 5~10mm 간격으로 난 하얀색의 가로 줄무늬로 보이는 그림 94 격막들은 잎의 강도를 보강하고 기방이 파손될 경우 물의 침입을 막는 기능을 한다. 하지만 격막을 현미경으로 검사한 브리앙은 그 표면에 무수한 구멍들이 나 있음을 확인하였다.

"이런 종류의 구멍은 다른 수생식물들의 격막에서도 볼 수 있지."라고 브리앙이 말했다. "그러므로 물부추에서 이것이 보인다 해도 하나도 놀랄 일은 아니라네. 격막에 구멍이 나 있기 때문에 이산화탄소가 이동하는 데 아무런 지장을 받지 않으니까."

하지만 기방을 통해 이동하는 것은 이산화탄소뿐만이 아니다. 광합성 과정에서 발생한 산소도 기방을 지나가기 마련이다. 그런데 산소는 이산화탄소와는 반대 방향으로 이동한다. 즉, 산소는 잎에서 생성되어 뿌리를 통해 주변의 토양으로 배출되는데, 일단 토양에 도달한 산소는 철분과 결합하여 뿌리 주변에 황토색의 산화역酸化域 oxidized zone을 형성한다.(Tessenow & Baynes 1975, 1978) 브리앙이 내게 건네준 물부추의 뿌리에 묻어 있던 황토색 진흙이 바로 그것이었다. 근구根銶 rhizosphere으로 알려져 있는 이 산화역 속에서만 번식하는 균류와 박테리아들도 있는데, 이들은 산소가 부족한 호수의 여타 토양 속에서는 살 수가 없다.

물부추의 현미경 검사를 통해서 우리는 물부추가 호수의 수중 토양 속의 이산화탄소를 흡수하기 위해 얼마나 훌륭하게 적응하고 있는지를 확인할 수 있었다. 하지만 현미경으로는 물부추의 크래슐산 대사(crassulacean acid metabolism; CAM으로 더 잘 알려져 있음.)를 확인할 수는 없었는데, CAM은 물부추가 빈영양호에서도 잘 살아갈 수 있는 또 다른 비결이라 할 수 있다.(Keeley 1981~1998)

물부추의 CAM은 1979년 로스앤젤레스 옥시덴탈 칼리지Occidental College의 생태학자인 존 킬리Jon Keeley가 최초로 발견하였다. 그때까지는 CAM은 주로 선인장이나 돌나물류(돌나물과 Crassulaceae에서 크래슐산 대사가 처음으로 확인됨) 같은 사막식물에서만 발견되고 있었기 때문에 이 발견은 당시 생태학계에 커다란 놀라움을 가져다주었다. 사막식물들의 경우에는 수분 손실을 방지하기 위한 적응전략으로 CAM이 발달하였다. 하지만 물부추의 경우 이와 동일한 방식으로 설명하기는 어렵다. 수생식물이 왜 수분 유지가 필요하단 말인가? 이 의문에 대하여 킬리와 그의 동료들은 자신들이 해답을 발견한 것으로 믿고 있다.

대개의 식물들은 기공이 열려 있는 낮 시간 동안 이산화탄소를 흡수하여 광합성을 한다. 밤이 되어 광합성이 중단되면 기공을 닫아 이산화탄소 흡수가 중지된다. CAM의 이점은 바로 밤에도 이산화탄소를 흡수할 수 있도록 한다는 것이다. 하지만 이렇게 흡수된 이산화탄소는 광합성을 촉진할 햇빛이 없으므로 당장 사용하기는 불가능하다. 그래서 CAM에서는 이산화탄소를 유기분자와 합성시켜 능금산malic acid이라는 유기산의 형태로 이를 저장한다. 사과나 감귤류 식물의 신맛을 내는 물질이 바로 그것이다. 낮이 되면 능금산은 분해되어 그 속의 이산화탄소를 광합성에 사용할 수 있도록 한다.

이러한 우회 방식은 사막식물들의 경우에는 기온이 상대적으로 낮고 수분 증발도가 낮은 야간에 기공을 열어 이산화탄소를 흡수함으로써 수분 손실을 최소화할 수 있다는 이점이 있다. 하지만 CAM을 통해 물부추가 얻는 이득은 이와는 다르다. 물부추는 CAM대사를 함으로써 CAM대사를 하지 않는 여타 수생식물들이 낮에만 광합성을 할 수 있는 것과는 달리, 밤낮으로 이산화탄소를 축적할 시간을 늘릴 수 있는 것이다. 더욱이 CAM에 의해서라면 세포 호흡 cellular respiration 으로 식물체 내부에 생성되는 이산화탄소를 광합성 과정에 재활용하는 것도 가능해진다.

좀 역설적으로 들릴지 모르겠는데, 물부추는 영양분과 이산화탄소가 부영양화 된 호수에서도 잘 살아갈 수 있다. 실제로 영양 공급이 좋은 상태로 재배하는 물부추는 빈영양화 된 호수처럼 척박한 환경에서 재배하는 것보다 훨씬 생육 상태가 좋다. 그렇다면 왜 물부추는 부영양호보다 빈영양호를 선호하는 것일까? 그 주된 원인은 환경이 좋은 곳에서는 다른 식물들과 햇빛을 받기 위한 경쟁을 해야 하기 때문일 것이다. 부영양호에서는 물부추보다 빨리 크게 자라는 식물들이나 수중의 플랑크톤으로 인해 햇빛이 가려져 버린다. 또한 조류藻類나 해면, 규조류 등이 물부추의 잎에 서식하여 햇빛을 차단하는 것이 더 큰 문제가 되기도 한다.화보사진 3 따라서 경쟁에서 밀린 물부추는 도태될 수밖에 없는데, 이런 이유 때문에 생육 환경이 좋은 곳에서는 물부추를 찾아보기가 힘들다.(Sand-Jensen & Søndergaard 1981, Sand-Jensen & Borum 1984)

그날의 연구를 마치고 나서 나는 물부추의 서식지가 빈영양호로 국한될 수밖에 없는 여러 가지 복잡한 요인들에 대하여 새로이 인식할 수 있게 되었다. 확실히 물부추는 척박한 환경에서 생존할 수 있도록 뿌리기관을 통해 이산화탄소를 흡수한다든가 CAM 광합성을 하는 등의 독특한 생존전략을 보유하고 있다. 하지만 다른 수생식물들과의 경쟁만 피할 수 있다면 물부추는 환경이 좋은 곳에서도 얼마든지 번성할 수 있는 것이다.

21 독살자 고사리

미주리식물원의 한쪽 구석의 참나무와 사사프라스나무(sassafras)가 우거진 숲 속에는 1859년 이 식물원을 창시한 헨리 쇼Henry Shaw의 묘가 있나. 이 곳에는 주로 맥문동과 아이비 그리고 줄사철나무 같은 식물들이 지피식물地被植物도 자라고 있고, 한쪽에는 고사리(*Pteridium aquilinum* var. *latiusculum*)그림 96, 97 군락도 무성하게 번성하고 있다. 이 고사리 군락은 1910년 원예가 조지 프링George Pring이 심은 단 한 포기의 뿌리줄기로부터 시작하여 퍼져 나간 것이다.(Pring 1964) 예전에는 1941년 트리온이 분류한 대로 이 고사리를 1종 12변종으로 처리하였다. 하지만 근래에 들어서 필자를 비롯한 대부분의 양치식물 분류학자들은 그가 변종으로 처리한 종들 중 상당수는 종의 지위로 격상해야 한다고 보고 있다. 왜냐하면 이들은 형태학적인 차이가 분명하고, 간혹 서로 교잡을 하여 불임성 포자를 지닌 잡종이 생겨나기 때문이다. 그 이후로 이 군락은 마치 악성 종양처럼 퍼져 나가 이

---

*이 장에서 사용되는 '고사리braken'라는 용어는 우리가 흔히 나물로 먹는 '고사리'로 학명은 *Pteridium aquilinum* var. *latiusculum* 이다.—옮긴이주

그림 96
고사리(*Pteridium aquilinum* var. *latiusculum*), 위스콘신 북부(위).
카우다툼고사리(*P. caudatum*), 플로리다 남부(아래).

숲의 서쪽 지역을 거의 다 점령해 버리고 말았다. 반면에 고사리의 크고 무성한 잎에 가려 햇빛이 차단된 소형 지피식물들은 이 과정에서 점차 도태되어 사라져 버렸다. 그래서 이곳에서는 주기적으로 고사리(*Pteridium aquilinum* var. *latiusculum*)들을 제거하여 그 아래 살고 있는 다른 지피식물들에게 햇빛이 들도록 조경작업을 해주고 있기는 하다. 그렇지만 지하 깊숙이 파고들어간 이 고사리의 근경을 제거하는 것이 그다지 쉬운 일은 아니기 때문에 이 작업은 지루하고도 고달픈 중노동이 되고 있다. 이곳뿐만 아니라 세계 어느 곳에서나 고사리는 왕성한 번식력을 보이고 있다. 오히려 왜 아직까지 이 잡초가 전 세계를 정복하지 못했는지 의문이 생길 정도이다.^{그림 98}

다행스럽게도 이렇게 공격적인 고사리라 할지라도 야생에서는 고사리를 먹어치우는 천적들에 의해 견제를 받는다. 소, 말, 양과 같은 가축들도 고사리를 잘 먹는데, 그 중에서도 특히 고사리의 부드러운 새순을 애호한다.^{그림 99} 심지어는 사람들도 고사리의 새순을 즐겨 먹는다. 한국과 일본에서는 이 고사리의 새순을 나물로 조리해서 먹고 있으며, 소금 간을 한 튀김을 술안주로 내놓기도 한다.(Hodge 1973) 1969년 일본에서는 고사리 새순에 대한 수요가 너무 많아서 이를 시베리아에서 수입해야 했을 정도다. 미국에서는 로스앤젤레스 지역의 한국계 주민들 중에 봄에 고사리의 새순을 뜯는 사람들이 많다. 뜯어온 새순은 하룻밤 찬물에 담갔다가 이를 삶아서 다시 불리고 씻는 과정을 거친 다음 양파, 마늘, 간장, 참기름을 넣고 함께 무쳐 먹는다. 이를 접시에 담아 놓으면 갈색의 가는 국수 면발처럼 보이는데, 마치 아스파라거스와 비슷한 맛이 난다. 인근의 샌버나디노 국유림에서는 고사리 새순을 뜯는 사람들이 너무 많아져서 1981년부터 산림청에서 채취허가증을 발급하고 채취 장소도 규제해야만 했다. 매년 1,500명 가량의 사람들이 채취 허가를 신청하는데, 이 사람들이 채취하는 새순의 양은 거의 7,200kg에 이른다. 말린 고사리 새순은 아시아계 식료품점에서 파운드당

그림 97
고사리의 포자낭군은 잎 가장자리를 따라 붙는데, 가장자리는 안쪽으로 말려 어린 포자들을 보호하는 역할을 한다. 포자낭이 성숙하면 가장자리가 다시 펴진다.

그림 98
고사리의 새순. 식용 가능하나 장기간 다량 섭취하면 암을 유발할 수도 있다.

그림 99
고사리는 땅속으로 깊고 길게 뻗는 지하경을 통해 넓은 군락을 형성한다.

6달러 정도에 판매되고 있다. 다만 고사리는 맛이 좋기는 하지만, 위암과의 연관성을 의심받고 있기도 하므로 장기간 복용하는 것은 삼가야 할 것 같다.

그런데 고사리를 먹어치우는 포유류들보다 더 위협적인 고사리의 천적은 바로 곤충들이다. 전 세계적으로 100종 이상의 곤충들이 고사리(*Pteridium aquilinum var. latiusculum*)를 먹이로 삼고 있다. 그중 대부분이 고사리만을 주식으로 하는 종들로서, 고사리의 모든 부위들이 곤충들의 공격에 노출되어 있는 것으로 보인다. 이렇게 천적이 많은데도 불구하고, 도대체 어떻게 고사리가 이처럼 번성할 수 있는 것일까? 그것은 바로 고사리가 천적들에 대항하여 독을 사용하고 있기 때문이다. 고사리의 세포조직은 자신을 먹으려는 생물체들을 죽이거나 억제할 정도로 강력한 화학물질들로 채워져 있다.

고사리가 보유하고 있는 독 중에서 가장 무서운 것은 탈피호르몬 ecdysone이라는 것인데, 이것은 곤충의 탈피를 촉진하는 호르몬이다. 고사리는 다른 어떤 식물들보다도 이 종류의 호르몬을 많이 생성한다. 심지어는 배우자체에도 이 호르몬이 함유되어 있을 정도이다. 곤충의 몸속에 탈피호르몬이 들어가면 정상적인 성장에 교란을 일으키는데, 주로 신진대사에 과도한 자극을 주어 무차별적인 탈피가 일어나게 된다. 따라서 이에 감염된 곤충은 조만간 죽음을 맞이할 수밖에 없다.

탈피호르몬의 무서움을 보여주는 흥미로운 실례를, 서기 100년경 로마군이 영국에 세웠던 하드리아누스 성벽의 발굴 현장에서 찾아볼 수 있다. 당시 로마군은 고사리, 밀짚, 나뭇가지, 선태류 등을 한데 섞어 마구간의 두엄으로 사용하였다. 이들 중 주로 고사리를 두엄으로 깔았던 한 곳의 마구간에서 무려 25만 개에 이르는 침파리(*Stomoxys calcitrans*)의 번데기가 함께 출토되었다. 그런데 곤충학자들이 이 번데기들을 조사해 보니, 거의 모든 개체들이 성장이 억제된 상태였다는 사실을 알게 되었다. 그 원인에 대해서는 아마 침파리의 유충들이 두엄으로 깐 고사리를 먹고서 정상적인 성장에 장애가 발생하였을 것이라는 이론이 가장 신빙성이 있어 보인다. (고사리는 현재에도 두엄으로 사용되고 있다. 수분 흡수나 단열 면에서 짚보다 훨씬 더 뛰어날 뿐 아니라 질소 함유량도 더 많기 때문이다.)

고사리는 탈피호르몬 외에도 티아민 분해효소^{thiaminase}를 만들어낸다. 고사리를 장기간 섭취한 가축들은 비타민 B_1^{티아민} 결핍증을 일으키는 경우가 많다. 이 병은 쌀쌀한 초봄, 날씨에 구애받지 않는 고사리들만 제외하고는 여타 목초들의 생장이 둔화되는 시기에 주로 발생한다. 이 시기에는 고사리의 어린잎이 꼿꼿이 서서 다른 풀들보다 높이 자라므로 가축들의 시선을 끌기 마련이다. 유감스럽게도 고사리의 티아민 분해효소는 새순일 시기에 함유량이 가장 많다(잎이 펼쳐지고 나면 급격히 감소해 버린다). 자동차가 일상화되기 전 영국에서는 고사리로 인한 말들의 비타민 결핍증이 어찌나 만연했던지, 이를 '고사리 어지럼증$^{bracken\ staggers}$'이라고 부를 정도였다. 고사리에 중독된 말들에게서 가장 현저하게 나타나는 증세는 말들이 비틀거리며 옆으로 두세 걸음을 옮긴 뒤 다리를 넓게 벌려 간신히 균형을 잡는 것이었다. 이외에도 출혈, 눈꺼풀 안쪽의 염증, 발열, 과도한 맥박, 심한 근육 경련 등을 이 중독증의 증세로 꼽을 수 있다. 중독이 된 이후에도 계속해서 고사리를 섭취한 가축들은 종래에는 심한 발작을 일으켰다. 『세상의 모든 동물들(All Creatures Great and Small)』이라는 책을 지은 영국의 수의사 제임스 헤리엇$^{James\ Herriot}$도 종종 고사리를 먹고 중독된 가축을 치료하러 왕진을 나가야만 했다고 한다.

이외에도 고사리가 만들어내는 독 중에는 시안화수소$^{hydrogen\ cyanide}$도 있다. 식물체의 조직 안에 완성된 상태로 비축되어 있는 탈피호르몬이나 티아민 분해효소와는 달리, 시안화수소는 곤충들의 공격에 반응하여 즉석에서 생성된다는 점에서 차이가 있다. 곤충의 아래턱이 식물체 속에 파고드는 순간 손상을 입은 조직에서 효소가 방출되어 식물체의 조직 속에 들어 있는

프루나신prunasin을 분해하는데, 이 작용에 의해 시안화수소가 생성되어 식물체를 공격한 곤충을 죽이거나 퇴치하게 된다.

고사리는 프루나신의 생성작용을 수시로 조절함으로써 임의적으로 시안화물을 만들어낼 수 있다.(Cooper-Driver 1985, 1990, Cooper-Driver & Swain 1976) 시안화물의 생산량은 식물체의 연령이나 생육 환경과 관련이 있는데, 일반적으로 어린잎이나 그늘에서 자란 잎들이 시안화물 생산성이 높은 편이다. 하지만 이러한 프루나신 생성의 변환 능력이 구체적으로 곤충을 퇴치하는 데 어떤 역할을 하는지에 대해서는 아직 밝혀진 바가 없다.

시안화물을 생성하는 식물들이 얼마나 효과적인 살충제로 사용될 수 있는지 곤충학 분야의 실례를 들어 보고자 한다. 지금처럼 화학약품회사로부터 쉽사리 시안화수소를 구입할 수 없었던 옛날, 곤충학자들은 살충병 속에 벚나무 잎을 으깨어 채워 넣었다. 벚나무 잎을 으깨어 병 속에 넣어두면, 몇 분 이내에 그 병 속에 집어넣은 곤충들을 죽일 정도로 충분한 농도의 시안화수소가 생성되었던 것이다. (프루나신prunasin이라는 명칭도 벚나무속을 지칭하는 *Prunus*에서 비롯되었다. 벚나무류의 잎을 으깨거나 수피를 벗기면 시안화수소의 냄새를 맡을 수 있다. 시안화수소는 볶은 아몬드와 비슷한 냄새가 난다.)

하지만 고사리가 보유한 독들 중에서도 가장 많이 생성되는 것은 단연코 타닌tanin이라고 할 수 있는데, 타닌은 쓴맛을 내어 고사리를 먹는 천적들을 억제시킨다. 그저 맛이 나쁠 뿐만 아니라 다량 섭취할 경우 타닌 역시 유독성이 있다. 바로 타닌이 생명체의 에너지를 만드는 데 필요한 화학반응을 제어하는 세포 효소를 교란하는 작용을 하기 때문이다. 이와 같은 효소는 대부분의 생명체들이 공통적으로 보유하고 있기 때문에 타닌은 다양한 적들에 대한 효과적인 방어수단으로 사용되는 것이다.

사람들에게는 다행스러운 일이지만, 고사리가 함유한 타닌과 티아민 분해효소는 조리 과정에서 대부분 제거된다. 그렇다고 하더라도 고사리를 지나치게 많이 섭취하는 것은 위험할 수도 있다. 고사리의 새순을 식용하는 일본과 영국에서는 위암 발생 빈도가 다른 곳보다 훨씬 더 높다는 연구 결과도 나와 있다. 또한 동물 실험을 통해서도 고사리가 발암성이 있음이 확인되었다. 쥐, 소, 메추라기, 모르모트, 양 등의 동물에게 다량의 고사리를 먹인 결과 모두 암이 발생한 사례도 있다고 한다. 또한 실험동물들에게 고사리의 포자를 먹였을 때도 마찬가지로 암에 걸렸다는 보고도 있다.(Sima´n et al. 1999) 이 실험 결과에 의거하여 생화학자들은 고사리 속에 들어 있을 활성 발암물질을 찾기 시작했는데, 1986년 일본의 학자들이 유력한 용의자로 보이는 분자를 추출해 내는 데 성공하여 이를 프타퀼로시드^{ptaquiloside}로 명명하였다.(고사리의 생태에 관한 다양한 문헌들은 Perring & Gardiner 1976, Thompson & Smith 1990 참조)

나는 헨리 쇼 묘지 부근의 고사리 군락을 바라보면서 이 푸른 식물로부터 무자비한 독초의 이미지를 떠올리기란 그다지 쉬운 일은 아니었다. 그곳의 숲은 너무나 평화롭고 목가적인 분위기가 충만했기 때문이리라. 하지만 그렇다고 세계 각지에서 고사리가 성공적으로 번성하고 있는 사실을 결코 우연으로 보아 넘겨서도 곤란할 것이다. 고사리야말로 다름 아닌 양치식물 세계의 루크레치아 보르지아$^{Lucrezia\ Borgia}$ *옮긴이주인 것이다.

---

*옮긴이주

16세기 이탈리아 르네상스시대의 명망가 보르지아가의 여인으로, 당대의 독부로 악명이 높았다. 하지만 그녀의 역사적 평가에 대해서는 여러 가지 상충된 견해들이 존재한다.

22 불가사의한 나선 '스피라 미라빌리스'

나선형을 띤 양치류의 새순을 바라보노라면 저절로 경이감에 사로잡히게 된다. 마치 금방이라도 풀릴 듯 팽팽하게 감긴 시계 태엽 같은 매끈한 생김새는 불규칙적인 무정형성을 보여주는 주변 환경과 강렬한 대비를 이룬다. 안쪽으로 차곡차곡 말려가면서 점차 가늘어지는 중축의 끝에는 어린 순이 생겨나 나선형의 중심부에 안전하게 포개져 있다.^{그림 100} 만일 잎이 여러 조각으로 된 종이라면, 잎조각 역시 잎의 주축을 따라 안쪽으로 말리면서 독자적인 나선형을 만든다.^{그림 101} 이렇게 생긴 나선형은 그 형태가 너무나 우아하고 아름다워서 대부분의 사람들에게 고사리 하면 바로 이 나선형의 새순을 떠올릴 정도이다. 그렇지만 나선형의 새순 속에 숨겨져 있는 경이로운 수학적 특성에 대해 알고 있는 사람들은 그리 많지 않은데, 양치류의 나선형 구조는 자연계에서 널리 알려져 있는 두 가지 유형의 나선 중 하나를 대변하고 있다.

그중 첫 번째 나선은 균등 나선, 또는 이를 최초로 기재한 그리스의 철학자이자 수학자인 아르키메데스의 이름을 따서 아르키메데스 나선이라고 부른다. 선원들이 배의 갑판에서 로프를 감는 것을 생각하면 이 유형의 나선구조를 쉽게 이해할 수 있다. 즉, 로프의 두께가 균일하기 때문에 각각의 나선부는 앞뒤의 나선부들과 너비가 동일하다. 그림 102는 이 나선을 수학적 도형으로 표현한 것이다. 나선부가 중첩될수록 원에 가까워지고, 중심부에서 그은 사선과 만나는 지점의 교차각이 90°에 가까워진다.

두 번째 유형의 나선은 고사리의 새순에서 볼 수 있는 바로 그것인데, 등각^{等角}; equiangular 나선이라고 한다. 프랑스의 철학자이자 수학자인 르네 데카르트가 1638년 이를 최초로 발견했다. 그는 각 나선부의 너비가 동일한 아르키메데스 나선과는 달리, 나선부의 너비가 점차 증가하여 반지름이 원주와 만나는 지점의 교차각이 항상 일정한 등각 나선을 구상하였다.(그림 103 Cook 1914, Thompson 1942) 바깥쪽으로 나선이 진행함에 따라 각각의 나선부는 이전 나선부보다 점차 너비가 넓어진다. 고사리들의 새순 역시 중축의

그림 100
에콰도르 서부에 자생하는 스티그마톱테리스 이크티오스마(*Stigmatopteris ichthiosma*)의 새순.

그림 101
코스타리카에 자생하는 데쿠사타처녀고사리(*Thelypteris decussata*)의 새순. 잎조각 역시 소형의 나선형을 이루고 있다.

photo by Jens Bittner

너비가 일정한 비율로 증가하기 때문에 이러한 나선형을 띠고 있다.

등각 나선에는 몇 가지 놀랄 만한 수학적 특성들이 숨어 있다. 등각 나선을 로그 나선logarithmic spiral이라고도 하는데, 이는 축 주변의 벡터 각vector angle이 연속되는 반지름들의 로그에 비례하기 때문이다. 등각 나선은 축에서 동일한 각도로 이어지는 반지름의 크기가 기하급수적으로 변하기 때문에 기하학적 나선geometrical spiral으로 부르기도 한다. 1700년대 초반 영국의 천문학자이자 수학자인 에드문드 핼리Edmund Halley; 핼리혜성으로 유명함는 이 나선의 반지름이 다음 나선부와 만나는 지점까지의 거리가 지속적인 비율로 증가하는 점을 들어 이를 비례 나선proportional spiral이라고 불렀다. 그림 103 이 나선은 곡선의 특성을 아마도 시각적으로 가장 강렬하게 보여준다고 할 수 있을 것이다. 바깥쪽의 보다 큰 나선부는 동일한 형태의 안쪽 나선부가 확대된 모습이다. 이렇게 상호 연관관계가 있는 수학적 특성 때문에 스위스의 유명한 수학자 야곱 베르누이Jakob Bernoulli, 1645~1705는 등각 나선을 스피라 미라빌리스(spira mirabilis)-'불가사의한 나선'이라고 불렀다.

'스피라 미라빌리스'는 자연계 이곳저곳에서 나타나는데, 때로는 전

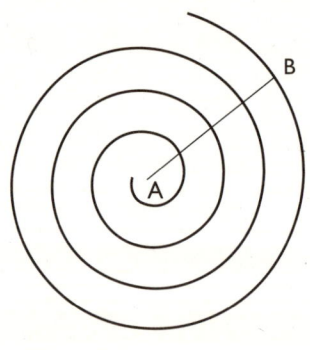

그림 102
아르키메데스 나선(균등 나선); 반지름 A B가 다양한 각도로 나선부를 분할하고 있다. 교차각은 점차 90°에 가까워진다.

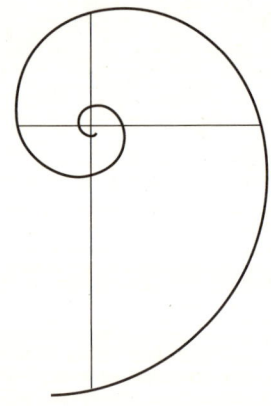

그림 103
등각 나선; 반지름과 나선의 교차각은 항상 일정하다.

혀 예상치 못한 곳에서 보이기도 한다. 주로 앵무조개, 암모나이트, 유공충 (有孔蟲)의 껍데기에서 볼 수 있으며, 식물세계에서는 화서(花序, 꽃차례)가 한쪽 방향으로 일정한 각도를 이루며 계속 갈라지는 안목상취산화서scorpioid cyme를 지닌 식물들에서도 '스피라 미라빌리스'를 찾아볼 수 있다. 해바라기, 서양지치(borage), 또는 물망초 등이 그 예이다. 곤충들이 빛을 향해 날아가는 모습을 보더라도 그냥 일직선을 그리며 날아가는 것이 아니라 나선을 그리며 비행하는 모습을 관찰할 수 있다. 이밖에도 나선의 축을 3차원적으로 보아 원뿔형 나선구조를 생각한다면, 숫양의 뿔, 복족류(腹足類; gastropod)의 껍데기, 고양이의 발톱, 비버의 이빨, 식물의 덩굴손 등 등각나선의 사례는 무궁무진하다. 이러한 사례에서 보듯이, '스피라 미라빌리스'는 소재의 성질에 구애를 받지 않고 자연계 전역에 퍼져 있다고 할 수 있다. 그렇다면 과연 어떤 작용으로 나선구조가 형성될 수 있는 것일까?

그 해답은 안쪽 면과 바깥쪽 면의 차등 생장에서 찾을 수 있다. 한쪽 면의 성장이 반대편보다 빨라지면 자동적으로 말림 현상이 발생하는 것이다. 이러한 차등 성장은 갑각류의 껍질, 뼈, 털, 살, 식물조직 등 재료를 가리지 않고 일어난다. 고사리 새순의 경우, 바깥쪽(말리는 중심축으로부터 먼 쪽)의 세포들이 안쪽보다 길게 늘어나기 때문에 차등 생장이 생겨나는데, 차등 생장이 지속되는 한 나선형의 모양이 그대로 유지된다. 하지만 안쪽 세포가 길게 자라 점차 안쪽보다 높이가 낮아지는 바깥쪽 세포와 길이가 같아지면 새순이 꼿꼿하게 펴지게 된다. 식물학자들은 이러한 차등 생장을 설명하는 데 있어 하장만곡下長彎曲; hyponastic curvature (아래쪽 세포가 더 확장하는 경우), 상장만곡上長彎曲; epinastic curvature (위쪽 세포가 더 확장하는 경우) 같은 난해한 전문용어를 사용하고 있다.

이렇게 세포들이 확장하도록 자극을 주는 것은 아마도 (하나 이상의) 생물의 유전자일 것이다. 관련된 유전자가 어느 한쪽 면에서만 발현될 때 만곡 현상이 발생한다. 하지만 이 유전자들은 세포 확장의 시기가 차등화되도록 자극을 줄 뿐 새순의 최종 형태를 결정하지는 않는다.

고사리 세계에서는 또 다른 형태의 말림coiling 현상을 보여주는 실례들이 있다. 2개 속의 덩굴성 양치류–실고사리속(*Lygodium*)과 살피클라에나속(*Salpichlaena*)의 경우, 주맥의 안쪽 면과 바깥쪽 면의 세포들이 차등 생장을 함으로써 우축이 나선형으로 꼬이면서 자란다. 이 양치류들은 주변에 있는 나무들의 가지를 감고 올라가면서 잎이 햇빛을 받을 수 있는 곳까지 자라난다. 현화식물의 덩굴손 역시 이런 식의 차등 생장에 의해 나선형으로 말린다.

말림 현상은 세포의 확장이 아닌 수축에 의해 생겨나기도 한다. 미국 남동부와 남아메리카에서 흔히 볼 수 있는 비늘미역고사리(*Pleopeltis polypodioides*)화보사진 14, 15는 수분을 잃으면 잎이 안쪽으로 말려서 'C' 자 또는 'J' 자 모양이 된다. 이 식물은 수분이 빠져나가면 잎 표면의 세포가 뒷면보다 더 많이 수축하기 때문에 잎이 안쪽으로 말리는 것이다. 잎에 수분이 공급되면 표면의 세포가 다시 확장되어 잎이 원래의 모양으로 되돌아온다. 텍사스와 뉴멕시코, 멕시코 남부의 건조한 삼림지대에 서식하는 바위손(*Selaginella lepidophylla*) 역시 마찬가지이다. 이 식물은 수분이 부족하면 잎이 공처럼 둥글게 말렸다가 수분을 흡수하면 납작한 로제트 모양으로 잎을 펼치기 때문에 원예업계에서 인기가 높다. 잎이 펴지고 말리는 것은 식물의 세포막에 수분이 들어오거나 빠져나가는 데 따라 순전히 기계적인 반응으

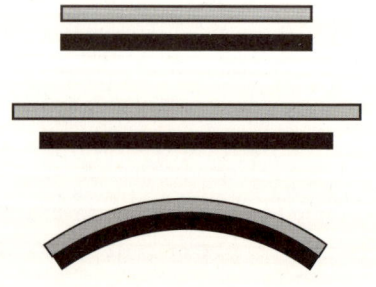

그림 104
온도조절기의 작동 원리를 통해 차등 생장에 의한 만곡 현상을 볼 수 있다. 동일한 길이의 동판과 철판(위)을 붙여 열을 가하면(가운데) 동판이 철판보다 더 많이 팽창한다. 이로 인해 철판 쪽으로 금속판이 휘어지게 된다(아래). 마찬가지로 식물도 어느 한쪽의 세포가 더 많이 확장함으로써 상대적으로 확장이 적은 쪽 방향으로 만곡 현상을 일으키게 된다.

로 생겨나는 현상이다. 심지어는 식물체가 죽은 지 한참이 지난 후까지도 이런 반응이 지속되기도 한다.

차등 생장에 의한 만곡 현상의 원리는 일상생활 속에서도 쉽게 찾아볼 수 있다: 온도조절기가 바로 그것이다.(Stevens 1974) 온도조절기의 핵심 장치는 재질이 각각 동과 철로 된 두 장의 금속판인데, 똑같은 길이의 두 장의 얇은 금속판이 서로 맞붙어 있다. 여기에 열을 가하면 동이 철보다 팽창률이 높기 때문에 맞붙어 있는 금속판은 철재 금속판 쪽으로 구부러지게 된다.그림 104 온도의 변화에 따라 금속판이 펴지고 구부러지고 하는 작용에 의해 난방장치가 켜지든가 꺼지는 것이다.

차등 생장이라는 참으로 단순한 원리에 의해 이렇게 다양한 만곡 현상의 사례들을 볼 수 있다니, 참으로 흥미로운 일이 아닐 수 없다. 또한 자연계의 무수한 생명체들 속에서, 특히 고사리의 새순에서조차 '스피라 미라빌리스'의 원리가 끊임없이 발현되고 있음을 발견하는 즐거움은 이루 말할 수 없다. 이것은 자연이 일정불변하게 조화와 균형을 이루고 있다는 의미일 것이다. 자연의 질서 정연함에 대하여 깊이 사색했던 영국의 식물학자 느헤미야 그루Nehemiah Grew는 그의 저서 『식물의 해부(Anatomy of Plants)』 1682에서 이렇게 결론을 내렸다.

자연은 어디서나 기하학적으로 생성되고 있다.

Fern Geo

ps
graphy
양치식물의 지리적 분포

- 23 _ 로빈슨 크루소의 고사리
- 24 _ 양치류를 통해 본 북미-아시아 관계
- 25 _ '잃어버린 세계'의 고사리
- 26 _ 고사리, 손전등 그리고 제3기의 숲
- 27 _ 열대지방의 종 다양성

23 로빈슨 크루소의 고사리

때는 1704년, 남아메리카 서부해안에서 580km 떨어진 적도 남반부 33° 지점에 위치한 후안페르난데스 제도 Juan Fernández Islands 에서 있었던 일이다. 그림 106 18문의 대포를 장착한 영국의 사략선私掠船; privateer 싱크포츠 호가 이 제도의 작은 섬들 중 하나인 마스아티에라 Más a Tierra 에 정박하고 있었다. 식량과 물자 공급을 막 마친 이 배는 칠레와 페루 연안을 따라 스페인 수송선단을 약탈하러 출항하는 참이었다. 그런데 모든 선원들이 기대에 부푼 채 항해를 기다리고 있던 중에 유독 거칠고 완고한 알렉산더 셀커크 한 사람만이 이 항해를 반대했다. 그의 말인즉, 배의 항해 준비가 완벽하지 않아 자신은 승선할 수 없으니 차라리 자신을 이 무인도에 남겨두고 떠나라는 것이었다. 다음날 아침 싱크포츠 호는 정말로 셀커크를 남겨둔 채 닻을 올리고 출항해 버렸다.

오래지 않아 셀커크가 섬에 남기로 한 것은 대단히 현명한 판단이었음이 밝혀졌다. 싱크포츠 호는 출항한 지 얼마 되지 않아 페루 연안의 어느 작은 섬에서 좌초해 버렸고, 선원들은 스페인 해군에게 나포되어 고문을 당한 뒤 리마에 있는 감옥에 투옥되었던 것이다. 선원들은 아마 무인도의 동굴 속에서 홀로 생활하고 있던 셀커크보다 감옥에서 훨씬 더 심한 고초를 겪었을 것이다. 셀커크는 무인도에서 야생염소를 사냥하여 식량과 의복을 마련하였다. 천적이 없을뿐더러 염소들이 살기에 이상적인 가파른 산악 지형이었던 이 섬에서는 염소들이 많이 살고 있었다. 후안페르난데스 제도의 최고봉인 엘융케 산만 보더라도 이곳이 얼마나 험준한 곳인지 짐작할 수 있다. 해발 915m의 최고봉은 칼날 같은 능선들로 다른 봉우리들과 이어져 있다. 한 협곡은 어찌나 가파르고 깊은지 스페인어로 '빠져나올 수 있으면 빠져나와 보라'는 의미를 가진 꼬르동 살시뿌에데스Cordón Salsipuedes라는 이름이 붙여질 정도이다.

무인도에 홀로 버려진 셀커크는 4년 4개월이 지나서야 다른 사략선에 의해 구조되었다. 그 후 2년 반 동안 그는 그를 구출해 준 동료 해적들과 함께 태평양에서 해적질을 하며 지냈다. 이후 영국으로 돌아온 셀커크는 신세계를 무대로 벌어지는 짜릿한 모험담을 책으로 써서 돈을 버는 데 혈안이 되어 있던 당시 런던의 식자층들에게 자신의 경험담을 술회하였다. 그의 이야기에서 영감을 얻은 다니엘 데포Daniel Defoe가 지은 모험소설이 다름 아닌 『로빈슨 크루소』이다.

하지만 후안페르난데스 제도에서 피난처를 발견한 것은 셀커크가 처음은 아니었다. 400만 년 전 용암이 분출되어 이곳의 섬들이 생성된 이래로 수많은 동식물들이 이곳에서 살아왔는데, 이들 중 대부분은 다른 곳으로부터 바람에 밀려오거나 우연히 이 섬들에 상륙하게 된 생물종들이었다. 그 중에는 특히 고사리류의 비중이 컸는데, 이것만 보더라도 고사리류의 생태에 있어서 포자의 장거리 산포가 차지하는 의미를 짐작할 수 있을 것이다.

현재 후안페르난데스 제도에는 54종의 고사리들이 자생하고 있는데, 이 식물들은 제일 높은 봉우리부터 해안에 이르기까지 섬 전역에 퍼져 서식하고 있다. 나출된 암릉鄭陵지대에는 2종의 포크고사리(Sticherus pedalis와

Sticherus quadripartitus)들이 자생하고 있다. 이끼로 덮인 바위에는 칠레공작고사리(*Adiantum chilense*), 한들고사리(*Cystopteris fragilis*), 크루엔툼처녀이끼(*Hymenophyllum cruentum*) 그림 105 등이 자라며, 바닥이 이탄층으로 덮인 어두운 숲속의 동굴에는 꼬리고사리속의 마크로소룸꼬리고사리(*Asplenium macrosorum*)가 자란다. 한편 인간들에 의해 생태계가 교란된 저지대에는 히스티옵테리스 인키사(*Histiopteris incisa*), 메갈라스트룸 이나에콸리폴리아 글라브리오르(*Megalastrum inaequalifolia* var. *glabrior*), 루모라 베르테로아나(*Rumohra berteroana*) 등이 서식하고 있다.

그림 105
칠레와 후안페르난데스 제도에만 자생하는 크루엔툼처녀이끼(*Hymenophyllum cruentum*).

　그중에서도 이 섬에서 양치류가 가장 무성하게 자라는 곳은 깊은 협곡의 상부 지역이라 할 수 있다. 고온다습한 바다 공기가 협곡을 따라 해발 500m 이상 상승하면서 식는 과정에서 결로현상이 생기는데, 이로 인해 이곳에는 양치류들이 생장하기에 이상적인 운무림이 형성되었다. 이곳에서는 딕소니아 베르테리아나(*Dicksonia berteriana*), 로포소리아 콰드리핀나타(*Lophosoria quadripinnata*), 티르솝테리스 엘레강스(*Thyrsopteris elegans*) 따위의 나무고사리류들이 많이 자란다. 그리고 나무고사리류의 덮개뿌리 root mantle 위에는 쿠네아툼처녀고사리(*Hymenophyllum cuneatum*), 트리코마네스 엑섹툼(*Trichomanes exsectum*), 트리코마네스 필리피아눔(*T. philippianum*) 등의 처녀이끼류들이 붙어 자라고 있다.

　운무림에서 특히 주목할 만한 양치류들 중에는 브레크눔 스코티(*Blechnum schottii*)가 있다. 이 식물은 성장 초기에는 뿌리줄기근경가 숲의 바닥을 기면서 자라는데 이때 영양엽이 생긴다. 그러다가 뿌리줄기가 인근의 나무줄기를 만나면 이를 타고 올라가는데, 이때 뿌리줄기의 배면에서 지근樹根들이 나와 식물체를 숙주의 줄기에 단단히 고정시킨다. 줄기를 타고 올라가서 햇빛을 받을 수 있는 높은 곳에 도달한 식물은 드디어 포자엽을 만들어낸다. 이 포자엽은 생김새가 마치 영양엽이 앙상하게 뼈만 남은 것같이 보인다. 5m에 이르는 허공에서 최상부에 앙상한 포자엽들을 곧추세운 채 나무의 줄기 아래로 늘어진 모습은 참으로 장관이다.

고사리류가 왕성하게 서식하는 또 다른 장소는 탁 트인 바위산의 경사진 곳이다. 이곳에서는 후안페르난데스 제도의 특산식물인 블레크눔 키카디폴리움(*Blechnum cycadifolium*)이 무성한 군락을 이루고 있다. 이 종은 2m에 이르는 억센 줄기 위에 로제트형의 우상복엽羽狀複葉이 자라나는 식물로서 그 생김새가 소철나무를 닮았다. 무성하게 군락을 이루며 자라는 모습을 보노라면, 마치 공룡이 살던 고대의 숲을 보고 있는 것 같은 착각이 들 정도이다. 이 블레크눔 키카디폴리움의 군락은 끊임없이 언덕 위쪽으로 불어오는 바닷바람을 차단해 주기 때문에 군락의 안쪽은 아늑한 피난처로 인기가 높다.

"필드 연구를 나왔을 때 편하게 뒹굴며 점심을 먹기에 아주 좋은 장소이죠."

이 섬의 식생에 관해서는 최고의 권위자로 인정받는 식물분류학자 토드 스튜에시Tod Stuessy의 말이다.

후안페르난데스 제도는 대양섬에서 자라는 식물상의 특징을 잘 보여주고 있다; 즉, 대륙에 비해 전체 식생들 중에서 양치류가 차지하는 비율이 매우 높다는 것이다. 일반적으로 중앙아메리카와 남아메리카의 열대우림에서 고사리류와 석송류가 차지하는 비율은 전체 관속식물 중 7~10%를 차지한다. 예를 들자면, 스미스소니언협회 연구센터가 위치한 파나마 운하의 바로 꼴로라도Barro Colorado 섬에서 고사리류와 석송류는 전체 관속식물의

그림 106
남아메리카와 연안 도서 일부

8%를 차지하고 있다; 코스타리카의 라셀바생물학연구기지La Selva Biological Field Station 지역은 고사리류의 비율이 9% 정도이며, 베네수엘라 기아나(베네수엘라 남부의 아마조나스와 볼리바르 주를 포함하는 지역)의 경우에도 고사리류가 대략 8% 정도를 차지한다. 이에 비해 후안페르난데스 제도의 고사리류는(이곳에는 석송류 식물이 없다.) 전체 관속식물들 중 무려 15%에 달한다. 다른 대양섬들에서도 이와 마찬가지로 고사리류의 식생이 아주 풍부하게 나타나고 있다; 이스터 제도, 하와이, 괌 등지의 고사리류의 비율은 14% 정도이고, 피지와 갈라파고스 제도도 고사리류의 비중이 20%에 달한다; 이외에도 코스타리카의 코코스 섬은 35%, 세인트헬레나 섬은 40%,

마르퀘사스 제도는 34%, 케르마데크 제도는 35%, 트리스탄다쿠냐 섬은 42%에 달한다. 이처럼 고사리류의 비중이 유독 높은 것이 대다수 대양섬들의 식물상에서 보이는 특징이다.(Smith 1972, Tryon 1970)

대륙보다 섬에서 상대적으로 고사리류의 식물상이 더 풍부한 원인은 과연 무엇일까? 그 해답은 종자식물과 양치식물의 번식체의 크기 차이에서 찾을 수 있다. 고사리류의 경우, 바람을 타고 수천 km나 이동할 수 있는 먼지처럼 미세한 포자들이 번식수단이다. 이에 비해 대부분의 종자식물들은 이보다 훨씬 크고 무거운 종자를 만들기 때문에 원거리 이동이 쉽지 않다. 이 때문에 대륙과 멀리 떨어진 대양의 섬에는 종자식물들보다는 고사리류들이 더 쉽게 이동해 갈 수 있다. 따라서 섬에서는 상대적으로 종자식물보다 양치식물이 더 많이 서식하게 되는 것이다.

후안페르난데스 제도의 고사리류의 식물상은 그들의 포자가 대단히 먼 거리를 이동할 수 있음을 입증하는 좋은 사례이다. 이곳의 고사리류 중에는 호주, 뉴질랜드, 또는 남태평양의 여러 섬들에 기원을 두고 있는 종들도 있다. 산 정상부의 그늘진 곳에 자라는 페루지네움처녀이끼(*Hymenophyllum ferrugineum*)그림 107는 8,900km나 떨어진 뉴질랜드에서 이동해 온 것이 분명하다. 또 오랜 시간 전에 이 섬으로 퍼져 온 근연종近緣種으로부터 진화해 온 것으로 보이는 종들도 있다. 이곳의 특산식물로서 해안의 암벽 돌출부에 자라는 콘드로필룸꼬리고사리(*Asplenium chondrophyllum*)는 호주, 뉴질랜드, 칠레 남부 등지에 자생하는 옵투사툼꼬리고사리(*A. obtusatum*)와 근연관계를 이루고 있고, 아트롭테리스 알테스칸덴스(*Arthropteris altescandens*)그림 108의 가장 가까운 근연종들은 타히티 섬과 사모아 섬에 자생하고 있다.

포자의 원거리 산포를 더욱 극적으로 보여주는 사례는 그라미티스 포에피지아나(*Grammitis poeppigiana*)그림 108에서 찾아볼 수 있다. 후안페르난데스 제도 외에 알려진 이 식물의 자생지는 남아프리카, 케르겔렌 제도, 암스테르담, 그리고 알래스카의 세인트폴 제도, 호주, 태즈메이니아, 뉴질랜드, 칠레, 아르헨티나, 포클랜드 제도, 트리스탄다쿠냐 등지이다. 이 종의 분포상은 다른 어떤 양치류보다도 더 남극대륙을 밀접하게 에워싸고 있다. 포자의 원거리 산포 말고는 과거의 지질학적 시대부터 한번도 육지와 연결된 적 없이 난바다에 산재해 있던 무수한 섬들에 이 식물이 공통적으로 분포하고 있는 현상을 설명할 길이 없다.

한편 포자의 원거리 산포가 아니더라도 고사리류의 생활환 자체가 멀리 떨어진 벽지까지 종의 자생지를 넓혀 가는 것이 가능하기도 하다. 포자

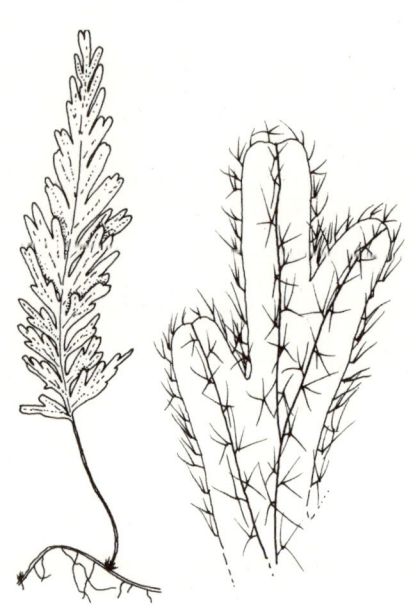

그림 107
뉴질랜드 원산 페루지네움처녀이끼 (*Hymenophyllum ferrugineum*). 왼쪽은 전초(全草), 야생에서는 잎이 아래로 늘어진다. 오른쪽은 잎조각의 끝 부분으로 성상모(星狀毛)가 보인다. **저자그림.**

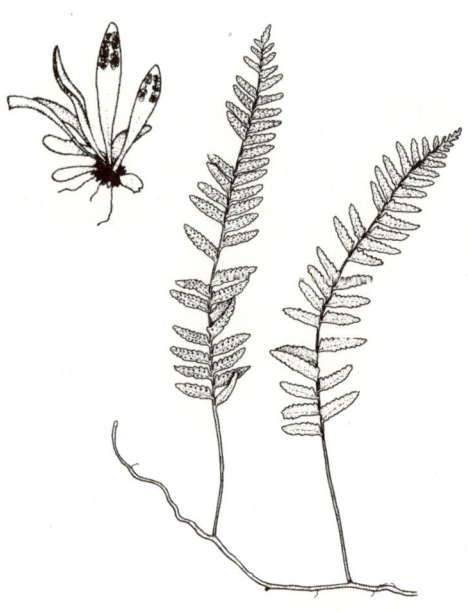

그림 108
왼쪽은 그라미티스 포에피지아나(*Grammitis poeppigiana*)이다. 남반부의, 특히 고위도 지역에 광범위하게 분포한다. 오른쪽은 아트롭테리스 알테스칸덴스 (*Arthropteris altescandens*), 후안페르난데스 제도의 특산식물로서 가장 가까운 근연종들은 타히티와 사모아 섬에 자생한다. **저자그림.**

한 개가 바람에 날려 어떤 섬에 도달한 뒤 그곳에서 발아하여 배우자체로 자란다고 할 때, 대부분의 고사리류들은 배우자체가 장정기^{藏精器: antheridia}와 경란기^{頸卵器: archegonia}를 모두 한 몸에 지닌 양성체^{bisexual}이다. 따라서 스스로 자가수정을 하여 포자를 맺는 성체로 성장하는 것이 가능하다. 반면에 종자식물은 양치류라면 걱정할 필요가 없는 문제들을 해결해야만 한다. 만일 새로이 이동해 온 개체가 암꽃뿐이라면 화분^{花粉}을 제공해 줄 수꽃 없이는 수정이 불가능할 것이다. 또는 새로 옮겨 온 섬에는 적절한 수분매개체 구실을 할 동물들이 없을 가능성도 있다. 의외로 대양섬에 고사리류의 포자처럼 바람을 이용하여 먼지 같은 종자들을 다량 산포하는 난초과의 식물들

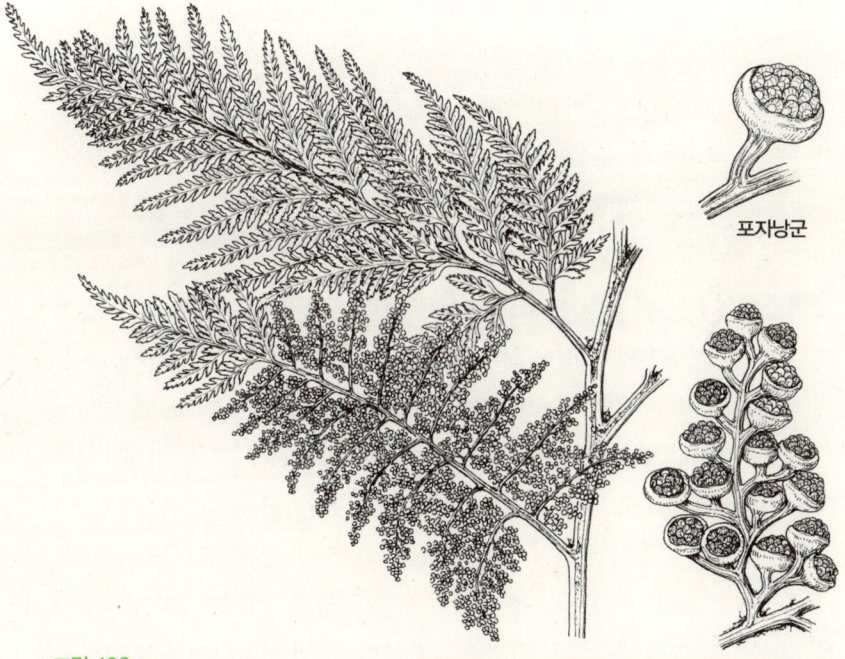

그림 109
티르숍테리스 엘레강스(*Thyrsopteris elegans*), 후안페르난데스 제도의 특산식물인 나무고사리. 1속 1종이다. 왼쪽은 하부 잎조각, 포자가 아래쪽에 붙어 있다. 오른쪽 아래는 작은 잎조각에 부착된 포자낭군. 오른쪽 위는 포자낭군으로 컵 모양의 포막이 보인다. 컵 속에 포자낭들이 담겨 있다.

이 많지 않은 이유이다. 고도로 특화된 수분매개체를 필요로 하는 난초과 식물들에게 고립된 섬에서는 수분을 해줄 수 있는 곤충들이 별로 많지 않기 때문이다. (예를 들어 하와이에 자생하는 난초들은 단 3종에 불과하다.)

그런데 설혹 새로 이동해 온 고사리류의 포자가 배우자체로 자라나서 자가 수분을 통해 성숙한 포자체로 성장할 수 있다고는 했지만, 이 개체는 이미 원래의 자생지로부터 멀리 이동해 왔기 때문에 동일종의 다른 개체군들과 수정하는 것이 불가능해진다. 이 때문에 섬에 고립되어 자생하는 개체군들은 새로 생기는 형질들이 모집단母集團에서 생성되는 다른 대체 형질들에 영향을 받지 않고 그대로 고정될 가능성이 커진다. 이처럼 새로운 형질들이 충분히 축적되면서 아종亞種 또는 신종新種이 생겨나게 되는데, 이런 까닭에 고립된 섬에서는 특산종들이 많이 생겨나는 것이다.

후안페르난데스 제도에 자생하는 54종의 고사리류 가운데 25종(46%)에 이르는 특산종들 중 대다수는 아마도 외부로부터의 고립에 따른 결과로 진화가 이루어졌을 것이다. 반면에 이 섬 외의 다른 자생지들에서는 해당 종이 모두 멸종했기 때문에 자동적으로 특산종이 된 식물들도 있다. 이런 식물들에게는 고립된 이 섬이 삶의 요람이라기보다는 차라리 은퇴한 후에 여생을 보내는 일종의 요양원 구실을 한다고 할 수 있다. 딕소니아과(Dicksoniaceae)에 속한 나무고사리인 티르솝테리스 엘레강스(*Thyrsopteris elegans*)가 바로 그러한 예인데, 이 종은 분류학상 1속 1종뿐인 식물이다. 그림 109 이 종은 1억 7,000만 년~8,000만 년 전 중생대의 숲 속 하층식생을 차지하고 있던 양치류로서 한때는 다양한 종들이 속해 있던 식물군에서 살아남은 잔존종殘存種으로 추정하고 있다. 이 분류군의 화석들은 주로 스피츠베르겐 제도, 그린란드, 영국 등지에서 출토되고 있지만, 7,000만 년 전 백악기에는 대륙에 속한 칠레에서도 자생하고 있었음이 화석으로 입증되고 있다.(Menéndez 1966) 티르솝테리스는 적어도 후안페르난데스 제도가 형성되기 시작했던 400만 년 전까지는 대륙에서도 생존하고 있었음이 분명하다. 하지만 이 섬으로 이주하고 난 뒤로는 대륙에서 이 종이 멸종해 버린 것으로 보인다.

그러나 근래에 와서 티르솝테리스는 또다시 멸종 위기에 처해 있다. 이 섬들에 400년 가까이 인간들이 거주하면서 고사리류의 서식지가 급격하게 줄어들어 버린 탓이다. 현재 섬에서는 저지대의 삼림이 거의 사라져 버렸고, 과다한 가축의 방목으로 토양침식이 광범위하게 일어나고 있는 실정이다. 또한 염소들이 어린 식물들의 싹까지 몽땅 먹어치우는 바람에 숲의 재생이 곤란을 겪게 되었다. 설상가상으로 육지에서 들어온 외래종인 산딸기류(*Rubus*)의 가시덤불이 섬 전역에서 빽빽한 수풀을 이루며 자라는 바람에 숲의 재생이 더욱 어려워지고 있다. 숲이 사라지면서 숲 속에 자라던 고사리류들도 시나브로 쇠락해 갈 수밖에 없었다.

하지만 희망적인 소식도 없진 않다. 근래에 와서 환경 보호를 지지하는 칠레인들이 점점 더 늘어나고 있기 때문이다. 현재 환경 전문가들이 섬 주민들에게 그 섬의 독특한 동식물상에 대한 교육을 실시하고 있는 중이다. 칠레 학자들은 섬의 숲을 다시 조성할 다양한 방법들을 강구하고 있으며, 외국의 생물학자들과의 협력도 강화하고 있다. 향후 제대로 관리가 되기만 한다면, 이 섬들은 장래에도 희귀한 양치류들의 훌륭한 피난처 구실을 할 것으로 기대된다. 지금으로부터 300년 전에 알렉산더 셀커크에게 안전한 피난처가 되어 주었던 것처럼 말이다.

24
양치류를 통해 본 북미-아시아 관계

　　1750년 12월 22일, 위대한 식물학자 린네Carl Linnaeus의 제자였던 요나스 페트루스 할레니우스는 그날 당일 신경성 복통을 앓았을지도 모를 일이다. 왜냐하면 바로 그날 그는 웁살라대학에서 박사학위 논문에 대한 구두시험을 공개적으로 치러야 했기 때문이다. 발표할 논문 제목은 「캄차카의 희귀식물들(Plantae Rariores Camschatcenses)」이었는데, 그에게는 이 행사가 신경과민에 걸릴 만한 충분한 이유가 되었을 듯싶다. 왜냐하면 그가 발표할 논문 과제는 그 자신이 연구에 참여했던 것도 아닐뿐더러 본인이 직접 작성한 논문도 아니었던 것이다!

　　요즈음이라면 박사학위 과정의 학생들은 자기 스스로 연구를 하고 학위논문을 작성하는 것을 당연하게 생각한다. 게다가 그 논문이 독창적이고 중요한 견해를 담고 있는 것이라면 더 바랄 나위도 없을 것이다. 하지만 할레니우스가 살던 시절에는 사정이 좀 달랐다. 당시만 하더라도 학위 논문은 학생이 아닌 지도교수의 연구 성과를 담고 있다는 것을 당연하게 여겼다. 이 구두시험의 취지는 학생의 라틴어가 얼마나 유창한지, 또한 학생이 학술적인 토론의 규칙들을 잘 숙지하고 있으며 자신의 생각을 얼마나 일관성 있게 표현할 수 있는지를 평가하는 것이었다. 한편, 논문을 출판하는 데 소요되는 제반 경비는 해당 학생이 부담해야 했으므로, 이것은 지도교수에게도 득이 되는 일이었다. 이와 같은 학위 취득 절차는 1852년까지 스웨덴의 대학들에서 일반적으로 통용되는 관행이었다.(Graham 1966, Stearn 1957)

오늘날의 식물학자들이 할레니우스의 논문(린네의 논문이라고 해야 할 것 같다)에 흥미를 느끼는 이유는, 이 글 속에 지구상의 식물 분포상에 관한 가장 중요한 명제들 중의 하나가 최초로 언급되어 있기 때문이다. 그것은 바로 같은 온대기후대인 북아메리카 동부 지역과 동아시아 지역 사이의 식물상의 유사성에 대한 것이었다. 이 두 지역은 지구상의 다른 어느 곳보다도 많은 식물종들 – 속과 종들을 공유하고 있다.(Boufford & Spongberg 1983, Kato 1993, Kato & 岩槻邦男 1983, Li 1952) 만일 두 대륙 사이의 엄청난 지리적 거리만 놓고 본다면, 둘 사이에 공통적으로 자생하는 식물들이 거의 없든지, 아예 없어야 하지 않을까? 북아메리카 동부의 식물상은 차라리 북아메리카 서부나 멕시코와 더 유사해야 할 것이고, 동아시아는 인도나 인도네시아와 식물상이 유사하다고 해야 상식적으로 이치에 닿을 것처럼 보인다.

두 지역들 간의 식물상의 유사성에 대해서는 우선 현화식물의 경우에서 명백한 사례들을 찾아볼 수 있다. 두릅나무속(*Aralia*), 개오동나무속(*Catalpa*), 수국속(*Hydrangea*), 목련속(*Magnolia*), 감나무속(*Diospyros*), 튤립나무속(*Liriodendron*), 등나무속(*Wisteria*), 풍년화속(*Hamamelis*) 등의 흔히 볼 수 있는 나무와 관목들이 여기에 해당된다. 또한 노루오줌속(*Astilbe*), 꿩의다리아재비속(*Caulophyllum*), 금낭화속(*Dicentra*), 인삼속(*Panax*), 메이애플속(*Podophyllum*), 호자덩굴속(*Mitchella*), 둥굴레속(*Polygonatum*), 연영초속(*Trillium*) 등과 같은 초본류들도 두 지역에 공통적으로 나타나고 있다. 그렇지만 이 공통 사례들은 모두 속 차원의 것이므로 두 지역이 동일한 종의 식물들을 공유하는 경우는 그다지 많지 않은 편이다.

이에 비해 이 두 지역에 공통적으로 나타나는 고사리류 공통종들의 수는 적지 않다. 홋카이도에 자생하는 고사리류의 종수種數는 총 122종으로서 116종이 자생하는 북아메리카 북동부와 거의 비슷한 편이다. 그런데 이들 중에서 양 지역에 공통적으로 자생하는 고사리류가 47종(40%)인데, 두

그림 110
진고사리속의 아크로스티코이테스진고사리(*Deparia acrostichoides*)(위)와 음양고비(*Osmunda claytoniana*)(아래)의 분포도.

지역이 떨어져 있는 엄청난 거리를 감안할 때 이것은 대단히 높은 비율이 아닐 수 없다. 공작고사리(*Adiantum pedatum*)^{화보사진 1}, 아크로스티코이데스진고사리(*Deparia acrostichoides*), 음양고비(*Osmunda claytoniana*),^{그림 38} 그리고 털이 있는 처녀고사리의 변종(*Thelypteris palustris* var. *pubescens*) 등이 공통종으로 꼽을 수 있는 식물들이다.

동일종 이외에도 함께 쌍을 이루는 근연종의 식물들―분류학자들이 자매종sister species이라고 부르는 식물들이 북아메리카 동부와 동아시아에 각각 1종씩 존재하는 경우를 보더라도 두 지역 간의 식물상의 유사성을 인지할 수 있다. 북아메리카 동부에 자생하는 북미거미고사리(*Asplenium rhizophyllum*)가 바로 이 경우에 해당한다. 이 종의 근연종은 동아시아에 자

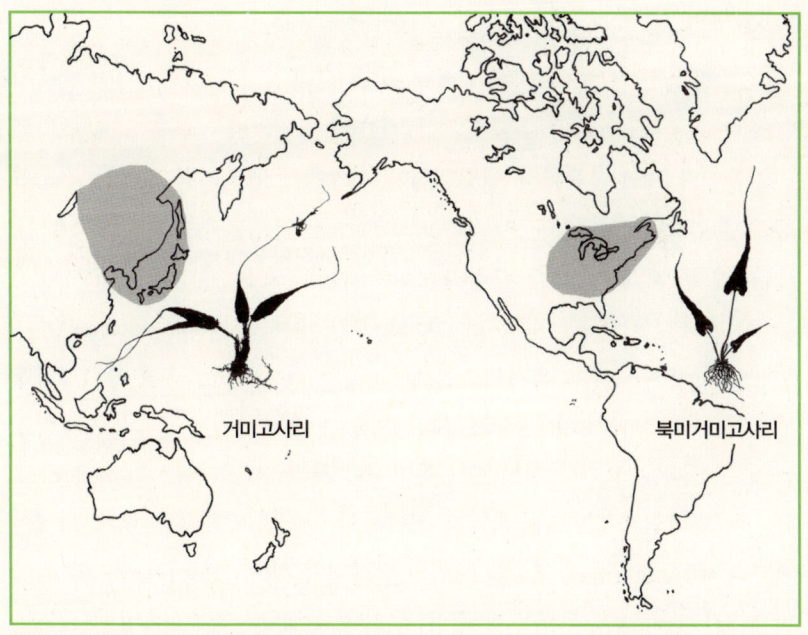

그림 111
거미고사리(*A. ruprechtii*)(왼쪽)와 북미거미고사리(*A. rhizophyllum*)(오른쪽)는 동아시아와 북아메리카 동부의 식물상의 유사성을 입증하는 자매종들이다.

생하는 거미고사리(A. ruprechtii)로서, 두 종의 유일한 차이점은 북아메리카 종은 잎이 심장저心臟底인 데 비해 동아시아 종은 원저圓底 또는 예저銳底라는 것뿐이다. 그림 111 같은 속의 다른 종들에서는 찾아볼 수 없는 공통 형질인 망상맥이나 끝이 채찍처럼 길게 가늘어지는 선상 피침형의 잎 형태 등을 따져보더라도 두 종 사이의 근연관계가 분명하게 드러난다. 이 고사리들은 채찍처럼 가는 잎의 끝이 땅에 닿으면 그곳에서 무성아가 발아하여 새싹으로 자라나는데, 그 새싹이 성장하면 이러한 번식과정을 계속적으로 반복함으로써 서로 연결된, 유전적으로 동일한 집단을 이룬다. 바로 이런 번식방식 때문에 마치 식물체가 바위를 넘어 걸어가는 것처럼 느껴져 영명英名으로는 walking fern이라 부른다. 화보사진 10 이런 형태학적 특징과 생육 습성은 꼬리고사리속의 다른 종들에서는 찾아볼 수 없기 때문에 이들만 따로 묶어 캄프토소루스(Camptosorus)라는 속으로 분류할 정도이다.

자매종들을 보여주는 사례는 이것 말고도 또 있다. 뉴욕고사리(Thelypteris noveboracensis)는 키다리처녀고사리(Thelypteris nipponica)의 근연종이며, 뉴잉글랜드의 애팔래치아 지방에서 잡초처럼 자라는 건초향잔고사리(Dennstaedtia punctilobula)의 근연종은 부속체잔고사리(D. appendiculata)와 사철잔고사리(D. scabra)이다. 또한 매사추세추고사리(T. simulata)는 사다리고사리(T. glanduligera)와 지네고사리(T. japonica)의 근연종이고, 미국 동부의 습지버들참빗(Diplazium pycnocarpon)은 플라보리데버들참빗(D. flavoviride)과 생김새가 대단히 흡사한데, 이 참빗고사리속(Diplazium)의 주요 자생지는 바로 동아시아 지역이다.(Kato & Darnedi 1988)

그렇다면 어떻게 두 지역의 식물상이 이처럼 유사성을 띠게 되었을까? 그 해답은, 공룡이 멸종한 시기와 방하기가 시작되는 시기 사이에 위치한 제3기Tertiary에서 찾아야 할 것이다. 지금으로부터 약 5,400만~3,800만 년 이전의 제3기 초기는 지구에 사는 식물들의 역사상 기후가 가장 따뜻한 시기였다. (Parrish 1987) 이 때문에 당시에는 북반구의 고위도 지역까지 온

난한 기후를 선호하는 열대림과 온대림이 번성하였는데, 북아메리카에서는 그린란드, 캐나다 북부, 알래스카까지 이 숲들이 진출해 있었다. 이 숲들은 다시 베링해협(제3기 당시에는 해수면 위쪽으로 상승해 있었음)을 건너 서쪽으로 진행하여 시베리아와 아시아의 다른 지역까지 세력을 넓혀 갔고, 동쪽으로는 유럽으로까지 퍼져 나갔다.(Tiffney 1985a, b) 이 북방계 산림들은 수백만 년 동안 거의 연속적인 분포역을 보였는데, 시간이 경과함에 따라 식물들의 이주로 북반구 전반에 걸쳐 유사한 종 구성을 보이고 있다. 이러한 식물종들의 혼합현상을 고식물학자들은 아한열대식물상亞寒熱帶, boreotropical flora이라고 부른다(예전에는 Arcto-Tertiary geoflora라는 용어를 사용했으나, 요즈음은 잘 사용하지 않는 추세이다).

근래에 이르러 화석 증거 덕분에 이 아한열대 식물상에 대해서 어렴풋이나마 알 수 있게 되었다. 이 식물상 중에서는 코스트 레드우드(*Sequoia sempervirens*)와 메타세콰이아(*Metasequoia glyptostroboides*)가 잘 알려져 있는데, 이 거대한 나무들은 당시 아시아, 알래스카, 캐나다 북부, 그린란드, 스피츠베르겐, 유럽 등지에 널리 퍼져 있었다. 그러나 오늘날에는 코스

그림 112 야산고비의 제3기(▲)와 현재(▩) 분포도.

트 레드우드의 경우 캘리포니아 연안에서만 찾아볼 수 있으며, 메타세콰이아는 자생지가 중국의 몇몇 고립된 계곡지대에 국한되어 있다. 메타세콰이아는 1941년 화석이 먼저 발견된 뒤 3년이 지난 후에야 생존하고 있는 나무가 발견되었기 때문에 흔히 '살아 있는 화석'이라고 부른다. 양치식물 중에서는 야산고비의 기본종(*Onoclea sensibilis*)그림 52이 제3기 동안 북아메리카, 그린란드, 영국의 섬들 그리고 일본 등지에서 번성하고 있었지만, 오늘날 야산고비의 자생지는 북아메리카 동부와 동아시아 지역에 국한되어 있을 뿐이다. 그림 112

그렇다면 이 거목들과 야산고비의 자생지가 축소된 원인은 무엇일까? 그것은 바로 제3기 후반부에 빙하기로 가면서 지구의 기온이 점차 낮아짐에 따라 수많은 동식물들의 분포 영역이 축소되어 버렸기 때문일 것이다. 아한열대 계통의 식물들 중에서는 내한성이 약한 종들의 서식 지역이 남쪽으로 퇴조함에 따라 유라시아대륙과 북아메리카까지 이어졌던 연속성도 끊어져 버렸다. 특히 북아메리카에서는 제3기 중반부에 로키 산맥이 융기하면서 식물들의 서식지가 다시 양분되어 버렸다. 로키 산맥에 의해서 비구름이 차단됨에 따라 대륙 내륙지방에는 건조한 초지가 형성되었는데, 이것이 바로 대평원Great Plains이다. 이렇게 북아메리카 중부 지역에 초지가 확산됨에 따라 아한열대 식물들은 북아메리카에서는 미국 동부 지역에 국한되어 자생지가 축소될 수밖에 없었던 것 같다. 마찬가지로 유라시아에서도 기후와 지질 변화로 인해 식물들의 분포 영역이 축소되면서 제3기가 끝날 무렵에 이르러서는 아한열대 식물상의 분포역이 크게 북아메리카, 동아시아, 서유럽이라는 세 개의 고립된 블록으로 분할되고 말았다.

그러면 유럽의 경우는 어떨까? 유럽의 식물상도 북아메리카 동부나 동아시아와 어느 정도 유사성을 띠기는 하지만, 그 정도가 훨씬 미약하다. 그 원인은 빙하기 동안 빙하에 밀려 남쪽으로 밀려갔던 아한열대 식물들이 피레네 산맥과 알프스에 가로막혀 산맥 너머 더 따뜻한 남쪽으로 이주하는 것이 불가능했기 때문일 것이다. 그 결과 유럽에서는 상당수의 식물들이 멸종할 수밖에 없었던 것으로 보인다. 이에 비해 북아메리카나 동아시아에서는 동서를 가로지르는 산맥이 없어 남쪽으로 이주하는 식물들이 방해를 받지 않았기 때문에 멸종한 식물들의 수가 상대적으로 훨씬 적었다고 볼 수 있다. 빙하가 북쪽으로 퇴조한 뒤 식물들이 유럽에서 다시 생장을 개시하였지만, 그 전체 식물상이 대단히 빈약했던 것 같다. 오늘날 북아메리카 동부에 350종의 양치식물들이 자생하는 데 비해, 유럽의 양치식물은 통틀어 150종에 불과하다. 동아시아의 양치식물 종류는 그 정확한 수치를 추정하기조차 어려운데, 일본의 자생종만 해도 600종이 넘는다.

험난했던 빙하기를 지나서도 살아남아 오늘날까지도 북아메리카, 유럽, 아시아 지역 모두에 널리 자생하고 있는 고사리류들도 있다. 그림 113 골고사리, 청나래고사리, 속새, 처녀고사리, 고비 등이 바로 그 생존자들이다.

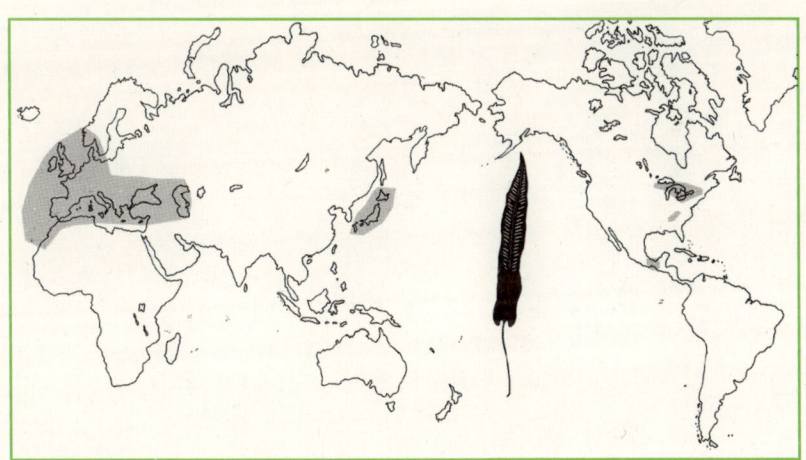

그림 113
변종을 포함한 골고사리류(*Asplenium scolopendrium*)의 분포도. 멕시코 남부-린데니이var. *lindenii*; 북아메리카-아메리카눔var. *americanum*; 유럽, 북아프리카, 서아시아-스코로펜드리움var. *scolopendrium*. 이 식물은 제3기에는 북아메리카와 유라시아를 걸쳐 연속적으로 분포하였을 것이다. 그러나 빙하기로 이어지는 기온의 저하와 계절성 기후로 인하여 분포역이 고립되어 나누어져 버렸다.

이 식물들이 생존에 성공할 수 있었던 것은 이들이 기후대만 유사하다면 세 지역 어디서나 살 수 있는 탁월한 적응력을 지닌 덕분인 것으로 보인다. 오늘날 북아메리카 지역에서 가장 잘 알려진 원예식물들 중에는 동백, 접시꽃, 개나리, 등나무, 작약 등과 같이 원산지가 중국이나 일본인 것들이 많다. 흰꽃여뀌, 칡, 털부처꽃같이 북아메리카에서 악명 높은 잡초들 역시 동아시아 지역이 원산지이다. 동아시아 원산의 양치류들 중에서는 홍지네고사리, 쇠고비, 실고사리, 개고사리의 원예종(*Athyrium niponicum* 'Pictum'), 검정개관중 등이 오늘날 북아메리카에서 인기를 끌고 있는 원예식물들이다.

유럽 그리고 특히 북아메리카 동부와 동아시아는 동일한 식물지리학적인 유산들을 공유하고 있다고 말할 수 있다. 이 세 지역에서 보이고 있는 식물상의 유사성은 지금으로부터 수천만 년 전 이전의 제3기 초기에 그 기원을 두고 있는데, 특히 양치식물군에서 그 유사성이 확연히 드러나고 있다.

25 '잃어버린 세계'의 고사리

"남아메리카야말로 내가 진정으로 사랑하는 곳이랍니다. 다리엔에서 푸에고에 이르는 지역이야말로 이 지구상에서 가장 멋지고 풍족한 땅이지요……. 그런 곳이라면 그 안 어딘가에 새롭고 멋진 무언가가 숨어 있을 법하지 않을까요? 그걸 우리가 직접 나서서 찾아보자는 거지요."

이것은 아서 코난 도일Arthur Conan Doyle의 공상과학소설 『잃어버린 세계(The Lost World)』(1912) 속에 등장하는 존 록스톤 경이 하는 말이다. 아마도 남아메리카에 매료된 사람들 중에서는 이 말에 심정적으로 공감하는 사람들이 많을 것이다. 코난 도일이 소설의 무대로 삼은 곳은 베네수엘라 남부의 테푸이Tepui 고원과 인근의 브라질, 가이아나 지역인데, 이곳은 특이한 양치식물이 많이 서식하는 곳으로서 그중 일부는 이곳 말고는 전 세계 어디에서도 볼 수 없는 종류들이다. (tepui라는 말은 지역 원주민인 페몬족의 방언으로 '산'이라는 뜻이다. 거의 모든 테푸이들에게 아우얀(Auyán), 키만타(Chimantá), 시파포(Sipapo) 등과 같이 아름다운 인디언 이름이 붙여져 있다.) 그런데 이곳에 사는 고사리류들과 코난 도일 소설 속의 주인공들이 겪게 되는 모험 사이에는 흥미로운 유사점이 보인다.

    책의 서두는 성미가 괴팍하고 자기중심적인 조지 에드워드 챌린저 교수가 막 아마조니아Amazonia 탐사를 마치고 돌아와서는, 선사시대의 동물들이 아직도 생존해 있는 '잃어버린 세계'를 발견했노라고 주장하는 것으로부터 시작된다. 이 주장에 불신을 보이는 동료학자들에게 맞선 챌린저 교수는 앞장서서 그에게 반대 입장을 보인 서머리 교수, 탐험가이자 사냥꾼인 존 록스톤 경, 책 속에서 모험담의 내레이션을 맡고 있는 젊은 기자 에드워드 말론 등으로 구성된 탐험대를 조직한다. 일행은 기나긴 항해를 끝낸 뒤 다시 며칠 동안 남아메리카 내륙 안으로 행군하여 마침내 '잃어버린 세계' 가까이에 접근하게 된다. 이곳이 다름 아닌 사방이 깎아지른 절벽에 둘러싸인 채 상부의 평지가 세상으로부터 완전히 고립된, 아득히 높은 테푸이였다. 탐험대는 우여곡절 끝에 그 테푸이로부터 불과 12m 떨어진 어느 봉우리를 발견하고, 일단 그 꼭대기에 오른 뒤 그곳에서 나무를 베어 테푸이 정상부로 연결되는 다리를 만들게 된다. 하지만 탐험대가 테푸이로 건너가자마자 일행을 배신한 어느 짐꾼에 의해 통나무다리는 절벽 아래로 추락하고, 일행은 그만 테푸이 안에 갇혀버리고 만다. 그리고 테푸이 안에서 그들은 무서운 선사시대의 동물들과 유인원을 닮은 식인종들을 맞닥뜨리게 된다. 목숨이 위태로울 정도로 위험했던 몇 주일을 그곳에서 보낸 일행은 간신히 테푸이 아래로 통해 있는 연결 터널을 발견하게 된다. 천신만고 끝에 그곳을 빠져나와 런던으로 돌아온 일행은 학계와 대중들의 열렬한 환영을 받고, 챌린저 교수도 마침내 명예를 회복하게 된다. (코난 도일은 후에 챌린저 교수야말로 자신이 창작해 낸 그 어떤 소설의 주인공들보다도 더욱 흥미로운 인물이라고 술회한 적이 있다. 그 누구도 아닌 셜록 홈즈의 창작자가 스스로 인정한 바이다!)

    소설의 무대가 된 실제 지역은 첨탑 형태로 상부의 너비가 수천 킬로

미터에 이르는 거대한 단층 지괴(地塊)인 매시프massif에 이르기까지 크고 다양한 형태의 수많은 테푸이들이 따로 고립되어 흩어져 있는 곳이다. 이 테푸이들의 해발 고도는 700m에서 3,000m에 이르기까지 다양하다. 이 사암덩어리 산인 테푸이의 전형적인 모습을 보면, 평평한 정상부 주변을 둘러싼 높이 100~500m에 이르는 절벽들이 한 단에서 세 단까지 수직으로 떨어지다가 나무가 자라는 하부의 돌너덜(애추사면崖錐斜面; talus slope)로 이어진다. 일반적으로 테푸이는 보는 이들에게 수직의 석벽으로 둘러싸인 중세시대의 난공불락의 성채 같은 인상을 준다.(그림 114)

테푸이 정상부 위에서 고립되었던 챌린저 교수 일행처럼, 그곳에 자생하는 고사리류나 여타 동식물들도 마찬가지로 바깥세상으로부터 고립되어 있다. 각각의 테푸이 사이에는 수 km에 이르는 저지대 산림이나 사바나들이 가로막고 있어(이미 테푸이의 특수한 환경에 적응한 양치류들이 살기 어려운 지역), 양치식물들이 다른 테푸이로 이동하기 위해서는 포자의 원거리 산포에 의존할 수밖에 없었을 것이다.(23장 참조) 그러므로 생물학적으로 볼

그림 114
베네수엘라 남부의 테푸이 세로 후아차마카리.

때, 각각의 테푸이는 고립된 섬이라고 할 수 있다.

지리적인 고립은 해당 지역의 동식물 개체군들을 유전적으로 격리시킴으로써 그들에게 심대한 영향을 미친다. 어느 한곳의 테푸이에 서식하고 있는 동식물이 다른 테푸이의 동식물과 교배되는 일은 거의 일어나기 어렵다. 따라서 이곳에서는 세대를 거듭하면서 축적되는 특이형질들이 외부에서 유입되는 유전인자들에 의해 희석되는 법이 없다. 이렇게 특이형질들이 오랜 기간 축적되어 기본종과 전혀 다른 형태를 발현하게 된다면, 새로운 종이 출현하게 되는 것이다.

오랫동안 테푸이는 수천 종에 이르는 동식물들에게 진화의 요람 구실

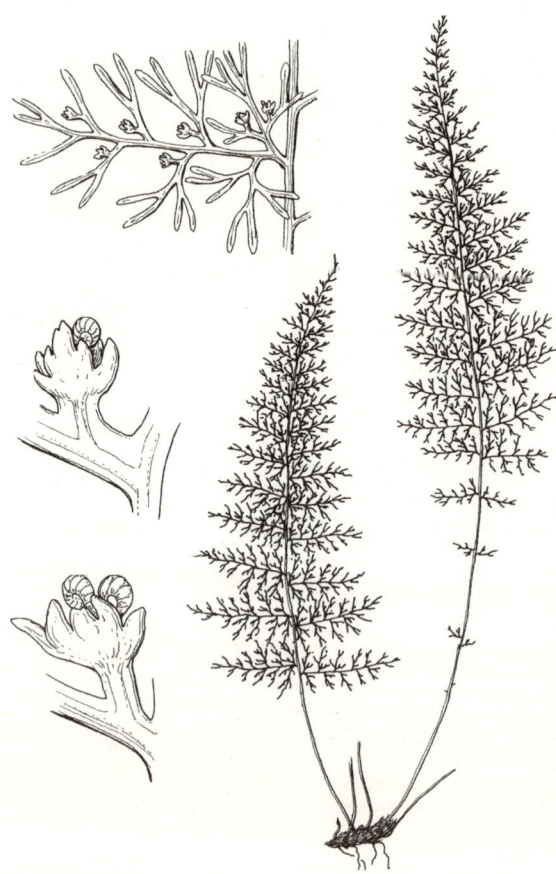

그림 115
히메노필롭시스 히메노필로이데스(*Hymenophyllopsis hymenophylloides*). 단일 속(屬)으로 이루어진 히메노필롭시스과(Hymeno-phyllopsidaceae)는 베네수엘라 남부 테푸이 지역의 특산식물이다. 왼쪽 위는 소우편. 왼쪽 아래는 포자낭군의 확대도면.

을 해왔다. 양치식물 중에서는 히메노필롭시스과(Hymenophyllopsidaceae)와 테로조니움속(*Pterozonium*)이 이곳에 기원을 두고 있는데, 이 식물들은 이곳 말고는 세계 어디에서도 볼 수 없는 특산식물들이다.(Lellinger 1967, 1987) 히메노필롭시스과는 단일 속인 처녀이끼아재비속(*Hymenophyllopsis*) 아래 8개의 종으로 구성되어 있는데, 이 종들은 모두 테푸이 정상부 주변의 바위틈이나 돌출부 그늘 안에 자생하고 있다. 이 식물들은 엽맥 사이의 너비가 3, 4개의 세포를 겹쳐 놓은 두께로 우편이 매우 얇기 때문에 기공이 불필요할 정도이다. 또한 포자낭군이 잎 뒷면에 달리는 대부분의 양치류와는 달리 이 종들은 열편의 가장자리에 포자낭군이 생긴다.^{그림 115} 이 두 가지 형질들이 처녀이끼속(*Hymenophyllum*) 식물들과 유사하기 때문에 처녀이끼아재비속(*Hymenophyllopsis*)이라는 속명이 붙었다(-opsis는 '유사하다'는 의미의 그리스어 접미사). 하지만 유사점은 단지 이 정도에 불과하다. DNA 분석을 해본 결과, 처녀이끼아재비속은 오히려 (그 어떤 다른 종류도 아닌!) 나무고사리과인 키아테이과(Cyatheaceae)와 딕소니아과(Dicksoniaceae), 그리고 보다 소형이면서 잘 알려지지 않은 과들인 꿩고사리과(Plagiogyriaceae), 메탁시아과(Metaxyaceae), 로포소리아과(Lophosoriaceae) 등과 근연임이 밝혀졌다. (Wolf et al. 1994)

테로조니움속(*Pterozonium*)에 속한 14종의 양치류들 역시 바위에 착생해서 자란다. 테로조니움속 식물들은 이곳 외에도 코스타리카, 에콰도르, 페루의 일부 지역에도 산재하여 자생하기 때문에 준^準특산식물로 보아야 할 것이다. 가죽처럼 질긴 잎은 단엽 또는 1회 우상 복엽으로, 여타 일반적인 양치식물처럼 섬세하게 많이 갈라지지는 않는다.^{그림 116} 우편의 끝은 전형적으로 원두^{圓頭}이며, 포자낭군은 잎 뒷면 가장자리의 엽맥을 따라 치우쳐 달려서 마치 띠처럼 구분되어 보인다. 테로조니움이라는 명칭은 바로 이 특징에서 생겨났다.(그리스어 pteris ^{고사리}; zona ^{구획})

그렇다면 과연 처녀이끼아재비속과 테로조니움속은 코난 도일의 소설 속에 나오는 공룡처럼 고대부터 살아남은 잔존종들일까, 그렇지 않으면 근래에 와서 생성된 식물종들일까? 다음의 두 가지 근거들에 의하면, 후자 쪽이 타당할 것으로 보인다. 첫째, 고대의 테푸이는 아무런 변화가 없이 고정된 지역이 아니라, 빙하기 동안 활발하게 기후와 식생 변화를 겪은 곳이라는 것이 지질학 및 화분학적 연구 결과로 밝혀졌다. 설령 고대에 테푸이 위에 살고 있었던 식물들이 있었다손 치더라도, 그 식물들은 공룡의 시대로 접어들 무렵에는 더 이상 생존하지 못했을 것이다. 둘째, 테로조니움속이 속한 고사리과(Pteridaceae)의 화석이 최초로 등장하는 것은 공룡이 멸종한 이후의 시기이다(처녀이끼아재비속은 화석 증거가 알려져 있지 않다). 이처럼 최초로 발생한 시기를 화석 증거에 의해서 대략적으로 추정할 수 있다고 본다면, 공룡들이 테로조니움 사이를 거닐었다고 보기는 어려울 듯하다.

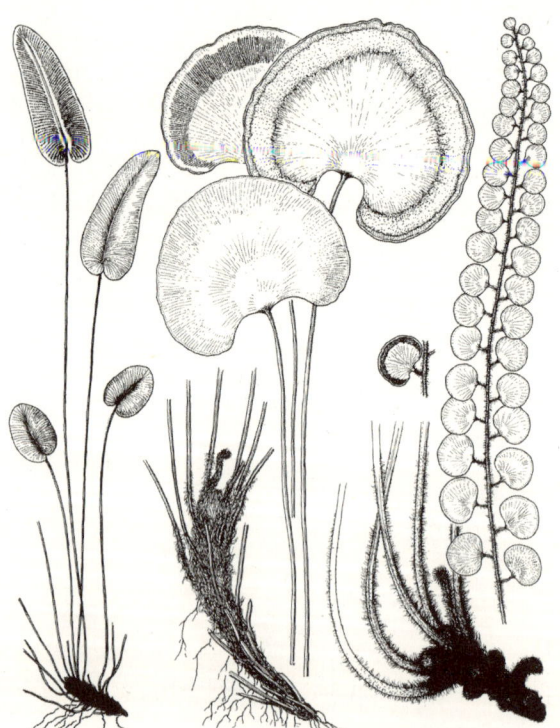

그림 116
베네수엘라 남부 테푸이 지역의 준(準)특산식물인 테로조니움속(*Pterozonium*)에 속한 3종의 양치류(왼쪽부터 *P. scopulinum*, *P. reniforme*, *P. spectabile*).

지질학적으로 테푸이는 프랑스령 기아나를 동쪽 경계안데스 동쪽, 콜롬비아를 서쪽 경계로 하는 과야나 쉴드Guayana Shield라고 알려진 지역에 위치해 있다. 이 지역의 지질은 선캄브리아기의 화강암 또는 현무암으로 테푸이의 기반암을 형성하고 있다. 그런데 테푸이뿐만 아니라 과야나 쉴드 전역에 걸쳐서 수많은 고사리류의 특산종들이 서식하고 있음에 주목할 필요가 있다. 버클리대학의 양치식물학자인 앨런 스미스Alan Smith는 이 지역에서 671종의 양치류를 기재하였는데(1995), 이 중 145종(22%)이 해당 지역의 특산종들이다. 또한 현화식물의 특산종 비율은 이보다 훨씬 더 높아서 무려 65%에 이른다. 그렇다면 왜 양치류의 특산식물 비율이 이보다 더 낮은 것일까? 양치식물은 먼지 같은 포자를 바람에 산포함으로써 먼 거리로 퍼져 나갈 수 있지만, 현화식물은 이보다 훨씬 크고 무거운 종자로 번식하므로 멀리까지 이동하기가 어렵기 때문일 것이다.(23장 참조) 이처럼 양치식물들이 보다 더 먼 거리까지 퍼져 갈 수 있기 때문에 오히려 한정된 지역 안에서는 특산종으로 남을 가능성이 상대적으로 더 낮은 것이다.

그럼에도 불구하고 테푸이에는 양치식물 특산종들도 다수 자생하고 있다. 뿐만 아니라 아직 발견되지 않았을 뿐이지, 실제로는 더욱더 많은 특산종들이 있을 것으로 추정되고 있다. 하지만 테푸이 탐사를 위해서는 우선 정상부로 올라가야 하므로 많은 위험이 따른다. 요즘은 헬기를 이용해서 생물학자들을 실어 나르기도 하지만, 예측하기 힘든 기후 변화 때문에 귀환용 헬기가 뜨지 못해 며칠, 심지어는 몇 주씩 테푸이 위에 고립되어 버릴 위험도 존재한다. 지금까지 테푸이를 탐사한 유일한 양치식물 전문가인 뉴욕식물원의 조셉 베이텔Joseph M. Beitel, 1952~1991 역시 예기치 못한 사고를 당했다. 그를 포함한 13명의 과학자들은 악천후로 인하여 세로 데 네브리나Cerro de Neblina 위에서 12일 동안이나 고립된 적이 있었는데, 당시 일행들은 8일치 식량밖에 지참하지 않았기 때문에 야생에서 직접 식량을 조달해야만 했다. 일행들 중 조류학자들은 포획망을 사용하여 새를 사냥했고, 식물학자들은 야자나무의 속살을 채취해서 먹기도 하였다. 같은 뉴욕식물원에서 온 식물학자 마이클 니Michael Nee는 신선한 블루베리(*Vaccinium puberulum* var. *tatei*)를 따와서 동료들과 나누어 먹었다. 하지만 이전에 고산지역에서 자라는 블루베리는 절대 먹으면 안 된다는 경고를 들은 적이 있던 베이텔만이 이를 먹지 않았다. 아니나 다를까, 이 블루베리를 먹은 학자들은 모두 얼마 지나지 않아 혈압이 떨어지고 심장 박동이 느려지면서 의식을 잃어버리고 말았다. 대부분의 사람들이 의식은 있었지만 손발을 움직일 수 없는 상태로 8시간 가량 누워 있어야만 했는데, 심지어는 니Nee를 비롯해서 일시적으로 시력을 잃어버린 사람들마저 생겨났다. 이 사고가 진행되는 동안 베이텔은 환자들을 보살피면서 동시에 이들의 증세를 상세하게 기록하였다. 다행히도 시간이 지나자 더 이상의 악화 증세를 보이지 않고 모든 사람들이 원기를 회복하였다.

　이러한 위험에도 불구하고, 만일 테푸이를 방문할 기회가 생기기만 한다면 학자 누구라도 반색하며 달려들지 않을까? 그곳에서는 지금껏 아무도 보지 못한 신종이나 특이한 동식물을 최초로 발견할 가능성이 아주 높기 때문이다. 『잃어버린 세계』 속에서 존 록스톤 경이 말했던 것처럼.

　　"그런 곳이라면 그 안 어딘가에 새롭고 멋진 무언가가 숨어 있을 법하지 않을까요? 그걸 우리가 직접 나서서 찾아보자는 거지요."

26 고사리, 손전등 그리고 제3기의 숲

아이오와주립대학교의 식물학 교수인 도날드 패러$^{Donald\ Farrar}$ 박사는 고사리를 찾는 데 손전등을 사용한다. 식물학자가 사용하는 장비치고는 매우 특이하게 보일지도 모르지만, 실은 패러 교수가 찾고 있는 고사리 역시 대단히 특이한 종류이다. 그가 찾고 있는 것은 다름 아닌 포자체를 아예 만들지 않는 '독립' 배우자체들이다. 이 배우자체들은 암벽의 오버행이나 바위틈같이 서늘하고 그늘진 곳처럼, 수천 년 동안 미기후^{microclimate}가 안정되어 있는 서식지에서 자란다. 패러 교수는 바로 이렇게 어두운 곳에서 자라는 배우자체들을 찾으려고 손전등을 사용하는 것인데, 그동안 그가 발견한 사실들은 대단히 흥미롭기 그지없다.

독립배우자체는 식물학 개론서에 나오는 고사리 배우자체의 전형적인 모습과는 사뭇 다르게 보인다. 일반적인 양치류의 배우자체는 납작한 하트 모양을 띤다. 또한 군체를 이루지 않고 개별적인 개체로 성장하며, 보통 포자체를 만든 후에 곧 소멸해 버리므로 수명이 1년 이하에 불과하다. 이에 비해 독립배우자체는 가는 실 같은 필라멘트 또는 리본 형태의 전엽체를 형성한 뒤 반복적으로 가지를 친다. 수명 또한 단기간 생존하는 것이 아니라 상록성의 군체를 이루며 여러해살이를 한다. 생육 조건만 좋으면 몇 미터에 이르기까지 바위 표면을 가득 덮으며 생장하기도 한다. 독립배우자체의 군락은 고도로 분화된 무성아gemmae에 의해 번식하는데, 2~10개의 세포로 이루어진 무성아가 모체에서 분리되어 새로운 서식 장소로 퍼져 간다. 여러해살이 생장을 하며 무성아 번식을 함으로써 독립배우자체는 포자체를 만들지 않고도 계속 살아갈 수 있다.

패러 교수는 주로 미국 동부 지역에서 독립배우자체에 대한 연구를 30년 이상 해오고 있다. 지금까지 그는 그 지역에서 자생하는 4종의 식물을 확인하였다. 이 중 2종-난쟁이미역고사리(*Micropolypodium nimbata*)와 테일러처녀이끼(*Hymenophyllum tayloriae*)화보사진 5는 대단히 희귀하다. 이 2종은 주로 캐롤라이나 주 남북 경계선을 따라 흩어진 협소한 지역 안에 분포하는데, 특히 테일러처녀이끼는 앨라배마 북서부의 깊은 협곡 속에서만 서식한다. 이에 비해 다른 2종인 트리코마네스 인트리카툼(*Trichomanes intricatum*)과 애팔래치아일엽아재비(*Vittaria appalachiana*)는 미국 동부 지역의 개석대지dissected plateau와 산악지대에 광범위하게 서식하고 있다.그림 117

그중 가장 넓게 분포하는 종은 트리코마네스배우자체인데, 이것은 마치 바위에 들러붙어 있는 녹색의 솜뭉치처럼 보인다. 이를 두고 펠트 같다고 하는 사람들도 있고, 초록색의 연마용 강철 솜뭉치 같다고 하는 사람들도 있다. 이를 확대경을 통해 보면 다세포 필라멘트가 얼기설기 얽혀 있는데, 그중 일부의 말단부에 마디 같은 무성아가 달려 있는 것을 확인할 수 있다.그림 118

애팔래치아일엽아재비의 배우자체는 양상추를 잘게 다져서 바위 위에 흩뿌려 놓은 모습이다. 길쭉한 형태나 리본 모양을 띠는 이 배우자체 가지에서는 수시로 불규칙적인 분지分枝가 일어난다. 일부 가지는 가장자리를 따라서 위로 선 채 그 끝에 마디 같은 무성아를 만든다.그림 119 그 납작한 모

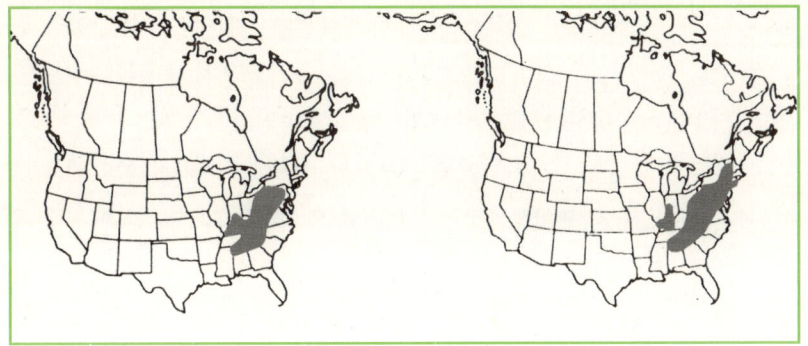

그림 117
애팔래치아일엽아재비(*Vittaria appalachiana*)의 배우자체(왼쪽)와 트리코마네스 인트리카툼(*T. intricatum*) 배우자체(오른쪽)의 분포도. Flora of North America Committee(1993)

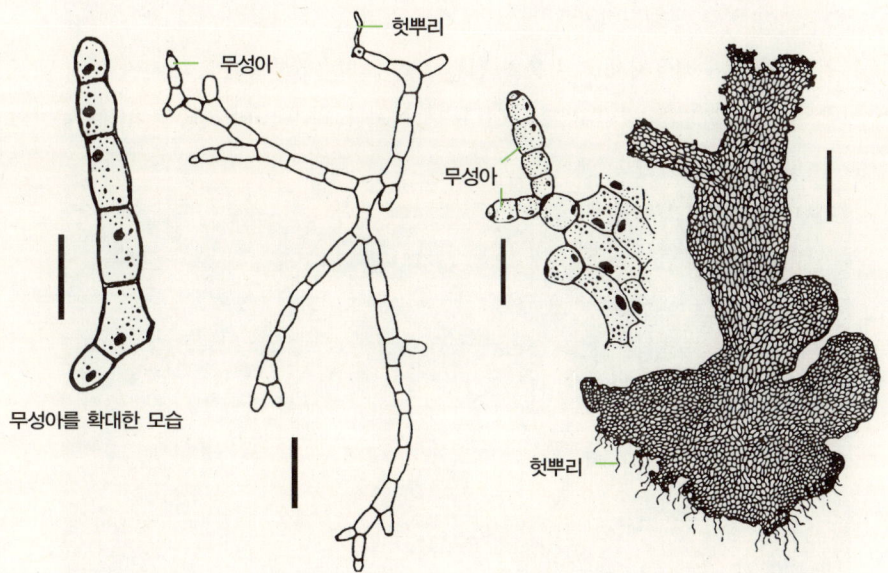

그림 118
가지를 치는 트리코마네스배우자체의 필라멘트. 헛뿌리로 서식 장소에 식물체가 고정된다. 무성아는 분리되어 다른 장소로 퍼져 나갈 수 있다. 척도: 왼쪽, 0.1㎜; 오른쪽, 0.2㎜. Yatskievych et al.(1987)

그림 119
애팔래치아일엽아재비의 배우자체. 헛뿌리로 서식 장소에 식물체가 고정된다. 무성아는 분리되어 다른 장소로 퍼져 나갈 수 있다. 척도: 왼쪽, 0.1㎜; 오른쪽, 1㎜. Yatskievych et al.(1987)

습으로 인해 애팔래치아일엽아재비의 배우자체는 우산이끼류와 혼동을 일으킬 수도 있지만, 식물체가 단세포 두께로 매우 얇으며 주맥이나 기공이 없고 가장자리에 무성아를 단다는 점에서 차이가 있다.

　이렇게 생김새가 특이함에도 불구하고, 독립배우자체를 야외에서 찾아내는 것은 그다지 용이한 일이 아니다. 학창 시절, 나는 2년 동안 인근의 쇼니Shawnee국유림에서 트리코마네스배우자체를 찾아다녔지만 허탕을 친 적이 있다. 그 식물이 그곳의 사암지대 협곡에 자생한다는 것을 알고는 있었지만, 당시의 나로서는 그 식물의 정확한 생김새나 기온과 습도, 채광 조건 등 구체적인 서식 조건에 대해서는 그다지 잘 알지 못하는 처지였다. 학교를 졸업한 다음에 드디어 실제 표본을 볼 기회가 생겼는데, 표본을 확인하고서야 비로소 필드에서 어떤 분위기의 식물을 찾아야 하는지 알게 되었다. 마침내 이 배우자체를 처음 발견한 순간, 나는 흥분하기도 했지만 동시에 창피스러움도 느낄 수밖에 없었다. 이 식물은 내가 이미 허탕 치며 찾아

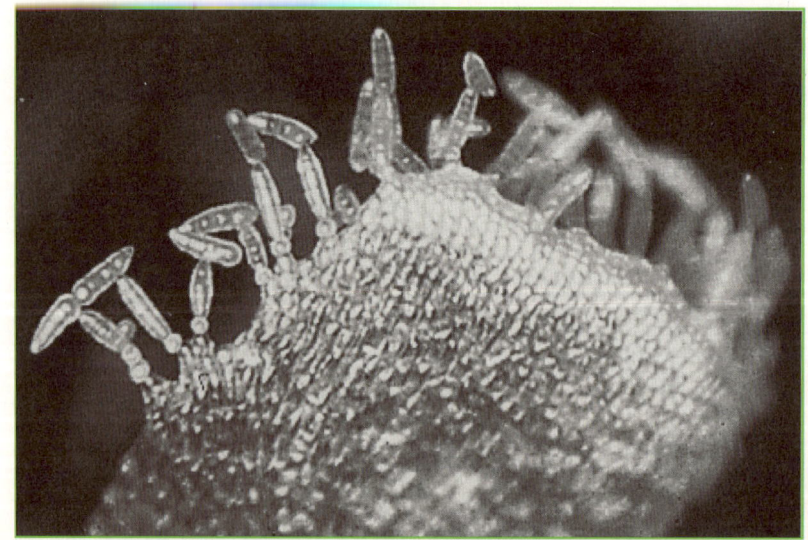

그림 120　애팔래치아일엽아재비(*Vittara appalachiana*)의 배우자체의 말단부에 생성되는 무성아.

다녔던 지역에서 아주 흔하게 자라고 있었던 것이다!

비록 미국 동부의 온대 지역에 광범위하게 분포하고 있기는 하지만, 실은 독립배우자체는 열대성 양치류에 속한다. 트리코마네스배우자체와 테일러처녀이끼는 모두 처녀이끼과(Hymenophyllaceae)로 분류되는데, 이 처녀이끼과의 양치류들은 주로 잎이 마를 일이 없는 축축한 열대림 속에서 서식한다. 애팔래치아일엽아재비의 배우자체는 또 다른 열대성 양치류 식물군인 일엽아재비과(Vittariaceae; 英名, shoestring ferns)에 속하며, 일엽아재비과의 고사리들 중에서는 신발 끈 모양의 잎이 아래로 늘어져서 자라는 착생식물들이 많다. 화보사진 26 그리고 난쟁이미역고사리dwarf polypody도 열대성인 그라미티스과(Grammitidaceae)로 분류하는데, 이 과의 식물들은 거의 대부분 운무림cloud forest 속에서 착생식물로 살아간다.

열대성이라는 공통점을 제쳐두고라도, 독립배우자체들의 가장 이례적인 특징은 어떤 경우에도 포자체를 만들지 않는다는 점이다. 패러 교수는 다른 열대성 근연종들이 포자체를 만들어내는 데 필요한 최적의 생육 환경을 온실 속에 그대로 조성한 뒤 독립배우체가 포자체를 형성하도록 유도하는 실험을 한 적이 있다. 비록 이 경우에도 독립배우자체들이 생식기관들(즉, 장정기와 경란기는 온대 기후에서도 야생 상태에서 생성됨)을 만들기는 하였지만, 결코 포자체로까지 자라나는 법이 없었다. 이 배우자체들은 이미 오래전에 스스로 포자체를 만들어낼 능력을 상실해 버린 것이다. 비록 고대의 선조들은 포자체를 만들 수 있었겠지만 말이다.

이와 같이 잃어버린 포자체 생성 능력을 어떻게 설명할 수 있을까? 열대지방이 고향인 독립배우자체들이 언제 어떻게 온대 기후인 미국 동부 지역에 정착하게 되었을까? 여기에 대해서는 두 가지 가능성을 생각해 볼 수 있다. 첫째, 남아메리카에 자생하며 포자체를 생성하는 자생 집단으로부터 포자가 바람을 타고 날려 와서 정착했을 가능성을 생각할 수 있다. 즉, 그 기원이 현생종들과 관련이 있으며, 최근에(빙하기 이후)에 발생한 포자의 원거리 산포 결과로 볼 수 있다. 하지만 시간이 경과하면서 미국 동부의 겨울 기후를 견디지 못해 포자체 생성 능력을 잃어버렸을 수 있다. 두 번째 가능성은, 미국 동부에도 열대림이 번성했을 약 6,500만~3,500만 년 이전의 제3기 전반부에 독립배우자체가 이곳에 정착했을 수도 있다. 이때는 지구 식물의 역사상 가장 기후가 온화했던 시기이다. 당시에는 북위 80°에서 30℃가량, 북위 30°에서는 5~10℃가량 지금보다 기온이 더 높았다. (Parrish 1987) 덕분에 당시에는 미국 동부에도 열대림이 울창하였고, 야자수와 낙우송(*Taxodium distichum*), 메타세콰이아(*Metasequoia glyptostroboides*)처럼 따뜻한 기후를 선호하는 식물들이 북쪽의 그린란드와 알래스카까지 퍼져 있었다. 오늘날 처녀이끼류와 일엽아재비류들이 열대림에서 자생하듯, 제3기 당시에는 독립배우자체의 선조들이 미국 동부의 열대림에 서식하고 있었다. 이후 제3기 후반부터 서서히 기온이 내려가고 계절성 기후로 바뀜에 따라 빙하기로 진행되던 시기, 미국 동부의 열대식물들은 점차적으로 온대식물들에게 자리를 내주게 되었다. 포자체 단계의 처녀이끼류와 일엽아재비류들 역시 더 이상 추위를 견딜 수 없게 되어 소멸하였으나, 오직 그들의 배우자체만은 추위를 이겨내면서 오늘날까지 잔존종으로서 생존해 온 것으로 볼 수 있다.

　　둘 중 어느 쪽이 더 타당한 이론일까? 아마도 해당 종에 따라 그 해답이 다를 것이다. 미국 내에서도 노스캐롤라이나 주 매콘 카운티^{Macon county}에 있는 딱 한 장소에서만 자생하는 난쟁이미역고사리 배우자체라면, 최근에 발생한 포자의 원거리 산포 이론으로 그 기원을 설명하는 것이 더 타당해 보인다. 다른 독립배우자체 종들과는 달리, 이 종은 비록 포자를 생성하지는 않지만, 극히 드물게 포자체를 만드는 경우가 있다. 이 점에서 볼 때, 미국에 정착한 시점이 최근의 일이라 아직 포자체를 생성하는 능력을 상실하지 않은 것으로 추정할 수 있을 것 같다. 드물게 발생한 포자체들 중 일부는 서인도 제도가 원산지인 미크로폴리포디움 님바타(*Micropolypodium nimbata*)의 포자체와 형태가 동일하다는 사실을 패러 교수가 밝혀낸 것 역시 이 추정을 뒷받침해 준다고 할 수 있다. 자생지의 미크로폴리포디움 님바타는 포자가 형성되는 포자체로 정상 성장하므로, 포자가 허리케인 같은 바람을 타고 노스캐롤라이나까지 실려 올 수 있었을 것이다.

하지만 다른 종들의 경우에는 제3기 정착설이 보다 신빙성을 얻고 있다. 패러 교수는 이 배우체들의 효소 구성이나 형태학적 특질들이 열대아메리카에 자생하는 이들의 근연종들과는 명백하게 다르다는 점을 발견하였다. 그 차이점들이 너무나 다양하고 분명해서 독립배우자체들이 독립된 종이라는 데는 의문의 여지가 없다.(Farrar 1990) 그러므로 이들이 열대아메리카에서 이주해 왔을 가능성은 거의 희박해 보인다.

그렇다면 도대체 어떻게 양치류가 자신의 포자체세대를 완전히 상실해 버리는 일이 벌어진 것일까? 이런 결과로 귀결될 것을 시사해 주는 어떤 중간 단계 같은 것이 알려져 있지 않을까? 가령 여러해살이를 하며 무성아로 번식하는 배우자체로서는 포자체세대 없이 살아가는 데 별 문제가 없어 보인다. 이와 관련해서 다음의 두 가지 사례를 들 수 있을 것 같다. 처녀이끼(*Hymenophyllum wrightii*)와 킬라니고사리(*Trichomanes speciosum*)의 경우가 바로 그 예이다. 처녀이끼는 북태평양 지역의 일본 북부, 알래스카, 캐나다의 밴쿠버 섬 등에 널리 자생한다. 그런데 캐나다에서 처녀이끼의 배우자체는 이곳저곳에서 흔하게 볼 수 있는 반면, 포자체는 오직 퀸살로트 제도에서만 발견된다. 왜 캐나다의 다른 지역에서는 포자체가 생성되지 않는지에 대해서는 아직 그 원인이 밝혀지지 않고 있다. 어쨌든 캐나다의 처녀이끼들은 지속적인 영양생장과 무성아 번식을 통해 별 탈 없이 잘 살아가고 있다.

킬라니고사리는 영국 제도英國諸島에 자생한다. 1800년대 중반 빅토리아시대에 고사리 열풍이 불었을 당시(32장 참조), 수많은 애호가들이 레이스를 닮은 예쁜 잎을 말려서 기념품으로 소장하기 위해 킬라니고사리를 마구 캐

가는 바람에 현재 이 식물은 영국에서는 멸종위기에 처한 상태이다. 그렇지만 너무 작아서 사람 눈에 잘 띄지 않는 이 고사리의 배우자체는 사람의 손을 타지 않은 채 살아남아 예전에 포자체가 서식하던 지역에 아직도 자생하고 있다. 킬라니고사리의 배우자체는 1989년 영국에서 안식휴가를 보내고 있던 패러 교수에 의해 처음으로 발견되었다. 그의 발견이 시발점이 되어 이후 룩셈부르크, 프랑스, 독일 등지에서도 킬라니고사리의 배우자체가 발견되고 있다.(Rasbach et al. 1993, Ratcliffe et al. 1993, Rumsey et al. 1990, 1991) 처녀이끼와 마찬가지로 킬라니고사리의 배우자체 역시 전적응^{前適應}, preadaptation을 하여 무성아 번식에 의해 독자적으로 생존하고 있는 것으로 보인다. (비록 이제는 산포의 수단으로 성격이 변했지만, 무성아는 원래 조정호르몬인 앤서리디오겐antheridiogens에 반응하는 유일한 조직으로서 생식생장과 관련된 기능을 수행했다.) (Emigh & Farrar 1977)

독립배우자체들은 식물의 진화에 있어 기관의 퇴보라는 중요한 주제를 실제로 증명해 주는 생생한 사례들이다.*^{감수자주} 사막에 사는 다육식물들의

---

*감수자주
　독립배우자체만으로 생활환을 영위하는 고사리의 진화는 단순히 기관의 퇴화만을 의미하지는 않는다. 장황할지 모르지만 잠깐 이에 대해 짚고 넘어가고자 한다.
　배우자체의 핵상은 1N이고 포자체는 2N인데, 1N 배우자체는 2N 포자체에 비해 적응력이 약하다. 1N 배우자체는 염색체가 한 세트 밖에 없어서 상동염색체가 없기 때문에 가지고 있는 열성 유해 유전자들이 모두 발현되기 때문이다. 모든 생물들은 열성 유해 유전자들을 다 가지고 있다. 왜냐하면 확률이 낮기는 하지만 자연 돌연변이가 일어나는 과정에서 정상 유전자에 비해 적응력이 약한 열성 유해 유전자들이 없어지지 않고 그대로 다음 세대로 전해지며 축적되기 때문이다. 따라서 열성 유해 돌연변이를 갖고도 계속 생존해가려면 선택압력을 받지 않는 최적의 환경조건에서 살아가는 수밖에 없다.
　반면에 2N인 경우에는 상동 염색체에 있는 정상 우성 대립인자가 있어 열성 유해 돌연변이 유전자가 발현되지 않고, 두 대립인자가 모두 같은 좌위에 열성 유해 유전자를 가질 확률이 낮기 때문에 상대적으로 적응력이 높은 것이다. 따라서 식물체의 핵상은 1N 우세 생활환에서 2N 우세 생활환을 갖는 쪽으로 진화를 해왔다. 즉, 양치식물→나자식물→피자식물로 진화해 가면서 1N 배우자체는 점점 축소된다. 이런 점에서 보면 (거의) 모든 동물들은 2N 몸체만 갖고 있어 식물에 비해 상대적으로 훨씬 진화한 생물이라고 할 수 있을 것이다. 따라서 독립배우자체 고사리가 2N 포자체 세대를 잃어버리고 1N 배우자체 세대만 가지게 된 점은 생물의 주된 진화방향을 따르지 않고 오히려 반대방향으로 간 특이하고 신기한 현상인 것이다.

잎이 퇴보한 것이나 풍매화에서 꽃잎이나 향기가 퇴보한 것, 또는 기생식물이나 부생식물에서 엽록소가 없어진 것에서도 이러한 사례들을 볼 수 있지만, 아예 포자체세대 전체를 포기해 버린 독립배우자체의 경우는 그 사례가 대단히 극적이라고 할 수 있다. 비록 예전의 크고 아름다운 잎들은 사라지고 말았지만, 야외에서 실제로 독립배우자체를 발견하게 되면 대단한 만족감을 느끼게 된다. 나의 경우에는 독립배우자체를 발견하게 되면, 확대경으로 이를 세심하게 관찰하면서 무성아를 확인해 보는 것을 즐겨 하고 있다. 이 자그마한 식물들이 미국 동부에서 적어도 제3기 중반부터 스스로 진화 실험을 수행하며 생존해 오고 있다는 사실을 되새길 때면 새삼 짙은 감동을 느끼지 않을 수 없다. 지금으로부터 3,500만 년 전이라니, 정말이지 긴 세월이 아닐 수 없다.

27 열대지방의 종 다양성

생물학 분야에서 가장 주목을 끄는 현상들 중 하나는 바로 열대지방의 풍부한 생물상이다. 일반적으로 생물종의 수는 생명의 흔적이 거의 보이지 않는 극지방에서 적도 쪽으로 감에 따라 급격하게 증가한다. 일부 예외적인 경우를 제외한다면, 열대지방에 서식하는 조류鳥類, 나비, 포유류, 파충류, 어류 그리고 현화식물의 종류는 온대지방보다 훨씬 다양하다. 과거의 지질학적 시대에도 마찬가지였던 이러한 추세를 '위도다양성구배緯度多樣性傾勾配; latitudinal diversity gradient'라고 부르고 있다. 이것은 지구상에서 생물종의 분포를 결정짓는 주요한 유형으로서, 특히 고사리류와 석송류의 경우에 아주 잘 드러나고 있다.

만일 당신이 동아시아 지역에서 남쪽으로 내려가며 여행한다고 가정해 보자. 당신이 볼 수 있는 고사리류와 석송류의 종 수는 캄차카 반도에서 42종, 홋카이도에서 140종, 일본 혼슈에서 430종, 대만에서 560종, 필리핀에서 960종(한반도 400여 종—옮긴이주), 그리고 보르네오에서는 1,200여 종으로 점차 늘어난다. 아메리카대륙 역시 이와 동일한 유형을 보인다. 자생 양치류의 종 수는 그린란드에서 30종, 뉴잉글랜드에서 98종, 플로리다에서 113종, 과테말라에서 652종, 에콰도르에서 1,250종을 기록하고 있다.^{그림 121} 북반구이든 남반구이든 상관없이 고위도 지역에서 적도 쪽으로 이동할수록 생물종의 수는 30배 이상 증가세를 보이고 있다.

이러한 추이의 증가세는 지역 간의 종 다양성을 비교해 보면 그 양상이 대단히 극적인 모습을 띠기도 한다. 크기가 웨스트버지니아 주보다도 작은 코스타리카에서는 약 1,165종의 고사리류와 석송류 식물들이 자생하는데, 이것은 미국과 캐나다에 분포하는 전체 종 수보다 거의 3배나 많은 수치이다. 코스타리카의 카리브 해 연안지역에는 라셀바생물학연구기지 La Selva Biological Field Station가 있는데, 연구기지 구역 안에 위치한 15km² 규모의 열대림에 자생하는 고사리류와 석송류가 무려 150종이나 된다. 이것은 미국의 동북부 전역에 자생하는 고사리류와 석송류의 전체 종 수와 거의 같은

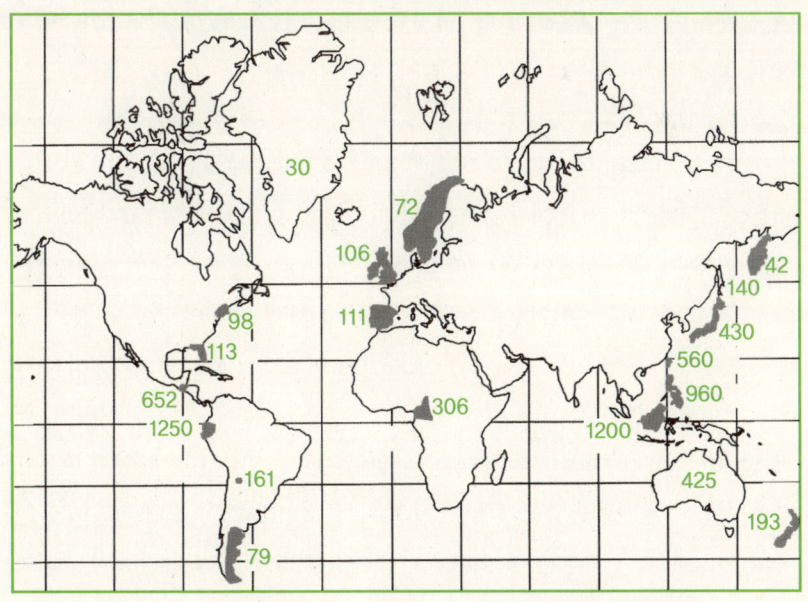

그림 121 세계 각지의 양치식물들의 종 수. 적도로 갈수록 수치가 증가함에 주목하라.

수치이다.(Grayum & Churchill 1987)

　　하지만 단순히 생물종의 수만 따지는 것만으로는 충분하지 않다. 열대지방의 생물종들은 식물체의 크기와 모양, 구조와 같은 형태학적 측면에서 온대지방보다 다양성을 보인다. 이러한 다양성은 분류학적으로도 더 많은 과와 속이 존재한다는 결과로 나타나는데, 그중 일부 식물들은 자생지가 거의 또는 전적으로 열대지방에 한정되어 있다. 가령 나무고사리류는 거의 열대지방에 자생지가 국한되어 있다. 마찬가지로 실고사리속(Lygodium)과 오돈토소리아속(Odontosoria) 그리고 점고사리속(Hypolepis)에 속한 덩굴성 양치류들 역시 주로 열대지방에서만 자란다. 열대우림에서 흔히 볼 수 있는, 나무의 수간이나 줄기에 붙어 자라는 착생성 양치식물들 역시 온대지방에서는 거의 찾아볼 수 없다. 또한 풀고사리과(Gleicheniaceae), 난쟁이미역고사리과(Grammitidaceae), 일엽아재비과(Vittariaceae)의 식물들처럼 열대지방에서는 흔하게 볼 수 있지만, 온대지방에서는 거의 자생하지 않거나 아예 존재하지 않는 경우도 있다. 이처럼 열대지방은 그곳에 살고 있는 생물종의 절대적인 개체 수나 종류에 있어 온대지방보다 월등히 앞선다고 말할 수 있다.

　　진화생물학 분야에서는 어떻게 '위도다양성구배'가 생겨나게 되었는지를 규명하는 것이 대단히 중요한 연구 주제가 되고 있다. 따라서 이와 관련한 여러 가지 가설들이 계속 제창되고 있는 것도 그다지 놀랄 만한 일은 아니다. 그중 매우 활발하게 논의되고 있는 가설로서 안정성-시간 가설 stability-time hypothesis을 들 수 있다. 이 가설에 따르면, 새로운 생물종이 형성되는 속도는 열대지방이나 온대지방이나 모두 동일하다. 하지만 지난 수백만 년 동안 열대지방의 기후가 상대적으로 훨씬 더 안정되어 있었기 때문에 상대적으로 생물종의 멸종 비율은 더 낮다는 것이다. 반면에 기후가 불안정하고 여러 차례 빙하작용의 영향을 받은 온대지방은 그만큼 멸종의 위험이 더 높다는 것이다. 그리하여 오랜 시간이 경과함에 따라 열대지방에 보다 많은 생물종이 생존하게 되었다는 것이 이 가설의 요지이다.

하지만 열대지방이 일체의 변화 없이 안정된 지역만은 아니었다는 사실에 이 가설의 결함이 있다. 지형학, 화분학 그리고 기후학 등의 연구 결과로 열대지방도 빙하기와 그 이전의 제3기 동안 기후 변화를 겪었다는 사실이 차츰 밝혀지고 있는 중이다. 기후 변화에 따라 온대지방에서 초원, 침엽수림, 활엽수림 등의 분포 범위가 달라졌던 것처럼, 열대지방의 사바나와 열대우림, 빠라모páramos도 마찬가지로 변화를 겪었다고 보아야 할 것이다. 요컨대 열대지방도 변화가 없는 정적인 곳이 아니라 마찬가지로 역동적인 변화를 거쳐 온 곳이라는 것이다. 그러므로 만일 이곳에서 생물종의 멸종비율이 낮다고 한다면(이것 역시 논란의 소지가 있는 주장이다.) 그 원인을 오로지 안정된 기후에서만 찾고자 하는 것은 곤란한 일이다.

안정성-시간 가설과 반대 입장에 서 있는 것이 빙하기 피난처 가설Ice Age refuge hypothesis이다. 이 가설에 의하면, 열대지방에서 종 다양성이 높아진 이유는 마지막 빙하기 동안 발생한 불안정한 기후 때문이다. 고위도지역에서 빙하가 확장되던 시기에 열대지방 역시 건조하고 서늘한 계절성 기후의 영향을 받았다는 것이다. 이러한 기후 조건에서는 열대우림이 쇠퇴하고 그 대신 열대 초지와 사바나가 번성하게 되는데, 궁극적으로 열대우림은 끝없이 펼쳐진 초지와 사바나 가운데 마치 고립된 섬처럼 띄엄띄엄 산재하게 되었다. 고립된 동식물군들이 이처럼 안전지대 역할을 한 열대우림 속에서 외부로부터 차단되어 새로운 종으로 진화해 감에 따라 고유성과 종 다양성이 발달한 지역들이 나타나게 되었다는 것이다.

하지만 이 가설 역시 취약점이 없지 않다. 비록 열대지방도 불안정한 기후와 식생 변화를 겪었다지만, 열대우림이 국지적으로 고립되어 초지 또는 사바나에 둘러싸였다는 사실을 입증할 직접적인 증거는 아직 존재하지 않는다. 높은 고유성과 종 다양성이라는 기준에 따라 피난처의 명확한 경계를 설정하기 힘든 것도 문제가 된다. 우리는 아직 열대식물의 분포에 대해서 아는 것이 많지 않을뿐더러, 우리들이 살고 있는 현 시대에서조차 고유성과 종 다양성을 촉진하는 인자들이 무엇인지에 대해서 거의 알지 못하고 있는 실정이다. 이러한 인자들이 더 명확하게 규명되기 전까지는 오로지 기후 변화나 안전지대 같은 과거에 발생한 인자들에 의거하여 열대지방의 종 다양성을 설명하려고 하는 것은 시기상조일 것으로 보인다.

    종 다양성이 현재의 인자들에 영향을 받는다는 점에는 이론異論의 여지가 없다. 같은 열대지방이라 할지라도 그곳에 서식하는 생물종의 수는 지역에 따라 차이를 보인다. 가령 콜롬비아와 베네수엘라의 야노스llanos; 대초지보다 아마조니아에 서식하는 생물종 수가 더 많고, 아마조니아보다는 안데스 산맥 지역의 종 수가 더 많다. 또한 서식지의 유형에 따라서도 차이가 나타난다: 맹그로브 습지보다는 열대건조림, 열대건조림보다는 열대우림에서 종 다양성이 더 높이 나타난다. 이러한 차이에서 볼 때, 열대지방의 종 다양성이 위도 말고도 여타 인자들에 의해 영향을 받고 있음이 분명하다.

    연간 강우량이 바로 그런 인자들 중 하나이다. 일반적으로 열대지방 중에서도 강우량이 더 많은 곳에서 상대적으로 종 다양성이 더욱 풍부하게 나타난다. 가령 열대우림이 열대건조림보다 서식하는 생물종의 수가 더 많다. 하지만 단순히 연간 강우량이 얼마인지만 보아서는 곤란하다. 강우량만큼이나 중요한 것이 연중 강우 유형이라고 할 수 있다. 연간 강우량이 동일한 두 지역이라 할지라도 두 곳 중에서 만일 건기가 뚜렷하게 나타나는 곳이 있다면 그곳은 연중으로 고르게 비가 내리는 곳보다는 상대적으로 생물종의 수가 적다. 고사리류들, 그중에서도 특히 착생 고사리류들은 계절성에 의해 크게 영향을 받는다. 아마존 강 유역지대가 좋은 사례일 것 같다. 이곳에서는 6월에서 9월 사이에 뚜렷한 건기가 나타나는데, 이곳에 자생하는 양치식물의 종 수는 약 100종 정도에 불과하다. 그런데 이곳에서 서쪽으로 갈수록 연중 고르게 비가 내리는 경향을 보이는데, 안데스 산맥 인근 지역에 도달하면 건기가 거의 나타나지 않는다. 안데스 산맥을 등지고 콜롬비아와 볼리비아를 가로지르는 아마조니아 서부 지역인 이곳이야말로 인근에서 가장 많은 종의 고사리류들이 자생하는 곳으로서 그 수가 무려 500종에 이른다. 이곳의 숲은 임상과 수관부 모두 무성한 양치류들로 덮여 있는 모습을 보여준다.

지형의 다양성 역시 중요한 인자이다. 열대성 고사리류들이 가장 다양하게 나타나는 곳은 다름 아닌 산간지대인데, 안데스 산맥지대에 자생하는 양치류는 약 3,000종으로 추산되고 있다. 이것은 열대아메리카 지역 중에서 가장 높은 수치이다. 이와 비교해서 상대적으로 평원지대인 아마조니아는 안데스 산맥보다 더 넓은 지역임에도 불구하고, 자생하는 고사리류의 수는 600여 종에 불과하다. 사실 아마조니아는 열대아메리카 지역 중에서 고사리류의 종 다양성이 가장 빈약한 곳이기도 하다. 또한 선태류나 지의류의 경우도 마찬가지이다. 그러므로 만일 다양한 종류의 고사리류를 보고자 한다면 차라리 산지로 가 보는 편이 낫다.

왜 산간지역이냐 하면, 이곳에서는 서로 다른 고도와 기온, 습도, 강우량, 경사도, 일조량, 토양 등의 요소들이 결합하여 양치식물들이 살기에 다양한 서식 환경들을 제공하기 때문이다. 이렇게 다양한 서식 환경 속에서는 다른 곳에서 살지 못하고 특정한 서식 환경에만 적응하는 종들이 개별적으로 나타나기 때문에 전체적인 종 다양성이 훨씬 풍부해진다. 반면에 저지대는 환경적으로 볼 때 서식 조건이 매우 균일하므로 가까운 지역 사이에도 환경 변화의 차이가 많은 산간지대와는 달리 고도와 기온, 또는 기타 요소들에 있어 거의 변화가 나타나지 않는다.(Moran 1995) 그러므로 저지대에서는 종 다양성이 떨어질 수밖에 없다.

위도, 강우량, 계절성, 산지 환경 등 이 모든 요소들이 종 다양성에 영향을 준다. 하지만 이것 말고도 또 다른 변수들이 존재한다. 열대지방의 종 다양성을 설명하는 데는 앞서 말한 가설들 말고도 일조량, 생태적 지위의 다양성niche diversity, 질병 등의 인자들에 의거하여 이를 규명하고자 하는 다양한 가설들이 있다. 아마도 지난 수백만 년 동안 이 모든 인자들이 포괄적으로 결합하여 정교한 물리학적·생물학적인 네트워크가 형성되는 과정이 지금 이 순간에도 계속 진행 중인 것으로 보아야 할지도 모른다. 이 네트워크에 의해 오늘날 우리가 목도하는 바와 같은 열대지방의 종 다양성이 생겨났다고 볼 수 있다. 이와 같은 종 다양성으로 인해 생물학자들은 새로운 종을 발견하는 데 따르는 희열과 다양한 형태의 생물종들이 주는 경외감에 매료되어 끊임없이 열대지방을 찾게 된다. 하지만 "어째서 열대지방에는 생물종이 이렇게 다양할까?"라는 질문은 외관상으로는 단순해 보일지언정 그 해답은 매우 복잡하기 짝이 없다. 이는 결코 단순한 답으로 해결할 수 있는 질문이 아니다.

Ferns and

Ferns and People

People
양치식물과 사람들

- 28 _ 나도고사리삼 차
- 29 _ 생이가래의 무서운 번식력
- 30 _ 물개구리밥은 작은 질소공장
- 31 _ 죽음을 부르는 날두빵
- 32 _ 빅토리아시대 고사리 열풍
- 33 _ 타타르의 식물양

28 나도고사리삼 차

대만은 중국 본토에서 약 160km 떨어진 곳에 위치해 있다. 크기가 내 고향인 뉴욕 주의 3분의 1에 불과하지만, 대만은 아시아에서도 손꼽히는 경제대국이다. 수도이자 경제활동의 중심지인 타이베이는 내난히 시끄럽고 복잡한 도시로서, 도로는 교통 체증이 극심하며, 도로 양편으로는 회색의 콘크리트 고층건물들이 즐비하다. 또 건물들 사이로는 전깃줄이 마치 난파선의 밧줄처럼 복잡하게 얽혀 있는 그런 곳이다. 하지만 이 붐비는 도시 한가운데에는 초록으로 우거진 평화로운 휴식처가 있다. 바로 장개석기념공원그림 122이 그곳인데, 그렇다고는 하더라도 그곳에서 고사리 같은 식물을 발견할 수 있으리라고는 상상하기가 어렵다.

3월 중순의 어느 날, 나는 내 친구이자 동료인 식물분류학자 조숙묘趙淑妙, Chaw, Shu-miaw 박사와 함께 이곳을 찾았다. 이제 막 조 박사의 안내로 아름다운 전통 건축물인 장개석기념관을 둘러본 참이었다. 우리 일행이 기념관 밖으로 나왔을 때, 문득 그녀의 시선이 기념관 앞의 잔디밭으로 쏠렸다. 그곳에는 풀을 뽑고 있는 할머니 한 분을 제외하고는 아무도 보이지 않았

그림 122
타이베이 시 중심부의 장개석기념공원; 중앙의 큰 건물이 장개석기념관이다. **저자 그림.**

다. 조 박사는 가던 길을 멈춰 서서 그 노인을 유심히 바라보고 있었다.
"저 할머니는 나도고사리삼(*Ophioglossum*)을 뜯고 있는 것 같네요."
"뭐라고요? 이런 곳에서 말인가요?"라고 내가 되물었다.
"농담이겠죠!"
대도시의 한복판에서 나도고사리삼을 볼 수 있으리라고는 상상도 못할 일이었다. 나도고사리삼이라면 내 경우엔 주로 도시에서 멀리 떨어진 벌판의 길가나 숲이나 목초지 같은 곳에서 보아 왔던 것이다. 사실을 확인하기 위해 우리는 잔디밭을 가로질러 쪼그려 앉아 있는 할머니에게 다가갔다. 몇 걸음 떨어지지 않은 곳까지 다가가서야 비로소 나는 그 노인 부근에 놓여 있는, 나도고사리삼으로 채워진 작은 비닐 봉투를 보았다.
조 박사는 중국어로 그 할머니와 이야기를 나누었는데, 그녀는 우리들의 호기심 때문에 다소 당황스러워하는 눈치였다. 두 사람이 이야기를 하는 동안 나는 풀밭에 흩어져 있는 나도고사리삼의 통통한 초록색 잎을 확인할 수 있었다. 그것은 풀밭의 여러 잡초들, 특히 질경이류(*Plantago*)의 잎사귀와 비슷하게 보였는데, 다만 잎의 주맥이 없는 점에서 차이가 있을 뿐이었다. 여기저기 꼿꼿이 선 나도고사리삼의 포자엽이 마치 땅에 꽂아둔 연필인 양 잔디 위로 올라와 있었다. 포자엽의 끝에는 노란색이 도는 두 줄의 포자낭이 발달해 있는데, 바로 이 부분이 독사의 혀를 닮았다고 하여 serpent's tongue(독사의 혀라는 뜻)이라는 영어 이름이 생겼다.

포자엽을 달고 있는 개체 하나를 따서 관찰해 보니, 미국 남동부에서도 자생하는 자루나도고사리삼(*Ophioglossum petiolatum*) 그림 123임을 알 수 있었다. 이것 또한 놀랄 만한 일이었다! 이야기를 마친 조 박사는 내게 이렇게 통역을 해주었다.

"이 식물은 한약재로 사용한다는군요. 잎을 말려서 가루를 낸 다음 약차藥茶를 만든다고 해요. 몸에 좋다고 하네요."

"몸에 좋다니, 그게 구체적으로 무슨 뜻이죠?"라고 내가 물었다.

조 박사는 다시 그녀에게 물어보았지만, 여전히 아리송한 대답밖에 들을 수 없었다. 나도고사리삼이 구체적으로 감기에 좋은지, 아니면 관절염이나 기관지염, 또는 기타 어느 질병에 효험이 있는지 그 할머니에게서는 별 신통한 이야기를 들을 수 없을 것 같았다. 라틴아메리카에 갔을 당시, 고사리 종류를 약용으로 채취하거나 시장에서 팔

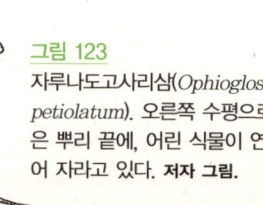

그림 123
자루나도고사리삼(*Ophioglossum petiolatum*). 오른쪽 수평으로 뻗은 뿌리 끝에, 어린 식물이 연결되어 자라고 있다. **저자 그림.**

고 있는 것을 보았을 때도 마찬가지였다. 고사리가 어떤 질병에 효험이 있는지에 대해서는 애매모호한 대답밖에 들을 수 없었던 것이 보통이다. 마치 진실을 밝혔다가는 약효가 사라지기라도 하는 것처럼 말이다. 별수 없이 우리는 그 할머니에게 작별인사를 하고 돌아서야만 했다.

조 박사는 타이베이 주변에서 나도고사리삼을 채취하는 사람들을 종종 본다고 한다. 심지어는 식물학연구소 앞의 잔디밭에도 나도고사리삼 군락이 있어 종종 채취을 하고 있다고 한다. 나는 그곳에서 몇 주 동안 연구를 하면서 잔디밭을 자주 지나다녔으면서도 미처 그 군락을 보지 못했는데 말이다. 조 박사는 그렇게 마구 캐도 왜 나도고사리삼의 씨가 마르지 않는지 궁금해 했다. 이에 대해 나는 채취꾼들이 줄기 기부 위쪽의 잎만 딸 뿐 줄기와 뿌리는 건드리지 않기 때문일 것이라고 대답했다. 지하부는 땅속에 온전하게 남기 때문에 식물체가 다시 회복할 가능성이 크다고 할 수 있다. 또한 나도고사리삼류(*Ophioglossum*)의 근경과 뿌리는 공생관계에 있는 균류들이 물과 영양분을 공급해 주기 때문에 광합성을 담당하는 잎에 양분 공급을 전적으로 의존할 필요도 없다. 줄기마다 그 끝에 3~5개의 엽아葉芽가 달려 있는 것도 강인한 생명력의 비결이다. 잎이 하나 없어지더라도 엽아들 중 하나가 자라나서 그 자리를 대신하는 것이다.

사실 나도고사리삼류는 근아根芽를 통해서도 번식하기 때문에 제거하는 것조차도 쉽지 않다. 무성아가 달리는 양치류들은 대부분 잎 또는 변형된 줄기인 포복지에서 눈이 생겨나지만, 나도고사리삼류는 드물게도 뿌리에서 눈이 생겨나는 식물이다.(5장 참조)

산책을 마치고 나서 우리는 서둘러 인근의 식당으로 향했다. 대만에 있는 내 동료 식물학자들이 주최한 만찬에 참석하기 위해서였다. 만찬 장소에 들어서자 그곳에서 내 친구이자 공동연구자인 국립대만대학 식물학과의 곽성맹郭城孟, Kuo, Chen-meng 교수가 눈에 띄었다. 이 점잖은 학자는 대만 최고의 양치식물 권위자이다. 나는 다른 식물학자들 사이를 지나 그에게 다가가서 그날 내가 본 나도고사리삼에 대해 열심히 이야기를 했다.

"그렇게 놀랄 일은 아니지요."라고 곽 교수가 말했다.

"나도고사리삼류는 대만 북부에서는 흔한 편이거든요. 내가 근무하는 국립대만대학 캠퍼스 잔디밭에도 자란답니다. 하지만 기후가 훨씬 더 건조한 대만 남부에서는 그다지 흔한 편이 아니죠."

곽 교수는 나도고사리삼의 효용에 대해서 자신이 관찰한 것도 이야기 해주었다.

"내 경험으로는 그걸 차로 음용하는 경우는 드문 경우입니다. 보통은 말려서 가루를 낸 다음 고약을 만들어 피부의 종기를 치료하는 데 사용하죠. 나도고사리삼을 뜯는 사람들은 주로 개인적 용도로 채취하지만, 타이베이 인근의 노천시장에서 파는 사람들도 있어요. 말린 나도고사리삼 30g 정도가 미국 돈 32달러 정도에 거래된답니다."

미국으로 돌아온 후에 나는 옛날에는 영국에서도 나도고사리삼을 유사한 용도로 사용했다는 흥미로운 사실을 알게 되었다. 1597년 약초 연구가인 존 제라드John Gerard는 나도고사리삼류(*Ophioglossum*)의 효능에 대하여 이렇게 기록하고 있다.

> 나도고사리삼의 잎을 맷돌에 간 다음 이것을 올리브오일에 넣고 끓여서 졸이면 대단히 훌륭한 녹색 기름을 얻을 수 있다. 물레나물기름과 마찬가지로 이것을 갓 생긴 상처에 바르는 연고로 사용한다. 효험이 훨씬 뛰어날 뿐 아니라 색이 매우 아름다워서 많은 화가들이 녹청색염료로도 사용하고 있다.

『대영제국의 양치류(*Ferns of Great Britain*)』(1855)라는 책에서 앤 프랫Anne Pratt은 제라드의 처방이 여전히 영국의 일부 지역, 특히 켄트, 서식스, 서리 등지에서 사용되고 있음을 기록하고 있다. 그들 지방에서는 이것을 '자비의 녹색기름green oil of Charity'으로 불렀는데, 약효를 강화하기 위해 질경이나 기타 약초를 첨가하기도 하였다고 한다.

아무쪼록 내게는 자비의 녹색기름 같은 것이 필요할 일이 없기를 바랄 따름이다. 차라리 나도고사리삼으로 끓인 차[茶]가 '몸에 좋다'는 생각이 내게는 더욱 흥미롭게 여겨진다. 다음번 대만 여행 때에는 노천시장에서 말린 나도고사리삼 잎을 한 봉지 사서 차를 끓여 내게 대만의 양치식물에 대해 많은 가르침을 준 조숙묘 박사와 곽성맹 박사와 함께 나누어 마시리라. 또한 전혀 예상치 못한 장소에서 자라는 특이한 양치류들도 더 많이 볼 수 있으면 좋겠다. 그런 뜻밖의 경험이 여행의 즐거움을 배가시켜 주기 때문이다. 사무엘 존슨 Samuel Johnson 은 이렇게 말했다.

가장 눈부신 희열의 불꽃은 종종 예상치도 못했던 불씨에 의해 점화되곤 한다.

29 생이가래의 무서운 번식력

작은 고사리 하나가 8만 명이나 되는 사람들의 생존에 위협이 될 수 있을까? 그로 인하여 식량과 의료 혜택, 그리고 교육의 기회가 단절되는 바람에 사람들이 고향을 떠날 수밖에 없는 그런 일이 일어날 수 있을까? 참 믿기 힘든 일이지만, 이것은 1980년대 초반 부생성浮生性의 소형 고사리 하나가 파푸아 뉴기니의 세픽 강 범람원에서 기하급수적으로 번식하면서 실제로 벌어진 일이다.

문제가 된 고사리는 바로 생이가래속(*Salvinia*)의 외래종이었는데, 이 식물은 겨우 이틀 남짓한 시간 안에 2배로 군락의 크

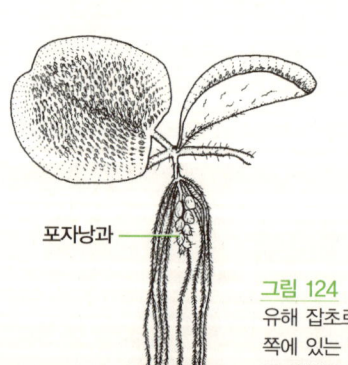

포자낭과

그림 124
유해 잡초로 알려진 양치류 몰레스타생이가래(*Salvinia molesta*) 위쪽에 있는 1쌍의 둥근 잎들은 물위에 뜬다. 물속에 잠기는 세 번째 잎은 흰색의 뿌리처럼 생겼는데, 작은 구슬 같은 포자낭과가 달려 있다. 저자 그림.

기를 불릴 수 있다.그림 124, 화보사진 21, 23. 작열하는 열대의 태양 아래서 급속도로 번식한 이 식물은 오래지 않아 강, 호수, 늪지의 표면을 뒤덮어 버렸다. 급격하게 늘어나는 식물들이 좁은 공간에서 서로 밀쳐내는 과정에서 오래된 식물은 수면 아래로 밀려나 서서히 부패해 갔고, 수면 위에는 두툼한 녹색의 매트가 드넓게 형성되었다. 어떤 곳에서는 이 물에 잠긴 묵직한 매트의 두께가 1m 이상이나 되어 길이 없는 이 지역에서 주요 교통수단이 되고 있는 통나무배의 통행을 가로막기도 하였다.그림 125 마침내 지역주민들은 더 이상 시장이나 학교에 갈 수도 없었고, 진료를 받으러 병원을 찾을 수도 없는 처지에 놓이게 되었다. 고기잡이도 사실상 불가능해졌다. 더 심각한 문

그림 125
텍사스 리버티 인근의 몰레스타생이가래(*Salvinia molesta*)가 창궐한 지역. 식물군락층이 어찌나 두꺼운지, (연구자 앞에 보이는) 시멘트 블록을 올려놓아도 가라앉지 않는다.

제는 원주민들이 주요한 탄수화물 섭취원으로 삼고 있던 사고야자sago palm 속심을 채취하기 위해서는 인근의 습지에서 사고야자나무 줄기를 채취해서 통나무배 뒤에 매달아 운반해 와야 했는데, 이것이 아예 불가능해져 버린 것이다. 두툼한 생이가래속(Salvinia) 매트는 통나무배의 통행을 막은 것에 그치지 않았다. 두터운 매트가 물속의 다른 수생식물들에게 도달하는 햇빛을 차단하는 바람에 물속의 산소 농도가 희박해졌고, 그로 인해 물속 진흙 속에 서식하는 수많은 미생물들이 죽음을 맞게 되었다. 또한 이 매트는 관개 수로와 배수터널을 막아 버리고, 배수펌프의 고장을 일으키는 원인이 되기도 하였다. 심지어는 인간의 혈관에 기생하는 주혈흡충schistosomia의 번식 장소로 전락한 곳도 있었는데, 주혈흡충증schistomiasis이 창궐한 곳에서는 주민들이 마을을 버리고 떠나야 하는 일마저 발생했다.

왕성하게 번식하는 생이가래속이 문제를 일으킨 것은 이때가 처음은 아니었다. 스리랑카에서도 1939년 콜롬보대학교 식물학과의 누군가가 실수로 이를 도입한 이래 골칫덩어리 유해식물이 되고 말았다. 이후 이 식물은 호주, 인도, 동남아시아 그리고 아프리카 남부까지 확산되어 퍼져 나갔다.

1959년에는 짐바브웨와 잠비아 국경선을 따라 위치한 저수지인 카리바 호수에서 특히 심각한 과잉번식 사태가 벌어져 널리 세간의 주목을 받았다. 그곳에서는 소규모의 생이가래속 군락 하나가 불과 3년 만에 $1,000km^2$ 너비의 호수 수면을 모조리 뒤덮어 버렸다.

이처럼 생이가래속이 세계 각지의 수로들을 몽땅 뒤덮어 버리기 전에 무언가 방제 조치를 취해야만 했다. 그래서 수생잡초 전문가들의 권고에 따라 제초제를 살포해 상당수를 제거할 수는 있었지만, 소수의 살아남은 식물들이 1년 남짓한 시간에 다시 폭발적으로 번식하였다. 제초제 살포는 또한 비용이 많이 든다는 문제점도 있었다.

이외에도 여러 가지 시도들이 있었다. 수면 위의 식물들을 그물망으로 걷어내기도 했지만, 그물 밖으로 빠져나가는 식물들이 너무 많았다. 호수에서는 생이가래의 확산을 억제하기 위해서 일부 핵심 관리 구역에 차단막을 설치해 보기도 했으나, 식물체가 증식하면서 밀어내는 압력 때문에 차단막이 부러지는 사고가 빈번했다. 제초기를 사용해서 제거하는 방법도 별 효력이 없었다. 기계에 의해 작은 조각으로 잘려 나간 식물들이 다시 번식을 계속했기 때문이다. 몇몇 수생식물을 억제하는 데 효과가 입증된 초어草魚를 방류해 보았지만, 초어들은 생이가래속은 거들떠보지도 않았다. 아울러 생이가래를 사용하여 가축 사료를 만드는 등 이 식물을 경제적으로 활용하기 위한 시도들도 모두 실패로 돌아가고 말았다. 정말이지, 아무런 해결책이 보이지 않는 난감하기 그지없는 상황이었다.

그러던 중 잡초방제 전문가들은 생물학적 방제에까지 눈을 돌리게 되어, 드디어 생이가래속을 깡그리 먹어치울 곤충들을 찾아 나서게 되었다. 그런 천적이 되는 곤충은 생이가래속의 원래 자생지에서 찾아야 할 것은 두말할 필요가 없었다. 그렇다면 도대체 이 생이가래속의 자생지는 어디란 말인가?

당시 전문가들은 이 골치 아픈 생이가래속이 남아메리카에 자생하는 귀꼴생이가래(*Salvinia auriculata*)라고 믿고 있었다. 이 생이가래속이 구세계에서만 왕성하게 자라는 잡초가 되고 있다는 흥미로운 사실 때문에 학자들은 자생지로 추정되는 남아메리카에서 천적이 되는 곤충을 찾을 가능성을 낙관적으로 보고 있었다. 남아메리카에서는 생이가래속이 왕성하게 번식하지 못하고 띄엄띄엄 흩어진 개체로만 생육하고 있었다. 이것은 그곳에 생이가래속의 번식을 억제하는 천적 곤충이 있을 수 있다는 점을 시사해 준다. 그러므로 전문가들은 귀꼴생이가래의 자생지인 남아메리카에서 '마법의 탄환'이 되어줄 적합한 곤충을 찾아낼 수 있으리라 기대했다. 1960년대 초반 곤충학자들은 고사리를 먹는 곤충들을 찾아 여러 차례 트리니다드와 가이아나를 탐사했다. 그 결과, 가능성이 엿보이는 다음 3종의 곤충들을 선별하였다: 나방(*Samaea multiplicaulis*), 메뚜기(*Paulinia acuminata*),

바구미(*Cyrtobagous singularis*).
　먼저 이 곤충들을 방사하기에 앞서 혹시 다른 자생식물이나 경제작물에 해를 끼치지 않는지를 확인하기 위해 엄격한 숙주특이성host specificity 실험이 시행되었다.

"사실 이 실험이야말로 우리 일 중에서 가장 노동집약적이면서 시간도 많이 소모되는 부분이랍니다." 이 프로젝트에 참여한 곤충학자들 중 한 사람인 호주 퀸즈랜드대학의 피터 룸(Peter Room)은 말했다. "호주에서는 실험 대상인 메뚜기가 실험 과정에서 딸기 잎을 먹는 것을 보고 방사를 포기했죠. 수생곤충인 이 메뚜기가 실제로 딸기와 접촉하게 될 가능성이 매우 희박한데도 말입니다.
어느 누구라도 자신이 작물 재배산업을 초토화시키거나 자생식물을 멸종시킨 곤충학자로 낙인찍히는 걸 원치 않았거든요."

　해당 곤충들이 생이가래에 대한 숙주의존성이 매우 높다는 점이 실험 결과 판명됨에 따라 적어도 그중 하나를 효과적인 방제수단으로 사용할 수 있으리라는 기대감이 매우 커져 갔다. 그러나 실제로 이 곤충들을 아프리카, 피지, 스리랑카의 생이가래가 창궐하는 지역에 방사해 보았으나 유감스럽게도 그다지 큰 효과를 거두지는 못했다.
　실험이 진행되는 동안 번식이 왕성한 생이가래에 대해서 깜짝 놀랄 만한 사실이 새로이 밝혀졌다. 당시 런던대학에서 박사 과정을 밟고 있던 데이비드 미첼David S. Mitchell은 치밀한 연구 끝에 이 식물이 모든 전문가들이 그때까지 믿고 있던 귀꼴생이가래(*S. auriculata*)가 아니라 지금껏 보고되지 않은 신종임을 밝혀냈다. 그는 이 신종 양치류에게 몰레스타생이가래(*S. molesta*)라는 아주 적절한(molest는 '괴롭히다' 라는 의미-옮긴이주) 학명을 명명하였다(Mitchell 1972).
　몰레스타생이가래가 널리 퍼져 나갈 수 있었던 이유 중의 하나는 물에 침수되거나 가라앉지 않도록 고도로 진화한 잎 덕분이다. 다음에 식물원을 갈 기회가 있으면 실내 연못을 한번 둘러보기 바란다. 그곳에는 아마 적어도 1종 이상의 생이가래가 있을 것이다. 이놈들을 손가락으로 눌러서 물속으로 밀어넣어 보라. 아마 완전히 마른 채로 금방 수면 위로 튀어 올라올 것이다. 이렇게 물에 가라앉지 않는 특성은 엽육^{mesophyll}속에 공기가 차 있기 때문이다. 하지만 몰레스타생이가래(S. molesta)에는 또 다른 장치가 하나 더 있다. 부엽^{浮葉}의 표면에 발달한 털들이 바로 그것인데, 유두돌기$^{乳頭突起:\ papillae}$라고 부르는 길이 1~2mm의 원추상의 돌기 위에 3, 4갈래로 갈라진 털이 나 있다. 그 모형은 마치 달걀을 푸는 데 쓰는 주방용 교반기의 축소 모형처럼 생겼다. 그림 126 이 털들은 매우 밀집한 형태로 정렬되어 잎 표면을 덮고 있는데, 잎이 물속에 잠길 경우 이 교반기 모양의 털들이 털과 표면 사이의 공기를 붙잡아 줌으로써 그 부력으로 잎이 다시 수면 위로 떠오르도

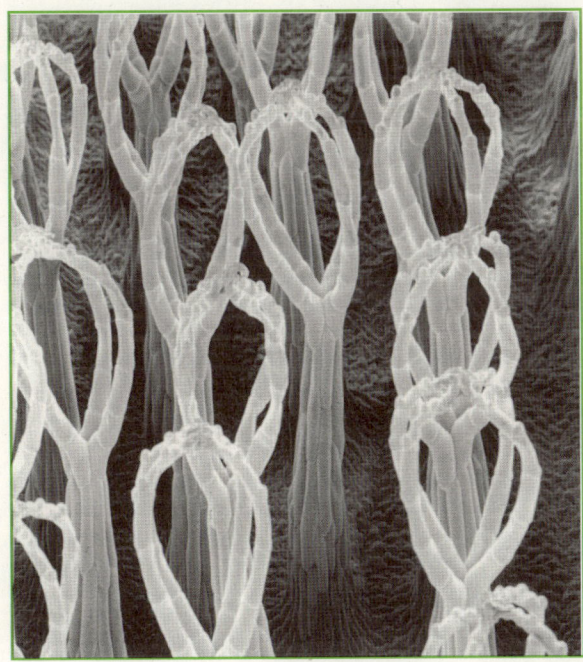

그림 126
몰레스타생이가래 (*Salvinia molesta*) 부엽(浮葉) 표면의 털들을 확대한 사진. Gordon Lemmon 전자현미경 사진.

록 돕는 역할을 한다. 그리고 표면 위에 남아 있던 여분의 수분은 물방울이 되어 잎 밖으로 굴러 떨어져 버리게 된다.

몰레스타생이가래(S. molesta)의 '뿌리' 역시 대단히 특이하다고 할 수 있다. 물속에 늘어져 있는 흰색 또는 갈색의 뿌리처럼 보이는 이 부분은 실은 뿌리가 아니라 잎이 변형된 기관이다. 왜냐하면 식물의 포자낭과*감수자 주가 달릴 수 있는 부위는 뿌리가 아니라 잎뿐이기 때문이다. 요컨대 생이가래는 뿌리가 없는 식물인 것이다! 이처럼 뿌리와 흡사한 침수엽submerged leaf 의 기능이 무엇이냐를 놓고 오랫동안 식물학자들은 골머리를 앓았는데, 아직까지도 침수엽이 물이나 양분을 흡수하는지 여부가 실험적으로 입증되지 않은 실정이다. 물의 흐름에 의해 식물체가 쓸려가지 않도록 침수엽이 일종의 균형추 역할을 한다고 생각하는 사람들도 있다. 어쨌든 그 진정한 기능이 무엇이든 간에 양치류의 우편치고는 정말 기괴하게 생겼다고 말하지 않을 수 없을 것 같다.

이 번식력이 왕성한 식물이 미기록 종임을 밝혀낸 미첼의 연구 성과는 직절힌 생물힉직 빙제수딘을 발견히는 데 있이 두 기지 중요한 의미를 내포하고 있다. 첫째, 그동안 곤충학자들이 귀꼴생이가래(Salvinia auriculata)를 먹는 곤충을 찾느라 들인 노력이 헛수고였다는 점을 시사해 준다. 차라리 애초부터 몰레스타생이가래에 붙어 있는 곤충들을 조사하는

---

*감수자주

포자낭과(sporocarp)는 수생 고사리속인 네가래(Marsilea), 생이가래(Salvinia), 물개구리밥(Azolla)에서만 나타나는 생식기관이다. 포자낭을 달고 있는 잎 즉, 포자엽(sporophyll)이 축소되어 우무질로 된 작은 주머니 속에 압축되어 있는 것이 바로 포자낭과이다. 이 포자낭과가 발아하게 되면 우무질이 물을 흡수하면서 꼭 도롱뇽 알과 같이 반투명한 특이한 모양의 형체가 자라 나오는데, 마치 투명한 지렁이같이 기다란 꼴에 긴 타원형의 포자낭군이 대생으로 다닥다닥 붙어있다(310쪽 참조). 참으로 다른 어떤 고사리에서도 볼 수 없는 특이한 모습이다.

진화학적으로 볼 때 이들 수생 고사리들은 잎 모양이 전형적인 고사리와는 전혀 다르게 생겼고, 생식엽도 작은 알맹이 모양으로 축소되었다. 특히 생이가래나 물개구리밥의 잎이 뿌리처럼 형태가 변한 것은 실로 엄청난 변화로써, 따라서 이들 수생 고사리들은 공동조상에서 분지된 것임을 짐작할 수 있다.

것이 옳았을 것이다. 둘째, 미첼의 연구 성과에 의해서 구체적으로 어느 지역을 조사해야 할지에 대한 실마리를 얻을 수 있게 되었다. 미첼이 확인한 유일한 몰레스타생이가래 표본은 1941년 리우데자네이루 소재의 어느 식물원 연못에서 채집한 것이었다. 이 점에서 미루어 볼 때 몰레스타생이가래의 자생지는 브라질 남부일 가능성이 높을 것으로 보인다. (식물학자들은 애초부터 구세계가 몰레스타생이가래의 자생지일 가능성은 일축하였다. 왜냐하면 그 정도 엄청난 번식력을 지닌 식물이라면 구대륙에서 최초로 이 식물이 채집된 1930년대나 1940년대 이전보다 훨씬 이전에 채집 기록이 있었어야 마땅했기 때문이다.)

이번에야말로 몰레스타생이가래의 자생지와 함께 이를 먹는 곤충들을 찾을 수 있을 것이라는 희망을 품은 채 곤충학자들은 브라질 남부의 소택지와 습지들을 탐색하기 시작했다. 그러다가 1978년에 마침내 이를 찾아내는 데 성공하였다. 그들은 남위 24°와 32° 사이에 위치한 리우데자네이루와 상파울루 남부 지역에서 수많은 몰레스타생이가래 군락을 발견하였는데, 이 지역들은 실제로는 열대지방을 벗어난 곳에 위치해 있었다. 하지만 이 잡초의 자생지를 찾아내는 개가를 올렸음에도 불구하고, 관련 곤충 연구에는 실망스러운 결과밖에 얻지 못했다. 이미 이전에 귀꼴생이가래(*S. auriculata*)에서 찾아내었으나 별로 실효를 거두지 못했던 곤충들과 같은 종으로 보이는 나방, 메뚜기, 바구미류 이외에는 발견하지 못했던 것이다. 어쨌든 간에 학자들은 이 종들에 대해서도 현장실험을 해보기로 결정하였다. 아마 이 곤충들이 몰레스타생이가래만을 먹도록 진화했을지도 모르는 노릇이었기 때문이다.

1980년 호주 퀸즐랜드에 있는 문다라 호수에서 그 실험이 시행되었다. 그곳은 약 2,023,464㎡ 정도의 규모로 몰레스타생이가래가 호수 수면을 덮고 있는 곳이었다. 지난번과 마찬가지로 이 곤충들이 다른 식물들에 해를 끼치지 않는지 유무를 먼저 검사하였다. 검사 결과에 따라 이들 중 메뚜기는 방사하지 않기로 결정하였는데, 메뚜기가 예전의 경우와 마찬가지로 딸기 잎을 먹는다는 것이 판명되었기 때문이다. 반면에 바구미 종류는 생이가래속에 대하여 고도의 특이성을 보이고 있음이 확인되었다. 이 바구미는 차라리 굶어죽을지언정 생이가래속이 아닌 다른 식물들은 먹으려 들지 않았던 것이다. 그림 127 그리하여 이 바구미류만을 방사하기로 최종 결정이 내려졌다. 방사가 완료된 후 학자들은 정기적으로 그 호수를 방문하였는데, 방문할 때마다 몰레스타생이가래의 영역이 점점 감소해 가는 것이 육안으로도 확인되었다.

    실험을 시작한 지 14개월 만에 마침내 연구자들은 몰레스타생이가래의 방제가 성공적이라는 결론을 내렸다. 비록 이 바구미가 몰레스타생이가래를 완전히 절멸시키지는 못했지만, 두 생물종의 집단들이 평형 상태를 이루게 되었기 때문이다. 몰레스타생이가래와 바구미는 끊임없이 지속되는 생존을 위한 숨바꼭질 게임 속에서 어느 한 종이 멸종함이 없이 둘 다 소규모의 집단으로 공생관계를 형성하였던 것이다. 1983년 마침내 세픽 강 범람원 지대에 이 바구미류가 방사되었다. 8개월이 경과한 뒤 몰레스타생이가래의 창궐 지역은 한때 그 규모가 $250km^2$에 달했던 것이 바구미의 방사 후에는 불과 $2km^2$ 정도로 확 줄어들었다. 그리고 동 기간 동안 대략 200만 톤의 몰레스타생이가래가 폐사한 것으로 추정되고 있다. 오늘날까지도 몰레스타생이가래는 여전히 골칫덩어리 잡초이기는 하지만, 적어도 이제는 이를 해결할 수 있는 방안이 생긴 것이다.

    그런데 방제 과정에서 또 다른 흥미로운 사실이 새로이 밝혀지게 되었다. 몰레스타생이가래를 두고 식물학자들이 그랬던 것처럼 곤충학자들 역시 이 바구미가 그때까지 알려지지 않았던 신종임을 알게 되었다. 이 신종 바구미에게는 그 역할에 걸맞게 생이가래바구미(*Cyrtobagous salviniae*)라는 학명이 명명되었다.

    또한 몰레스타생이가래는 단기간 동안이라면 영하의 기온도 버텨낼

그림 127
문제 해결의 주인공이 된 바구미(생이가래바구미 *Cyrtobagous salviniae*). 몰레스타생이가래(*Salvinia molesta*)만을 주식으로 삼는다. **저자 그림.**

수 있지만, 얼음이 꽁꽁 얼어 버릴 정도의 저온에서는 생존할 수 없다는 것이 실험에 의해 밝혀졌다. 또 다른 실험 결과에 의하면, 몰레스타생이가래는 마찬가지로 골칫덩어리 잡초인 부레옥잠(*Eichhornia crassipes*)이 동사할 정도의 낮은 수온에서도 살아남을 수 있음이 확인되었다. 이 정도의 내한성이라면 미국 남부와 유럽 남부 지역에서도 심각한 문제를 야기할 가능성이 있는데, 실제로 그런 일이 현실화되고 있는 것 같았다. 플로리다에서 텍사스에 이르기까지 25개 배수로의 50개 이상의 지역에서 몰레스타생이가래가 발견되었다는 기록이 있는데, 특히 텍사스 동부의 톨레도 벤드 저수지의 번식 상태가 아주 심각했다. 또한 남부캘리포니아와 인근 애리조나에서도 몰레스타생이가래가 발견되었다.

몰레스타생이가래 외에 미국 남동부에 서식하고 있는 여타 생이가래 속으로는 작은생이가래(*Salvinia minima*)가 유일하다. 작은생이가래는 몰레스타생이가래에 비해서 부엽浮葉의 크기가 작고, 잎 표면의 털끝이 교반기 형태의 몰레스타생이가래와는 달리 퍼져 있다는 점이 차이가 난다. 한때는 이 식물이 미국 남동부에 자생한다고 믿기도 했으나, 지금은 열대아메리카에서 유입되었을 것으로 추정되고 있다(jacono 1999). 작은생이가래는 미국에서는 1930년대 플로리다 남부에서 최초로 채집되었는데, 만일 이 식물이 자생식물이라면 그보다 훨씬 이전에 채집한 기록이 나타났어야 마땅할 것이다. 1930대 이후 이 고사리는 서쪽으로 퍼져 나가 멕시코만 연안 5개 주의 소택지 등지에서 흔하게 볼 수 있는 식물이 되었다. 이런 사실을 알 수 있게 된 것은 식물학자들이 표본을 채집하여 대학표본관과 박물관 그리고 식물원 등지에 보존했던 덕분이다. 그렇다면 왜 같은 도입종이면서도 미국에서 작은생이가래는 몰레스타생이가래처럼 왕성하게 번식하는 잡초가 되지 못한 것일까? 그 이유는 작은생이가래가 미국에 도입된 이래 몰레스타생이가래의 천적으로 판명된 바로 그 바구미류(Cyrtobagous salviniae)가 작은생이가래의 폭발적인 증식을 억제해 왔기 때문인 것으로 보인다.

한편 식물학자들은 몰레스타생이가래에 대해서 깜짝 놀랄 만한 사실을 추가적으로 발견하였다. 즉, 이 식물종은 5쌍의 염색체를 지닌 5배체라는 사실이다. 포자가 형성되는 감수분열 과정 동안 5번째 염색체는 짝을 이루지 못하고 감수분열 중인 딸세포들에게 불균등하게 배분되기 때문에 불임 포자를 형성하게 된다. 그로 인해 유성생식이 불가능해지기 때문에 무성생식밖에 할 수 없다. 그러므로 브라질 남부에서 카리바 호수, 세픽 강 범람원에 이르기까지 세계 각지에 퍼진 모든 몰레스타생이가래들은 유전적으로 동일하다고 할 수 있다. 몰레스타생이가래라는 식물종은 다름 아닌 클론이었던 것이다.

앞에서 소개한 몰레스타생이가래에 대한 이야기는 대단히 유명하다. 이 일화는 '수생 잡초의 생물학적 방제에 있어 가장 탁월한 사례'로서 널리 알려져 있다. 내가 특히 이 이야기를 좋아하는 이유는 바로 내 직업인 분류학이 문제 해결에 있어 중추적인 역할을 수행했기 때문이다. 만일 문제가 된 이 잡초가 귀꼴생이가래와는 다른 종임을 데이비드 미첼이 밝혀내지 못했더라면 어떻게 되었을까? 만일 그가 몰레스타생이가래의 자생지에 대하여 실마리를 제공하지 못했다면, 효과적인 생물학적 방제를 위해 어디에서 어떤 곤충을 찾아야 할지 곤충학자들은 전혀 갈피를 잡지 못했으리라. 그랬더라면 세계 각지에서 아마 지금까지도 이 악명 높은 잡초로 인하여 많은 사람들이 고통을 겪고 있을 것이다.(Room 1990, Thomas 1986, Thomas & Room 1986)

30 물개구리밥은 작은 질소공장

매끄러운 매트 같은 막이 아칸서스 북동부 미시시피 강 범람원 지대의 어느 길가 도랑 표면을 뒤덮고 있다. 부들이 자라는 도랑 한편에서부터 쥐손이풀이 자라는 건너편에 이르기까지 이 포도주색 카펫이 수면 위에 널리 퍼져 있다. 좀 더 가까이 다가가서 보면, 이 매트는 다름 아닌 수없이 많은 작은 식물들이 군생하는 것임을 알게 된다. 이 식물들은 어찌나 빨리 번식하는지 물속을 헤엄치고 있던 물매암이(whirligig beetles)마저 그 속에 갇혀서 오도 가도 못할 지경이다. 각각의 식물체는 크기가 10센트 동전만 한데, 길이가 1mm 이하인 잎들이 100~200개씩 겹쳐져 있다. 바로 이 식물이 세계에서 가장 작은 고사리인 물개구리밥속(*Azolla*)이다. 그림 128

비록 크기는 보잘것없지만 물개구리밥은 식물학자들에게 크게 주목을 받고 있다. 매년 물개구리밥에 대한 학술논문이 그 어떤 양치류보다 많이 발표되고 있다. 1980년대 이래 물개구리밥에 관한 두 권의 책이 출판되었으며, 관련 심포지엄도 여러 차례 개최되고 있다. 왜 이 왜소한 식물을 놓고 이 난리들인 것일까?

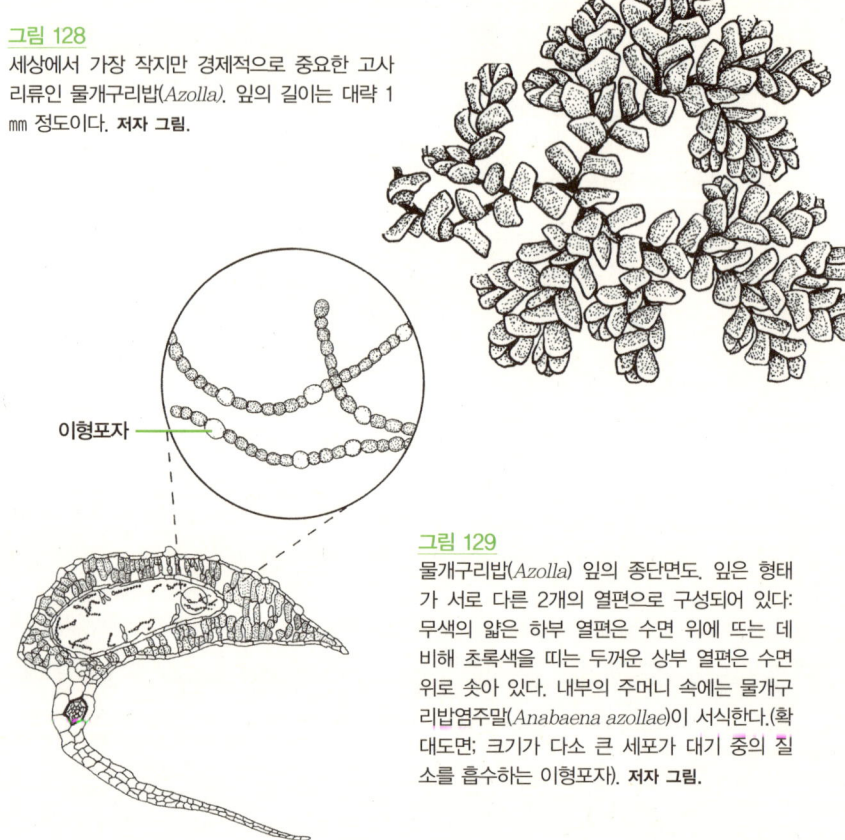

그림 128
세상에서 가장 작지만 경제적으로 중요한 고사리류인 물개구리밥(*Azolla*). 잎의 길이는 대략 1 mm 정도이다. **저자 그림.**

이형포자

그림 129
물개구리밥(*Azolla*) 잎의 종단면도. 잎의 형태가 서로 다른 2개의 열편으로 구성되어 있다: 무색의 얇은 하부 열편은 수면 위에 뜨는 데 비해 초록색을 띠는 두꺼운 상부 열편은 수면 위로 솟아 있다. 내부의 주머니 속에는 물개구리밥염주말(*Anabaena azollae*)이 서식한다.(확대도면; 크기가 다소 큰 세포가 대기 중의 질소를 흡수하는 이형포자). **저자 그림.**

물개구리밥이 크게 주목을 받는 이유는 바로 이 식물이 세계에서 경제적으로 가장 중요한 양치류이기 때문이다. 이 식물은 쌀을 주식으로 하는 동남아시아, 특히 중국과 베트남 등지에서 쌀농사를 지을 때 퇴비로 사용되고 있다. 물개구리밥은 식물의 생장에 필수적인 질소를 풍부하게 함유하고 있는 최상급의 퇴비라고 할 수 있다. 그런데 질소는 물개구리밥 자체에 들어 있는 것이 아니라 물개구리밥의 잎 속에 살면서 질소 고정을 해주는 남조류藍藻類; cyanobacteria에 의해 축적된다.그림 129 남조류인 물개구리밥염주말(*Anabaena azollae*)은 식물체가 흡수할 수 없는 형태로 대기 중에 있는 질소가스(N_2)를 흡수한 뒤 다시 이를 분해하여 수소와 결합시킴으로써 식물체가 사용할 수 있는 형태의 암모늄이온(NH_4^+)을 만들어낸다.

아나베나(*Anabaena*)는 이형포자heterocyst라고 하는 특수한 세포 속에서 암모늄을 합성하는데, 이 이형포자는 현미경으로도 쉽게 관찰할 수 있다. 현미경으로 100배 확대해 보면 아나베나는 마치 줄에 꿴 염주처럼 보이는데, 이 각각의 염주 알은 청록색의 광합성 세포이다. 그리고 이 염주 알들 사이에 간간히 끼어있는, 크기가 좀 더 크고 세포벽이 두꺼운 무색의 세포가 바로 이형포자이다.그림 129 이 두꺼운 세포벽 덕분에 암모늄을 합성하는 세포 내부의 효소들을 교란시킬 수 있는 산소가 내부로 침투하지 못한다.

수중의 물개구리밥 줄기 끝에는 바로 이 아나베나의 길고 느슨한 가닥들이 번성하고 있다. 그리고 물개구리밥 줄기 끝에는 엽원기葉原基; leaf primordium라는 기관이 형성되어 있는데, 줄기 쪽을 향한 엽원기의 표면에는 움푹한 홈이 생긴다.그림 130 바로 이 홈의 표면에서 바람을 채운 고무장갑처럼 생긴 미세한 털들이 자라나는데, 홈이 점차 깊어져 주머니처럼 되면서 이 털들은 주변의 아나베나들을 휘감아 잎 안쪽으로 끌어들인다. 시간이 경

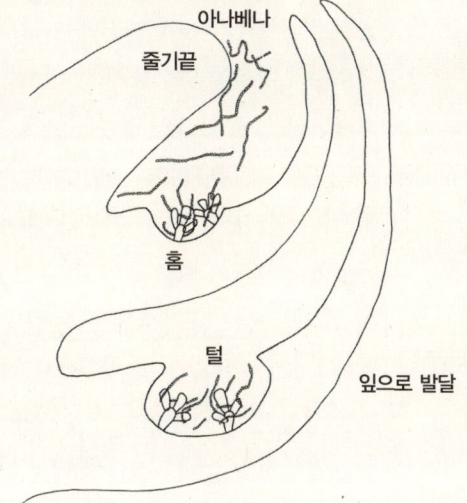

그림 130
물개구리밥 줄기의 종단면도. 발달하기 시작한 잎에 홈이 생기고, 그 속에 나 있는 장갑 모양의 털이 줄기 정단부의 아나베나를 휘감아 식물체 내부로 끌어들인다. **저자 그림.**

과하면서 마침내 주머니의 입구가 막히면 털에 걸려 안쪽으로 끌려들어간 아나베나도 덩달아 그 속에 갇히게 된다.

물개구리밥의 잎 속에 갇힌 아나베나는 그 속에서 이형포자를 만들어 암모늄 합성을 시작한다. 한편 물개구리밥은 잎의 공동부空洞部 안에 또 다른 종류의 털을 만듦으로써 아나베나가 생성한 암모늄을 흡수하여 식물체가 이를 사용할 수 있도록 한다.(Calvert & Peters 1981, Perkins & Peters 1993)

아나베나와 물개구리밥은 상호이익이 되는 긴밀한 공생관계를 형성하고 있다. 아나베나는 안락한 서식 장소를 얻고, 물개구리밥은 필요한 질소를 안정적으로 공급받을 수 있기 때문이다. 하지만 그렇다고 해서 이 관계를 반드시 의무적인 것으로 볼 필요는 없다. 야생의 물개구리밥과 아나베나는 각자가 서로의 도움 없이도 살아갈 수 있다는 연구 결과가 보고되고 있기 때문이다. 그렇다고 하더라도 물개구리밥과 아나베나는 역시 서로 공생관계를 이루어 사는 편이 최선의 방안인 것으로 보인다.

수백 년 동안 중국과 베트남의 농부들은 농사를 짓는 데 아나베나와 물개구리밥 공생관계를 이용해 왔다. 물개구리밥을 쌀농사용 퇴비로 사용한 것은 중국에서는 명明왕조 시대1368~1644, 베트남에서는 11세기에 시작되었던 것 같다. 그런데 예전에는 물개구리밥 증식에 관한 비법을 알고 있던 극소수의 마을들만이 물개구리밥 생산을 독점하고 있었기 때문에 농사철이 시작되면 인근 마을의 농부들이 물개구리밥을 구입하러 이 마을들로 찾아오곤 했다. 베트남의 타이 빈Thái Bình 주에서 물개구리밥을 생산하던 마을들은 이 독점사업을 아주 귀중하게 여겼다. 그래서 물개구리밥 증식 비법은 마을 젊은이들이 결혼을 한 뒤 독립해서 농사를 짓기 시작할 시점에야 엄숙한 의식을 거친 뒤 전수되었다. 반면에 다른 마을로 시집을 가면 비법을 유출할 우려가 있다는 이유로 여자들에게는 일절 공개하지 않았다. 그러나 이 독점 상황은 1950년대 후반 중국과 베트남 정부에서 신규로 물개구리밥 농장을 설립하고 물개구리밥의 퇴비 활용 방안에 대한 연구에 재정 지원을 개

시함에 따라 마침내 붕괴되고 말았다.(Lumpkin & Plucknett 1982, Moore 1969, van Hove 1989)

　　그렇다면 물개구리밥 증식이 과연 그렇게도 어려운 것일까? 바로 겨울과 한여름의 두 계절 동안 물개구리밥이 죽지 않도록 관리하는 것이 관건이 된다. 온대 지방인 중국에서는 겨울 동안 물개구리밥이 살아남기가 어렵다. 가장 내한성이 뛰어난 종조차도 영하의 기온에 불과 몇 시간만 노출되면 죽어버리기 십상이기 때문이다. 반면에 중국 남부와 베트남에서는 한여름의 기온이 너무 높아서 문제가 된다. 논의 수온이 40~45℃까지 치솟기 때문에 35℃ 정도에서 이미 성장이 멈춰버리는 물개구리밥으로서는 이를 감당하기가 어렵다. 또한 기온이 높은 여름 동안에는 물개구리밥을 먹고 사는 곤충들과 균류의 생장이 왕성한데, 그중에서도 특히 물개구리밥을 갉아먹거나 잎을 한데 뭉쳐 은신처를 만드는 나방의 유충들로 인한 피해가 크다. 이외에도 깔따구류나 바구미류는 물개구리밥의 뿌리를 공격하는 천적들이다. 하지만 그 무엇보다도 가장 급속하게 물개구리밥에 피해를 주는 것은 균류인데, 일단 균류에 감염되어 버리면 불과 며칠 이내에 전체 물개구리밥 군락이 검게 변색하며 죽어서 논바닥에 가라앉아 버린다. 또한 수온이 높아지면서 조류藻類가 번식하기 시작하면 이들이 수중의 양분을 고갈시킬 뿐 아니라 신선한 물의 유입을 막음으로써 수온을 더욱 상승시키기도 한다.

　　농부들은 이 기간 동안 물개구리밥을 살릴 수 있도록 여러 가지 방법들을 고안해 냈다. 이전에는 월동을 위해서 온천물을 끌어들여 논물을 채우기도 했다. 그렇지만 요즈음에는 인근의 공장들로부터 오염되지 않은 따뜻한 공장 폐수를 끌어오는 것이 더 보편화되어 있다. 따뜻한 물을 사용할 수 없는 경우에는 논에 높이 0.5m 가량의 온실을 만들고 그 속에서 물개구리밥을 보관하거나, 또는 바람을 막을 수 있도록 짚으로 만든 움막 속에서 키우기도 한다. 이런 움막의 바닥에는 갈대를 깔고 그 위에 0.5m 정도의 높이로 물개구리밥을 쌓아올린다. 그런 다음 그 위에 다시 5~10cm 가량 볏

짚을 태운 재를 덮고 주기적으로 수분을 공급하여 건조를 방지하고 있다. 이 방법은 겨울 중 가장 추위가 혹독한 두 달 동안 사용하는데, 물개구리밥의 생존율이 50~80% 정도에 이른다(유감스럽게도 물개구리밥의 포자는 충분한 분량을 안정적으로 확보할 수 없기 때문에 번식용으로 사용하기가 어렵다. 물개구리밥이 포자를 형성하도록 유도하는 방법을 개발하기 위해 지금까지 거액의 연구 자금이 투입되었지만, 아직까지는 만족할 만한 성과를 거두지 못하고 있는 실정이다).

하지만 중국의 최남단 지역과 베트남에서는 겨울에도 기후가 온화하기 때문에 물개구리밥을 논에 그대로 방치해도 무방했다. 하지만 논물을 따뜻하게 유지해 주는 것은 필수인데, 농부들은 이를 위해 적절한 방법을 고안해 냈다. 아침에는 논물의 수위를 3cm 정도로 낮추어 물이 빨리 데워지도록 하고, 저녁에는 논물의 수위를 7cm 정도로 높여서 되도록 물이 천천히 식도록 하는 방법이 바로 그것이다.

여름철에는 균류에 의한 감염과 수온의 과열이 문제가 된다. 이 문제를 해결하기 위해 농부들은 기급적이면 통풍이 잘 되고 차가운 물이 흐르는 곳을 물색한다. 때로는 차가운 우물물로 논물을 댐으로써 균류의 번식과 곤충을 억제하기도 한다. 그 외에 벼가 다 자란 논의 그늘에서 물개구리밥을 키우는 경우도 있지만, 이렇게 하면 일조량이 적고 습도가 높아 균류의 공격에 취약하다는 단점이 있다.

비수기 동안의 배양 기간을 넘기고 나면, 이제 다음 시즌의 농사에 사용할 만큼 충분한 분량의 물개구리밥을 증식시켜야 할 시기이다. 이를 위해서는 물을 채운 벌판이나 운하 같은 곳으로 물개구리밥을 옮겨 충분한 생육 공간을 확보해 준다. 만일 일조량과 수온, 양분 등의 조건이 두루 적절하다면 물개구리밥은 3~5일 이내에 두 배로 불어나는데, 이를 물을 댄 논으로 다시 옮겨 골고루 흩뿌려 준다. 이식 후 한 달쯤 경과하면 물개구리밥이 크게 불어나 논의 수면을 두껍게 덮은 상태가 되는데, 이때 다시 물을 빼서 논바닥의 진흙 위에 물개구리밥이 쌓이도록 한다. 그런 뒤 며칠 후에 논을 갈아엎어 물개구리밥과 진흙이 골고루 섞이게 하여 이를 4~5일 정도 삭힌 다음 그 위에 다시 논물을 대고 벼를 심으면 된다.

벼를 심은 사이마다 물개구리밥을 넣어주기도 하는데, 20~40일 이내에 벼가 무성하게 자라면 햇빛이 차단된 물개구리밥은 죽어서 논바닥으로 가라앉게 된다. 죽은 물개구리밥에서는 질소가 방출되는데 바로 이것을 벼가 흡수하는 것이다. 농부들은 이 방법을 첫 번째 방법과 병행해서 사용하는 경우가 많다. 물개구리밥을 퇴비로 사용하면 화학비료를 사용할 때보다 훨씬 단백질이 풍부한 쌀을 수확할 수 있다.

농업 전문가들은 벼농사에 사용할 수 있는 새로운 형질의 물개구리밥을 개발하기 위해 애쓰고 있다. 베트남에서는 아시아 지역에서 수백 년 동안 재배해 온 깃꼴물개구리밥(A. pinnata)의 야생 변종들이 30종 이상 선별되기도 하였다. 또한 필리핀의 국제벼연구소International Rice Research Institute에서는 생육 조건이 서로 다른 물개구리밥의 변종을 600종 이상 생체로 확보하고 있는데, 농부들이 자기 논의 개별적인 환경 조건에 맞게 적합한 변종을 선택할 수 있도록 하기 위해서이다.

중국에서는 1977년 미국으로부터 고사리개구리밥(A. filiculoides)을 도입하면서 물개구리밥 재배에 획기적인 돌파구가 열렸다. 이 종은 분해되는 속도가 늦고 논에 이식할 때 폐사율이 높기는 하지만, 충해에 대한 내성이 좋을 뿐 아니라 내한성이 상대적으로 더 좋고 초봄의 생육 시기도 빠른 편이다. 그러므로 추운 북쪽 지방에서 벼농사를 짓는 데 사용할 수도 있고, 늦겨울이나 초봄에 수확하는 벼 품종용으로도 사용이 가능하다. 현재 늦겨울과 초봄 수확용으로는 고사리개구리밥(A. filiculoides)이 깃꼴물개구리밥(A. pinnata)을 거의 대체한 실정이지만, 가을 수확 품종용으로는 여전히 더위에 보다 더 강한 깃꼴물개구리밥(A. pinnata)을 사용하고 있다.

벼농사용 퇴비 말고도 물개구리밥의 용도는 몇 가지가 더 있다. 물개구리밥은 미국야생벼(*Zizania aquatica*), 벗풀류(*Sagittaria sagittifolia*), 타로(*Colocasia esculenta*) 등의 수생작물들에게 질소를 공급하는 데에도 사용하고, 가축과 가금류, 관상 어류의 사료 보충제로 활용하기도 한다. 또한 가을이 되면 잎이 화사한 붉은색으로 변색하는 매력 때문에 수생정원에서 관상식물로 키우기도 한다.

모기의 번식을 억제하기 위한 방제용으로도 물개구리밥이 사용된다. 물개구리밥은 수면을 덮어서 모기 성충이 알을 낳기 어렵게 하기 때문에 영어명으로 'mosquito fern'(모기고사리라는 뜻)이라고 부르기도 한다. 또한 물속의 모기 유충이 수면으로 올라와 숨을 못 쉬게 함으로써 질식사시킨다고도 한다. 하지만 이렇게 되려면 반드시 물개구리밥 군락이 수면을 두껍고 빽빽하게 덮어야 한다. 만일 그렇지 못하면 오히려 모기 유충들이 천적으로부터 숨을 수 있는 은신처로 전락할 수도 있다.

한편 물개구리밥을 퇴비로 사용하는 데 문제가 전혀 없는 것도 아니다. 물개구리밥은 흔히 벼농사용으로 사용되는 제초제에 극도로 취약하다. 때문에 대부분의 농부들은 물개구리밥 퇴비의 혜택을 보겠다고 손쉽게 잡초를 제거할 수 있는 제초제를 쉽게 포기하려 들지 않는다. 더구나 벼농사는 세계 어디서나 반드시 물을 댄 논에서 짓는 것도 아니기 때문에 마른 논에서 벼를 재배할 경우에는 물개구리밥을 키워서 토양과 섞는 작업이 그다지 용이하지 않다. 하지만 다른 무엇보다도 물개구리밥 재배는 대단히 노동집약적인 방식이어서 인건비가 비싼 나라에서는 생산비가 너무 많이 든다는 단점이 있다. 논 4,047㎡당 필요한 분량의 물개구리밥을 키우는 데 무려 1,000시간이 소요되는 지역도 있다. 따라서 이런 지역에서는 화학비료를 사용하는 편이 비용이 훨씬 저렴할 수밖에 없다. 물개구리밥이 벼농사를 짓는 농부들 누구에게나 똑같이 만병통치약이 되지 못하는 것은 바로 이러한 요인들 때문이다.

그럼에도 불구하고 물개구리밥 재배는 향후에도 오래토록 지속될 것으로 보인다. 현재 전 세계의 경작지 중에서 쌀농사의 경작 비율이 무려 11%에 달하며, 자그마치 25억 명의 인구가 쌀을 주식으로 하고 있는 현실 때문이다. 보다 더 많은 쌀을 필요로 하는 인류로서는 친환경적이면서 동시에 탁월한 효율성을 갖춘 퇴비를 활용하는 편이 바람직할 것 같다.*감수자주

---

*감수자주

물개구리밥은 가을에 붉은색으로 변해 연못이나 강을 덮어 만강홍(滿江紅)이라 하며 그 색이 매우 아름다워 연못의 부생 조경 식물로 각광을 받고 있다. 그러나 이 책에는 물개구리밥의 약효에 대한 언급이 없다. 물개구리밥의 약효를 보자면, 뿌리를 만강홍근이라 하여 윤폐(潤肺), 지해(止咳), 폐병(肺病), 발한(發汗), 이수(利水)에 효과가 있어 주로 폐병과 폐암에 효능이 있는 것으로 알려져 있다. 또 최근에는 esculetin이란 항산화제도 함유하고 있다는 사실이 밝혀짐으로써 양방에서도 당뇨를 비롯한 많은 질병 치료에 활용할 수 있을 것으로 기대된다.

31 죽음을 부른 날두빵

1861년 6월 26일, 윌리엄 존 윌스 William John Wills는 호주 중부의 쿠퍼 강변의 어느 나무 아래에서 죽어가고 있었다. 지난 몇 주 동안 그는 동료 두 사람과 함께 날두 Nardoo라고 부르는 드루몬드네가래류(*Marsilea drummondii*, 그림 132의 포자낭과 胞子囊果; sporocarp로 음식을 만들어 가까스로 연명해 왔다. 그런데 그 음식에는 뭔가 문제가 있었다. 충분히 섭취했는데도 불구하고 일행은 점점 더 쇠약해져만 갔고, 심지어는 고통으로 다리가 거의 마비될 지경에 이르렀다. 윌스는 간신히 나무에 자신의 몸을 지탱한 채(그의 맥박 수는 48로 떨어져 있었다.) 탐사일지에 이렇게 기록하고 있다;

> 식욕도 좋은 데다가 날두가 아주 입맛에 맞는다. 하지만 날두에는 별다른 영양분이 없는 것 같다……. 이 무기력감만 아니라면, 날두를 먹고 굶어죽는 것도 절대로 불유쾌한 일은 아니리라. 식욕만 두고 이야기하자면, 날두는 정말이지 대단한 만족감을 준다.(Moorehead 1963)

31 • • 죽음을 부른 날두빵 ··· 311

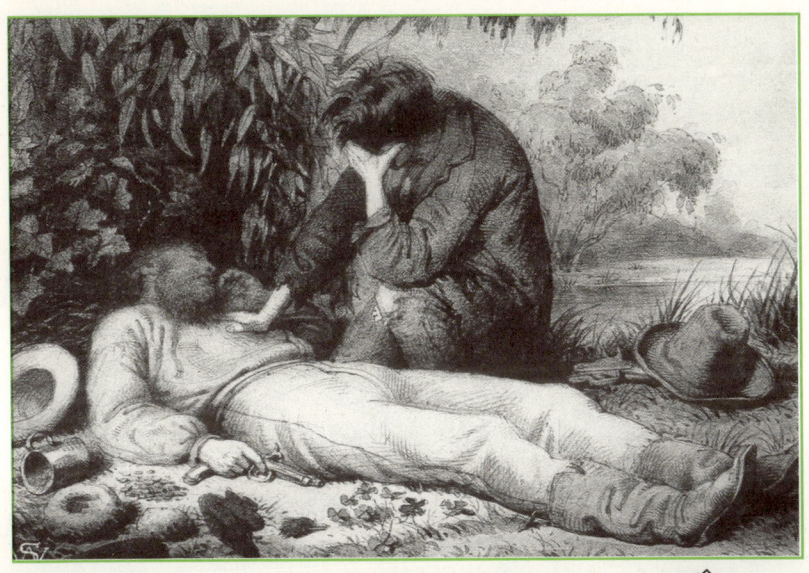

그림 131
윌리엄 존 윌스의 죽음을 애도하고 있는 존 킹. 윌스 옆에는 날두 (*Marsilea drummondii*)와 콩 모양의 포자낭과(胞子囊果), 그리고 이를 빻는 데 쓴 절굿공이가 보인다. William Strutt의 수채화(뉴욕 Granger 컬렉션).

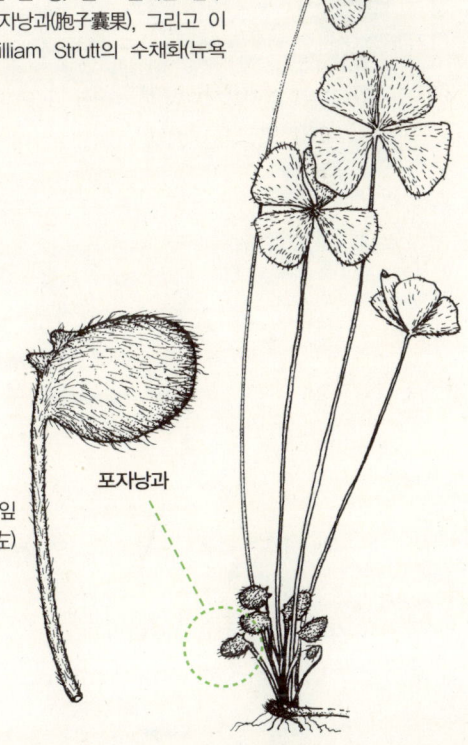

그림 132
날두(*Nardoo*; *Marsilea drummondii*). 잎의 기부에 콩 모양의 검은색 포자낭과(左)가 달린다. 저자 그림.

포자낭과

사흘이 지난 뒤에 혼자 남겠다는 본인의 고집대로 윌스를 뒤에 남겨 둔 채 그의 동료 두 사람은 구조를 요청하기 위해 길을 떠났다. 그들은 윌스를 땅 위에 누인 뒤 땔나무와 물 그리고 8일치의 날두를 곁에 남겨 두었다.그림 131. 그것이 그의 최후였다.

윌스와 헤어진 지 이틀 뒤에 동료들 중 한 사람인 로버트 오하라 버크 Robert O'Hara Burke는 저녁식사로 날두를 실컷 먹은 뒤 잠을 청했다. 그리고 다음날 새벽 그는 영양실조로 숨을 거두고 말았다. 나머지 한 사람인 존 킹 John King은 운 좋게 원주민들과 동행할 수 있게 되어 마침내 구조대에게 구조되었다. 하지만 그 역시 양쪽 다리에 영구적인 신경 손상을 입고 말았다.

킹이 구조됨으로써 호주 내륙지방에 대한 최초의 탐험은 결국 비극적인 결말을 맞고 말았다. 탐험대원들은 정말이지 운이 없었다고 해야 할 것 같다. 그들이 조금만 더 일찍 보급기지에 도착했더라면 모두 구조될 수 있었기 때문이다. 캠프의 사람들은 사전에 약정한 접선 날짜보다 석 달을 더 기다린 끝에 철수했는데, 그것은 조난 상태의 탐험대가 도착하기 불과 10시간 전이었다. 그렇지만 탐험대의 리더였던 버크와 윌스는 어느 면에서는 성

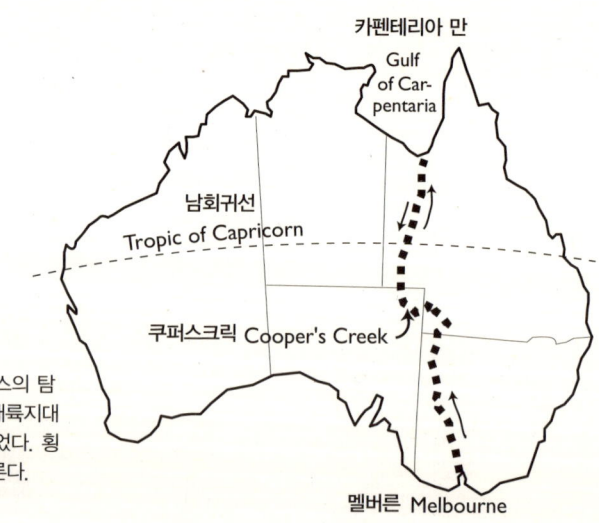

그림 133
1860~1861년 버크와 윌스의 탐험 행적. 유럽인이 호주 내륙지대를 횡단한 최초의 탐험이었다. 횡단 거리는 2,640km에 이른다.

공을 거두었다고도 할 수 있다: 그들은 남쪽의 멜버른에서 북쪽의 카펜타리아 만에 이르는 호주 대륙을 횡단한 최초의 서양인들이 되었던 것이다.^{그림 133}

지금까지 역사학자들은 탐험대가 겪었던 고초를 영양분이 없는 날두의 탓으로 돌려왔다. 하지만 호주 원주민들은 수백 년 동안 생선, 까마귀 고기, 홍합과 더불어 날두를 주식으로 삼아왔다. 만일 날두가 정말로 못 먹을 음식이었다면 어떻게 원주민들은 이를 계속 먹고도 살아갈 수 있었단 말인가? 그런데 호주의 생화학자인 존 얼^{John Earl}과 배리 맥클리어리^{Barry McCleary}는 탐험대의 수난을 다른 시각에서 해석하고 있다. 이 학자들은 탐험대원들이 티아민^{비타민 B₁} 결핍으로 초래되는 각기병에 걸렸던 것으로 보고 있다. 그 근거로서, 학자들은 윌스의 탐사일지 내용이 각기병의 진행 과정에 대한 교과서적인 사례라는 점을 지적하였다. 그렇다고 해서 날두에 전혀 아무런 문제가 없었다는 말은 아니다. 날두야말로 바로 각기병의 원인이 되기 때문이다. 그렇다면 왜 날두를 먹던 호주 원주민들은 별 탈이 없었는데도, 유독 버크와 윌스는 각기병에 걸려야 했던 것일까?

그것은 다름 아니라 탐험대원들이 날두를 조리하는 방식에 문제가 있었기 때문이다. 원주민들은 포자낭과^{胞子囊果}를 홈이 파진 납작한 돌 위에서 가루로 낸 뒤 이를 물과 섞어 반죽을 만들었다. 그들은 그 방법을 탐험대원들에게도 가르쳐 주었다. 탐사일지에 윌스는 그 다음 단계의 조리법을 기록하고 있다;

생선을 먹고 나자 날두 케이크와 물이 나왔는데 이것을 먹고는 배가 너무 불러서 더 이상 먹을 수가 없었다. 어느 정도 소화가 되고 나자 원주민들 중 한 사람인 피처리가 날두 가루와 물을 섞어서 묽은 죽을 쑤어 큰 사발에 담아 왔다. 아주 미심쩍게 보이는 음식이었는데, 원주민들은 이를 대단한 진미로 여기는 것 같았다.(Moorehead 1963) 그리고 베니 커윈^{Benny Kerwin}이 기록했듯이 관습에 따라 그들은 쿨리바^{coolibah; 유칼리나무} 잎이나 껍질이 아닌 홍합 껍데기로 그것을 퍼먹었다.

하지만 탐험대원들은 원주민들의 방식을 그대로 따라하지 않았다. 그들은 유럽인들이 곡물을 조리하는 방식대로 날두를 갈아서 빵을 구웠던 것이다. 이 빵은 포자낭과를 빻은 다음 소량의 물을 첨가하여 반죽을 만든 뒤, 이를 작은 덩어리로 나누어 모닥불의 잿불 속에 넣어 구웠다. 하지만 이렇게 날두를 조리하면 포자낭과 속의 티아민 분해효소가 그대로 남는다는 문제가 생긴다. 날두 속에는 이 효소가 매우 높은 농도로 농축되어 있는데, 날두의 포자낭과에는 독성이 아주 높은 것으로 악명 높은(21장 참조) 고사리(*Pteridium aquilinum* var. *latiusculum*)보다 3배 이상, 그리고 잎에는 100배 이상 많은 티아민 분해효소가 들어 있을 정도이다.(McCleary & Chick 1977) 결국 탐험대원들은 안전한 방식으로 날두를 조리해 먹지 않았기 때문에 죽음에 이르렀던 것이다. 날두는 양들에게서도 종종 중독 사고를 일으키고 있다. 1974~1975년 여름 한철 동안 호주의 귀더Gwydir 만 지역에서 날두로 인해 디아민 결핍증으로 죽은 양들의 수가 2,200마리 이상에 이르렀다.(McCleary et al. 1980)

원주민들은 날두 가루를 물로 묽게 희석시킴으로써 중독을 방지할 수 있었던 것이다. 이 조리방법은 티아민과 티아민 분해효소 그리고 티아민 분해효소의 보조기질cosubstrate로 작용할 가능성이 있는 여타 유기분자들을 모두 희석시키기 때문이다. 날두를 묽게 쑤어 죽을 만들면 위에서 말한 3개의 분자들이 동시에 합성할 가능성이 매우 적어진다(효소의 활동은 희석률의 세제곱 비율로 떨어진다; 가령 10분의 1로 희석하면 효소의 활동은 1000분의 1로 저하된다). 이렇게 함으로써 티아민이 온전한 형태를 유지할 수 있었던 것이다. 원주민들이 날두죽을 먹는 데 나뭇잎이나 나무껍질 대신 홍합껍데기를 사용하는 관습 역시 티아민 분해효소가 다른 보조기질과 결합할 가능성을 줄여 줬을 것으로 얼과 맥클리어리는 보고 있다.

그런데 대부분의 효소들은 조리 과정에서 분해되는 것이 보통이므로, 날두를 잿불에 구웠는데도 티아민 분해효소가 분해되지 않았다는 사실은 놀랍기 그지없다. 티아민 분해효소가 이처럼 열에 강한 것은 아마도 날두가 호주 오지의 쩔쩔 끓는 여름 기온을 견뎌낼 수 있는 것과도 연관이 있을 것 같다. 날두의 탁월한 내열성은 날두의 포자에서도 확인할 수 있는데, 날두는 포자낭을 끓는 물에 넣고 15분 동안 삶은 뒤에도 별 문제 없이 포자가 발아되는 것을 볼 수 있다.

이 장을 끝맺기 전에 날두의 특이한 포자낭과 이야기를 좀 더 해야 할 것 같다. 호주 사람들은 여름철마다 말라붙는 연못 등지에 서식하는 네가래속(Marsilea)에 속한 모든 양치류들을 통틀어서 날두라고 부른다. 겨울이 되어 비가 내려 연못에 물이 차면 날두의 줄기에서는 네잎클로버를 닮은 잎들이 자라나는데, 이 잎들의 기부에 마치 작은 검정콩처럼 생긴 포자낭과가 달린다.그림 132 포자낭과는 어릴 때에는 말랑말랑하고 초록색을 띠지만, 성숙하면 단단하면서 검은색을 띠게 된다. 이것은 건기에 포자낭과가 땅 위에 노출될 경우에 수분 손실을 막기 위함이다. 날두의 포자낭과는 어찌나 수분 보존이 잘 되는지, 그중에는 130년이나 시간이 지난 뒤에도 발아를 해서 배우체로 성장할 수 있는 개체들이 있을 정도이다.(Johnson 1985)

날두의 포자낭과는 독특한 구조를 지니고 있다. 이것은 원래는 잎으로부터 생긴 것으로 보이는데, 진화 과정에서 잎조각이 접혀 합착됨으로써 포자낭과로 변형되었을 것으로 보인다.그림 134, 135 그로 인해 껍질의 보호를 받으며 내부에 자리 잡은 포자낭군은 포자낭과 안쪽의 가장자리를 따라 생기는 수분을 지닌 젤라틴질의 투명한 고리와 붙어 있다. 이 고리 모양의 기관을 포자병sorophore이라고 부른다.

포자낭과의 단단한 껍질이 부서지거나 오래되어 부식하게 되면, 물이 내부로 침투하면서 수분을 흡수한 포자병이 부풀게 된다. 이것이 포자낭과의 외벽에 엄청난 압력으로 작용하여 수분 흡수가 시작된 지 보통 15~20분이내에 포자낭과가 벌어진다. 포자병은 껍질이 벌어진 뒤에도 계속 밖으로 뻗어가는데, 이 과정에서 포자낭군도 덩달아서 밖으로 나온다.그림 136 그리고 포자낭군을 싸고 있던 포막이 사라지고 나면 마침내 포자낭에서 포자가 발출된다. 포자는 발아된 지 채 하루가 되지 않아 성숙한 배우자체로 자라나는데, 이것은 배우자체를 만드는 데 수개월이 소요되는 대다수의 양치류와 비교할 때 대단히 짧은 시간이 아닐 수 없다.

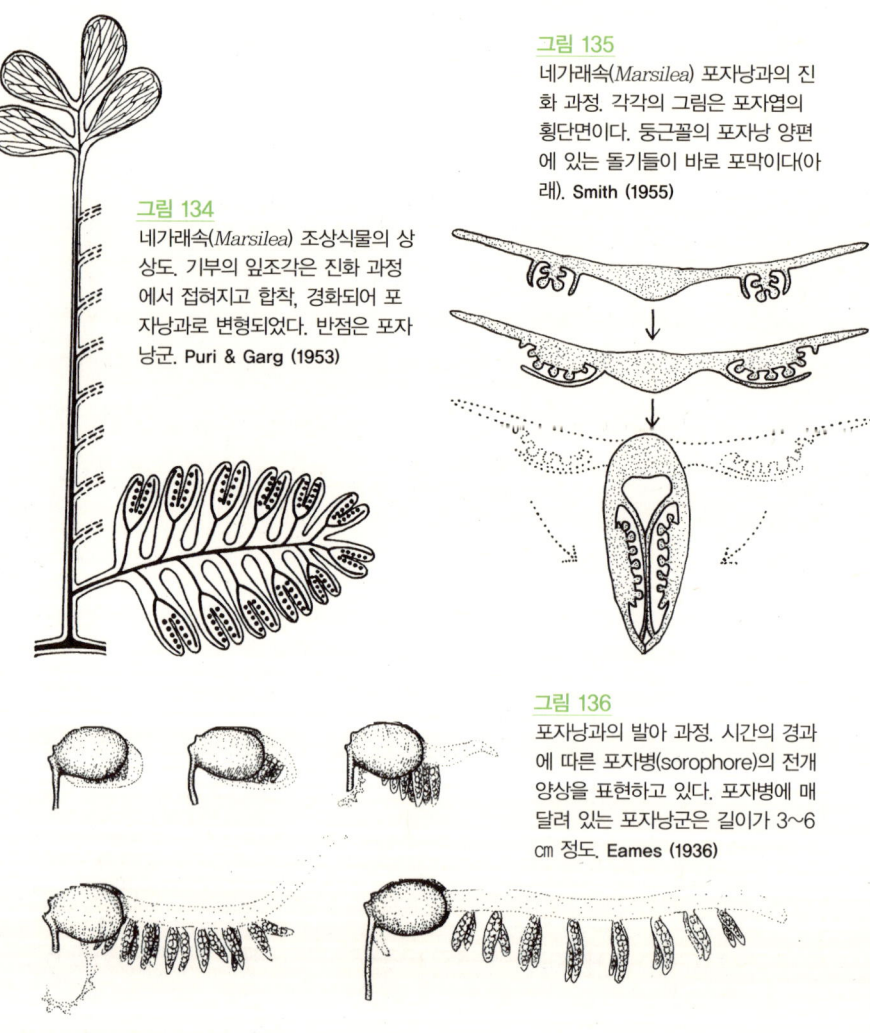

그림 135
네가래속(*Marsilea*) 포자낭과의 진화 과정. 각각의 그림은 포자엽의 횡단면이다. 둥근꼴의 포자낭 양편에 있는 돌기들이 바로 포막이다(아래). Smith (1955)

그림 134
네가래속(*Marsilea*) 조상식물의 상상도. 기부의 잎조각은 진화 과정에서 접혀지고 합착, 경화되어 포자낭과로 변형되었다. 반점은 포자낭군. Puri & Garg (1953)

그림 136
포자낭과의 발아 과정. 시간의 경과에 따른 포자병(sorophore)의 전개 양상을 표현하고 있다. 포자병에 매달려 있는 포자낭군은 길이가 3~6cm 정도. Eames (1936)

포자낭과 속에서 포자병과 포막을 구성하는 이 젤라틴의 물질이 바로 식용 가능한 부위이다. 날두를 먹은 뒤 탐험대원들이 포만감을 느꼈던 것도 이 젤라틴이 위와 내장 속에서 부풀어 올랐기 때문이고, 날두를 먹은 사람은 포만감 덕분에 공복통도 별로 느끼지 못했을 것이다. 윌스가 날두는 '대단한 만족감'을 준다고 적은 것은 아마도 이런 이유 때문이었으리라. 또한 윌스가 다음과 같이 기록한 것도 이해할 수 있을 것 같다.

날두를 먹고 나면 용변 양이 대단히 많아진다. 실제로 먹은 빵의 분량보다 훨씬 많은 양의 대변이 나오는 듯하다.

버크와 윌스가 죽은 후 호주의 중앙부는 시나브로 식민지 개척자들에 의해 잠식당해 갔다. 유럽에서 건너온 정착민들은 현지의 수많은 고유 동식물들을 절멸시켰고, 그들이 데리고 온 가축들은 그다지 많지도 않던 귀중한 식수원들을 오염시키고 훼손해 버렸다. 이로 인하여 더 이상 그 땅에서 살아갈 수 없게 된 수많은 원주민들은 별수 없이 유럽 정착민들이 운영하는 보호구역으로 이주할 수밖에 없었고, 그들의 주식마저도 정착민들이 배급해 준 밀가루로 바뀌어 버렸다. 1893년 이 변화를 관찰한 영국의 식물학자 토마스 반크로프트Thomas Bancroft는 이렇게 적고 있다;

개화된 원주민들은 보호센터로부터 밀가루를 배급받았는데, 그들은 날두 케이크를 만들어 먹는 것을 더 이상 떳떳하게 여기지 않았다.

원주민 사회의 붕괴에 따른 세태 변화로 인해 마침내 날두를 먹는 관습도 종언을 고하고 말았다.

32
빅토리아시대 고사리 열풍

1830년에서 1860년에 이르는 시기 동안, 유래 없는 고사리 열풍이 빅토리아시대의 영국을 휩쓸고 지나갔다. 사람들은 자신의 정원이나 온실에 심기 위해, 혹은 식물 표본집에 담을 표본용 고사리를 채취하러고 시골로 몰려들었다. 저명한 잡지 『가드너의 연대기(Gardner's Chronicle)』에 이런 내용이 나올 정도이다;

"거실 장식용으로 쓰기 위해 고사리를 가득 채운 유리상자의 수요가 대단히 많다." 어느 평론가는 이런 말을 하기도 했다.
"고상한 취향을 가진 사람이라면 거의 모두가 성공 여부를 떠나서 이 부류의 식물을 재배하려는 시도를 해본 적이 있다."

또한 고사리 문양으로 장식한 도자기나 직물, 또는 가구를 구입하기 위해 모두들 혈안이 되어 있었다. 그림 137 요컨대 고사리가 한창 '뜨는' 시대였던 것이다. 영국의 문화사학자들과 사회사학자들은 고사리에 대한 이러

32 •• 빅토리아시대 고사리 열풍··· 319

그림 137
고사리 문양으로 장식된 요강.

그림 138 제임스카터사 James Carter & Co. 의 광고 속에 등장하는 워드상자들. 1864.

한 거국적인 인기에 대하여 '고사리 열풍(fern craze; 라틴어 표현으로 pteridomania)'이라는 표현을 사용하였다.

애초에 이 열풍은 런던의 의사이자 아마추어 식물연구가로서 왕립학회와 린네학회의 회원이었던 나다니엘 백쇼 워드Nathaniel Bagshaw Ward가 발명한 단순한 장치에 의해 촉발되었다. 1820년대 후반 그는 거의 밀폐된 유리 용기―그의 표현을 빌리자면 '유리를 꼭 맞게 끼운 상자' 속에 식물들을 키우는 실험을 시작했다. 그가 개발한 이 유리상자는 낮 시간 동안에 식물과 토양에서 증발한 수분이 유리 표면에 응결되었다가 밤에는 물방울이 되어 떨어져 다시 토양 속으로 흡수된다는 원리로 작동하는 것이었다. 만일 용기가 충분히 밀봉된 상태라면 토양이 수분을 그대로 유지할 수 있어 물을 주지 않더라도 오래도록 식물을 키울 수 있었다.

당시에 이 워드상자Wardian case *감수자주는 대단한 인기를 끌었는데, 특히 고사리 종류를 재배하는 데 애용되었다. 그림 138 왜 현화식물이 아니라 하필이면 고사리인지 그 이유가 분명하지 않은데, 아마 워드 자신이 고사리를 좋아했기 때문일지도 모르겠다. 또는 당시에 검은색 신사복이 별안간 인기를 끌었던 사실에서 보이듯, 화려한 꽃이나 열매가 생기지 않는 고사리가 음울한 그 시대의 분위기와 딱 맞아떨어진 것일 수도 있다. 이와 관련하여 어느 빅토리아시대의 작가는 본인은 의식하지도 못했을 아이러니겠지만,

* 감수자주:
워드상자는 테라리움(terrarium)이란 이름으로 우리나라에도 들어와 식물애호가들에게 인기를 끌고 있다. 식물을 심고 물을 준 다음 유리상자 안에 넣고 외부공기와 차단시켜주면, 몇 달 동안 물을 주지 않아도 잘 자란다. 이때 식물은 아무리 자라도 그 크기가 상자보다 커지지 않는 종류를 선택해야 함은 물론이다. 혹자는 물을 주지 않는데 어떻게 몇 달씩 살 수 있는지 의아해할 것이다. 그 이유는 물이 상자 밖으로 증발되지 않기 때문에, 상자 내부의 습도가 높아 증산작용에 의한 물의 증발이 거의 없고, 설령 증발한다 해도 증발한 물이 과포화상태가 되어 다시 뿌리로 돌아가게 되기 때문이다. 그렇다면 탄산가스나 산소는 어떻게 될까? 상자 내 식물의 광합성으로 생성된 산소는 밤에 식물이 호흡할 때 사용하고 이때 나온 탄산가스는 낮에 광합성 할 때 사용되는 메커니즘으로 완전한 순환이 상자 안에서 이루어지므로 안팎이 차단되어 있다 하더라도 아무런 문제가 생기지 않는다. 테라리움은 일단 설치해놓기만 하면 별다른 관리를 하지 않더라도 오랫동안 식물을 감상할 수 있으니 식물을 돌보기 힘든 사람들에게 아주 안성맞춤일 것이다.

'음침하고 조용한 분위기를 좋아하는' 고사리를 키울 것을 권장하기도 했다. 고사리가 인기를 끈 또 다른 이유는 정교하고 풍부한 디자인을 사용하여 미묘한 효과를 연출하는 빅토리아풍 장식 스타일에 고사리가 잘 어울렸기 때문이기도 할 것이다. 나선형의 새순과 주름장식 같은 고사리의 이파리가 이러한 빅토리아 스타일의 여러 요소들과 잘 어울렸다. 그 인기의 요인이 무엇이든 간에 빅토리아시대 대부분의 사람들 마음속에서 워드상자는 곧 고사리를 연상시켰다.(Allen 1969)

그런데 워드 박사의 발명품은 교양과 고상한 취향을 보여주는 상징물로서 고사리를 키우기 위한 그저 그렇고 그런 용기容器 이상의 의미를 내포하고 있었다. 워드상자는 장기간의 항해 동안 살아 있는 식물을 안전하게 수송할 수 있는 수단으로 적극 활용되었던 것이다. 워드상자가 발명되기 전에는 장거리 항해 동안 운송하던 식물들이 거의 살아남지를 못했다. 일반적으로 소형식물들은 이끼로 싼 뒤 나무상자에 넣어 햇빛을 보지도 못한 채 옮겨졌고, 보다 큰 식물들은 화분에 담아서 소금기를 품은 건조한 바람이나 극한적인 기후 변화에 노출된 채로 그대로 운반하곤 했다. 하지만 워드상자가 등장하면서 상황이 완전히 달라졌다. 채취한 식물들이 몇 달이 소요되는 항해 동안에도 살아남을 수 있게 되었던 것이다. 식물들의 생존율이 상당히 높아짐에 따라 서로 멀리 떨어진 영국제국의 식민지들끼리, 그리고 영국 본토와 식민지 사이에서도 식물들의 활발한 교역이 가능해졌다.(Barber 1980)

성공적으로 식물들을 운송할 수 있었던 것은 빅토리아시대의 교역과 제국의 확장에 있어 핵심적인 역할을 수행하였다. 영국 정부는 큐Kew왕립식물원을 통해 본토와 식민지들 간에 엄청난 수량의 식물들을 워드상자에 담아 운송하였다. 1841에서 1865년까지 원장이었던 윌리엄 잭슨 후커William Jackson Hooker가 재직 당시 큐왕립식물원은 불과 15년 동안 이전의 100년 동안 수입했던 것보다 무려 6배나 많은 식물들을 수입했다. 남아메리카에 자생하던 키니네와 고무나무도 워드상자에 담겨서 일단 영국으로 갔다가 그곳에서 다시 동남아시아로 보내져서 오늘날까지도 남아 있는 대규모 재배단지의 효시가 되었다. 중국에서 채취한 차나무는 인도로 보내져 인도 차茶 산업의 시조가 되었다. 요즈음 우리가 집에서 흔히 키우는 원예식물들도 워드상자 덕분에 원예종으로 개발할 수 있게 된 것들이 많다. 살아 있는 식물을 운송하는 데 있어 1800년대에 워드상자가 차지했던 비중은 1900년대 중반 과일과 야채의 운송에 냉장 운송이 발휘했던 역할에 비견할 만하다. 이 워드상자는 1960년대 초반 폴리에틸렌 용기가 등장할 때까지 줄곧 사용되었다.

요즈음에는 식물원이라고 하면 세계 각지의 식물상을 연구하는 연구기관이거나 일반 대중들이 다양한 식물들을 감상하고 공부할 수 있는 곳으로 여겨지고 있다. 그러나 1800년대는 식물원이라는 곳이 교역과 식민지 개척을 촉진한다는 보다 실용적인 역할을 수행하던 시대였다. 식민지를 만드는 주요 목적들 중 하나는 경제작물을 재배함으로써 수익을 창출한다든지, 모국에 원자재를 공급하기 위한 것이었다. 따라서 당시 식물원의 책무는 어느 식민지에 어떤 작물을 재배하는 것이 최저인지 조사함과 더불어, 식물들의 재배 방법 및 수확 그리고 적절한 운송 방안을 찾아내는 일이었다. 육군과 해군이 대영제국을 건설하는 데 일조하였듯이, 식물원 역시 마찬가지 역할을 수행하였다고 할 수 있다.

영국의 상업적 이익을 수호하고 식민주의를 추진하는 데 있어 큐왕립식물원 및 세계 각지에 흩어져 있던 부속 식물원들이 수행했던 역할에 대해서는 당시의 많은 문서 기록들에 의해 입증되고 있다.(Brockway 1979) 하지만 큐왕립식물원 소속 식물학자들의 전문지식은 수익성이 대단히 높은 몇몇 핵심 작물들을 열대지방의 식민지에서 개발하는 데 중요한 기여를 했음에도, 이 같은 농작물의 개발이 해당 지역 원주민들에게는 거의 이득이 되지 못했다. 대개의 경우(에콰도르에서 키니네, 브라질에서 고무나무, 멕시코에서 사이잘을 채취해 갔던 것처럼) 원산지에서 식물을 가져다가 다른 지역에서 노예를 부리든지, 현지 원주민들을 값싼 임금으로 고용해서 대량 재배를 하는 식이었기 때문이다. 좋든 나쁘든 간에 큐왕립식물원의 식물학자들과 워드상자는 식민지들이 대영제국에게 황금알을 낳는 거위가 되도록 하는 데 일조하였다.

다시 고사리 열풍 이야기로 돌아가 보자. 빅토리아시대의 출판업자들은 고사리의 인기를 등에 업고 애호가들을 위한 수많은 관련 서적들을 출판하여 떼돈을 벌었다. 특히 그중에서도 조지 윌리엄 프란시스George William Francis (1837)의 『영국 양치식물의 분석(An Analysis of the British Ferns and Their Allies)』와 에드워드 뉴먼Edward Newman (1840)의 『영국 양치식물의 역사(A History of British Ferns, and Allied Plants)』가 베스트셀러로 자리 잡았다. 한편 인쇄 기술과 일러스트 기술이 진보함에 따라 고사리 관련 서적들은 더욱 정교해졌고, 양치류의 실물에 잉크를 칠한 뒤 종이 위에 눌러 찍는 방식으로 잎맥까지 생생하게 표현한 정교한 탁본 작업도 성행하였다. 1840년대에서 1850년대 초에 이르기까지 영국에서는 시장의 욕구에 부응하여 풍부한 삽화를 담은 고사리 관련 서적들이 출판되었다. 1854년과 1855년에 이르러 고사리 유행은 절정에 이르렀는데, 이 기간 동안 이미 출판된 책들의 재판본까지 포함해서 고사리에 대한 책이 무려 14권이나 되었다. 1857년 당시 대표적인 식물 관련 학술지였던 『식물학자(Phytologist)』는 이렇게 기록하고 있다.

> 양치류 관련 문헌들은 여타 식물학 분야의 문헌들을 모두 합친 것보다도 더 많이 출판되고 있다.

이 책자들은 일반인들이 야외에서 직접 고사리를 찾아 나서도록 자극을 주었다. 많은 안내서적들에서 영국에서의 양치류 분포 현황을 지역별로 상세히 소개하였으며, 아마추어 애호가들은 특정 지역에서 아직 보고되지 않은 고사리를 찾아냄으로써 분포 현황과 관련하여 미진한 정보를 채우는 데 열중하였다. 그리고 이렇게 찾아낸 정보들은 양치류 관련 서적의 저자들에게 전달되어 증보판에 반영되도록 하였다. 1844년에 뉴먼의 저서 2판이 출판되었는데, 전국 각지의 고사리 애호가들부터 취득한 서식지 분포에 관한 정보들 덕분에 책의 부피가 초판보다 무려 3, 4배나 커져 있었다.

한편 열정적인 아마추어 동호인들의 야외탐사 활동의 결과로 신종이거나 형태가 특이한 다수의 고사리들이 정원 조경에 활용되었다. 이들 중 상당수는 오늘날 품종 또는 변종이라고 부르는 특이한 형질을 지닌 식물들이었다. 특히 잎 끝이나 우편 끝이 계속 갈라져 주름장식처럼 퍼져 보이는 타입들이 가장 흔한 변종들 중 하나였다. 그림 139 새둥지고사리(*Asplenium*

그림 139
아피니스관중(*Dryopteris affinis*)의 재배품종 'Cristata'.

그림 140
레이디개고사리(*Athyrium filix-femina*)의 재배품종 'Victoriae'. 우편들이 X자형으로 교차한 것처럼 보이며 우편 끝이 깃털처럼 갈라져 있다.

그림 141
1871 『Illustrated London News』에 게재된 '고사리 채집(Gathering ferns)'이라는 기사에서 보듯, 빅토리아시대에는 고사리 채집이 대유행이었다. 영국의 Museum of Barnstaple and North Devon 전시.

nidus)의 원예품종인 라자냐고사리lasagna fern, 화보사진 7처럼 잎 가장자리가 물결무늬를 띠는 종류도 있었다. 빅토리아 여왕의 이름을 딴 'Victoriae'라는 레이디개고사리(Athyrium filix-femina)의 재배품종은 오늘날까지도 재배되고 있는데, 나 자신도 개인적으로 매우 좋아하는 고사리이다. 이 고사리의 잎조각은 기부에서 넓게 두 갈래로 갈라져 맞은편의 갈라진 잎조각과 함께 보면 우축을 중심으로 X자 모양을 띠고 있다.그림 140 빅토리아시대의 정원사들은 이러한 재배품종들을 구하는 데 열심이었고, 특이한 형태의 고사리라면 큰돈을 지불하는 것도 마다하지 않았다. 1860년 어느 종묘상은 그의 카탈로그에 종과 재배품종을 포함하여 대략 820여 종류에 이르는 고사리류들을 수록하였는데, 그중 골고사리류가 50종류 이상을 차지하였다.

그러나 이러한 유행에는 필연적으로 부작용이 따를 수밖에 없었다.

마구잡이 채집으로 인하여 자생지의 고사리들은 거의 절멸될 지경이 되어 버렸고, 별다른 자연보호 의식도 없던 당시의 고사리 애호가들은 영국 전역에서 닥치는 대로 고사리들을 채취해서 자신들의 집으로 가져갔다. 친구들에게 보여주거나 정원에서 키우기 위해, 또는 장식용으로 꾸미기 위한 목적에서였다. 채집한 고사리들은 식물체를 말려서 두툼한 종이 위에 솜씨 있게 펼쳐 놓은 다음 기부 쪽에는 보기 좋도록 이끼나 지의류를 붙여서 표본으로 만드는 경우도 있었다. 그리고 표본들이 충분히 수집되면 이를 책으로 한데 묶어 개인 표본집을 만들어 응접실에 비치하곤 했다. 이와 같은 과다한 채집 행위는 결과적으로 자생 양치류들의 생존을 위태롭게 만들어 버렸다. 흔히 인용되는 사례로서 건지^{Guernsey} 제도에 자생하던 루시타니쿰나도고사리삼(*Ophioglossum lusitanicum*)은 발견된 지 2년도 채 안 되어 수집가들의 과도한 채취로 인해 종 자체가 거의 절멸할 지경에 이르렀던 일도 있다.

식물 장사꾼들은 개인 수집가들보다 훨씬 더 지독했다. 이들은 자생지 전체의 고사리류들을 몽땅 채취하기도 했고, 자신이 하루 동안 몇 톤의 고사리류를 캘 수 있는지 공공연하게 과시하기도 하였다. 이로 인해 필연적으로 벌어지게 되는 일이겠지만, 특정 지역에서 고사리가 희귀해지는 지경이 되면 일부 파렴치한 채취꾼들은 개인 사유지에서 몰래 고사리를 훔쳤다. 그리고 이렇게 불법으로 수집된 고사리들은 도시로 보내져서 시장 등지에서 거래되었다. 현재 런던의 영국은행 정문 앞 동네가 당시에 고사리 거래로 유명했던 장소이기도 하다.

결국 1860년대 중반에 이르러 영국에서는 희귀종 고사리들의 상당수가 멸종 상태에 직면하게 되었는데, 이를 두고 어느 수집가는 다음과 같은 기록을 남겼다.

어떤 고사리든지 자생지를 완전히 파괴하는 것은 너무나 잔인한 일인 것 같다. 만일 지금과 같은 열풍이 계속된다면, 어떤 종이든 간에 자생지에서 살아남을 희망이 전혀 없어 보인다. 예전에 늑대가 그랬던 것처럼, 불쌍한 고사리들은 마치 그들 머리에 현상금이라도 걸려 있는 듯하다. 그리고 그들도 늑대와 마찬가지로 조만간 사라져 버릴 것이다. 야생동물들처럼 이들을 보호하기 위해서는 '고사리 보호법' 이라도 제정해야 할 판이다. (Allen 1969)

하지만 거기서 바로 몇 장을 더 넘기면, 이 수집가는 자신이 어느 희귀한 고사리를 발견하고서는 바구니 가득 그것을 채취해서 기차 편으로 집으로 부쳤노라고 실토하고 있다. 심지어는 다른 사람들도 그렇게 하도록 조언하고 있다. 빅토리아시대 사람들의 의식 속에 아직 자연보호 사상이 뿌리내리지 못하고 있었던 탓이다.

마침내 시중에 거래되는 양치류들의 품질이 점차 떨어지기 시작했다. 생육 상태가 좋지 않거나 조만간 죽어 버릴 괴상한 돌연변이종들이 별다른 안목이 없는 일반 대중들에게 팔려 나가기 시작했다. 그것은 바로 고사리 광풍이 마침내 정점에 도달했다는 신호였다.

어떤 종류의 유행이든 간에 그 절정기가 아무리 찬란하다 할지라도 시간이 흐르면 결국은 쇠락하기 마련이다. 고사리 열풍도 예외가 아니었다. 1860년 후반에 이르자 영국의 고사리 유행도 이미 완전한 과거의 일이 되어 버렸다. 오늘날 양치식물의 역사에 있어서 흥미진진하면서도 매혹적인 동시에 대단히 영국적이기도 한 역사의 한 장을 남기고서 말이다.

33 타타르의 식물양(植物羊)

　　한번은 우편으로 특이한 선물을 받은 적이 있다. 그것은 마치 크기가 치와와만 한 박제동물처럼 생겼는데, 매끈한 네 다리만 제외하고는 전신이 금빛 털로 덮여 있었다. 그림 142와 유사 나는 그런 것은 난생 처음 본지라 처음에는 무엇으로 만든 것인지조차도 짐작할 수가 없었다. 그리고 한참 동안 살펴본 다음에야 비로소 그것이 나무고사리의 줄기로 만들어진 것임을 알았다. 그 선물이 대만 양치식물의 최고 권위자인 국립대만대학의 곽성맹 박사에게서 온 것임을 생각하면, 그게 그다지 눈치 빠른 일은 아니었겠지만 말이다. 내가 보기에 그것은 엽병 4개만을 남긴 채 나무고사리의 줄기 일부를 잘라낸 뒤 엽병을 아래쪽으로 구부려 다리 모양을 만든 것이었다. 그런 다음 말린 새순으로 만든 귀와 꼬리를 솜씨 좋게 붙여 놓은 것이다.

　　결국 나는 도서관에 가서 세부 조사를 해보고 나서야 이 독특한 선물 뒤에 숨겨져 있는 흥미로운 사실들에 대해 더 상세히 알게 되었다. 이 털 달린 동물 모형을 만드는 데 사용한 나무고사리는 딕소니아과(Dicksoniaceae)에 속한 금모구궐(金毛狗蕨; *Cibotium barometz*)이었다. 이런 모형을 제작하

33 • • 타타르의 식물양(植物羊) … 329

그림 142
나무고사리 키보티움 바로메츠(*Cibotium barometz*)로 만든 중국의 식물양. 다리와 뿔은 잎자루의 기부를 남겨서 모양을 만들었다. Lee(1887)

는 일은 이 양치류가 자생하는 동남아시아에서는 일종의 가내수공업이 되어 있다고 한다. 이 모형은 불교 사원 부근에서 관광객들에게 기념품으로 팔리기도 하고, 또한 일반 중국 가정에서는 이 식물의 금빛 털을 지혈제로 사용하기 위해 상비약으로 비치하기도 한다. 실제로 나는 중국인 동료 몇몇으로부터 그들이 어렸을 때 절상折傷이나 찰과상을 입으면 어머니가 이 털을 발라 주었다는 이야기를 들은 적이 있다.

그런데 도서관에서 자료를 찾다 보니, 이야기의 전모가 그다지 간단하지 않음을 알게 되었다. 나무고사리로 만든 이 개처럼 생긴 모형을 타타르의 식물양植物羊, vegetable lamb of Tartary이라고 부른다는 것을 알게 된 것이다. 이 식물양에 대해서는 굉장한 전설이 전해져 내려오고 있다. 하지만 타타르는 흑해보다 북쪽에 위치한 지역인 반면, 금모구귈金毛狗蕨은 동남아시아에서만 자란다. 그렇다면 어떻게 해서 이 공예품이 타타르라는 이름을 얻게 되었단 말인가?

이야기는 서양 중세시대로 거슬러 올라간다. 당시에는 반은 식물이고 반은 동물인 식물양에 대한 신화가 널리 퍼져 가고 있었다. 그 전설은 이미 수백 년 동안 상존하고 있었지만, 1300년대 당시에 자신을 존 맨더빌Sir John Mandeville 경이라고 자칭하던 유명한 허풍선이 여행가가 그의 책에서 이에 대해 언급하면서 유명세를 타기 시작했다. 맨더빌은 자신이 1322년 성지 순례를 떠나 34년 후에 돌아왔다고 주장하고 있다. 그의 책 『존 맨더빌 경의 여행기(The Voyages and Travels of Sir John Mandeville, Knight)』는 피그미족과 거인족, 보석이 열리는 식물, 심지어는 최초의 세계 일주에 이르기까지 황당무계한 이야기들로 가득하다. 이 책은 중세시대 당시에 사회적으로 큰 반향을 불러일으켰는데, 사실을 알고 보면 책 전체가 표절한 내용과 꾸며낸 거짓말투성이이다. 그럼에도 불구하고 그의 책은 르네상스시대의 여러 탐험가들에게 감명을 주었는데, 심지어 크리스토퍼 콜럼버스마저도 이 책을 신뢰할 만한 안내서라고 믿은 나머지, 자신의 항해를 지원해 주도록 스페인 왕실을 설득하는 데 사용할 정도였다. 이후에는 셰익스피어, 스위프트, 데포, 콜리지 같은 당대의 위대한 작가들조차도 이 책에서 영감을 얻었다고 한다(2001년 밀턴이 지은 맨더빌에 관한 책 참조). 어쨌든 간에 맨더빌의 모험담 중에는 그가 위대한 타타르의 칸 대왕을 알현했다는 이야기가 나오는데, 그 중간에 줄기 끝의 꼬투리 속에 작은 양¥들이 달리는 이상한 나무를 보았다는 이야기가 나온다. 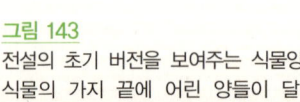 심지어 그는 자신이 그 열매를 실제로 먹어 보았다고 주장하고 있는데, 그런 나무의 존재는 정말이지 믿기 힘들었노라고 실토하고 있다. 하지만 그가 동시대 기독교인들에게 설파했듯

그림 143
전설의 초기 버전을 보여주는 식물양의 삽화. 식물의 가지 끝에 어린 양들이 달려 있다.
Lee(1887). 원전은 존 맨더빌 경, ca. 1356.

그림 144
식물양의 후기 버전. Lee(1887), 원본 그림의 출처는 *Claude Duret, Histoire Admirable des Plantes et herbes Esmerveillables et Miraculeuses en nature:……*, 파리, 1605.

그림 145
식물양의 또 다른 후기 버전. Lee(1887), 원본 그림의 출처는 *Johann Zahn, Specula Physico-Mathematico-Historica Notabilium ac Mirabilium Sciendorum, in Qua Mundi Mirabilis Oeconomia……*, 뉘른베르크, 1696.

이, "주님의 역사는 경이롭기 짝이 없는 것이다."

이후 맨더빌의 모험에서 자극을 받은 많은 여행가들이 이 식물양을 찾아 나섰지만, 그중 단 한 사람도 성공을 거두지 못했다. 그들은 그저 정체 불명의 희귀한 양에 대해서 요란하게 각색된 이야기만을 전해 듣고 돌아오곤 했다. 전설은 그 내용이 가지 끝에 양이 달린다는 것에서 점차 외대의 줄기 끝에 양이 딱 한 마리만 배꼽 부위로 연결된다는 식으로 변해 갔다.^{그림 144, 145} 이 전설에 대해 가장 상세하게 기록한 사람은 폰 에베르슈타인 남작인데, 1549년 그는 다음과 같은 글을 남겼다;

카스피 해 인근에는 멜론을 닮았지만 이보다 좀 더 길고 둥근 씨앗이 있다. 이 씨앗을 땅에 심으면 양을 닮은 식물이 높이 약 76cm 정도로 자라나는데, 이를 현지어로 '어린 양'이란 뜻의 '보라메츠Borametz'라고 부른다. 이 식물은 갓 태어난 양처럼 머리, 눈, 귀 등 모든 신체기관을 갖추고 있는데, 털이 대단히 부드러워서 흔히 머리장식을 만드는 데 사용한다. 더구나 이 식물은 식물이라고 부를 수 있다면 진짜 양처럼 피도 나지만, 다만 살이 없고 살 대신에 게살 같은 조직으로 채워져 있다고 한다. 이 식물양은 배 중앙에 있는 배꼽으로부터 줄기와 이어져 뿌리와 연결되어 있는데, 주변에 돋아 있는 풀을 뜯어먹으며 살아간다고 한다. 하지만 줄기가 닿는 곳까지 나 있는 풀들을 다 뜯어먹어서 더 이상 먹을 것이 없어지면 줄기가 시들고 양도 덩달아 죽어 버린다고 한다. 고기 맛이 아주 좋기 때문에 늑대나 다른 육식동물들이 선호하는 먹이가 되고 있다.(Lee 1887)

식물양에 대해 이와 유사한 이야기들은 사람들이 더 이상 믿지 못할 지경에 이를 때까지 점점 더 윤색의 강도를 더해 가며 계속 유입되었다. 그러다가 마침내 회의론자들이 들고일어나 이 허무맹랑한 신화를 맹렬하게 공격하는 글을 발표하기 시작했다. 이에 분개하여 맹신론자들도 반론을 제기함에 따라 식물양 이야기는 1500년대와 1600년대 동안 당대의 저명한 작가들의 논쟁거리가 되었다. 토마스 브라운Sir Thomas Browne경은 그의 저서 『저속한 오류(Pseudodoxia Epidemica)』(1646)에서 식물양의 정체에 대해 이렇게 논박하였다;

희한한 식물성 동물, 또는 타타르의 식물양이라고 부르는 보라메츠에 대해 많은 경이로운 이야기들이 떠돌고 있다. 늑대들이 즐겨 먹는다거나 모양이 양을 닮았다는 둥, 상처가 나면 피 같은 수액이 흐른다는 둥, 주변에 뜯어먹을 풀이 남아 있는 동안만 살 수 있다는 따위의 이야기들이다. 하지만 이런 이야기만 아니라면 식물들 중에는 벌, 파리, 또는 개 형상을 띤 것들도 있으므로 줄기 끝에 생긴다는 양 모양의 꽃이나 종자란 것도 따지고 보면 그다지 놀랄 만한 일은 아니다.

여기에 대해서 알렉산더 로스Alexander Ross는 그의 저서 『우주의 축소판인 인간 본성의 비밀(Arcana Microcosmi)』(1652)를 통해 다음과 같이 반론을 제기하였다.

브라운 씨는 타타르의 식물양이 그저 식물의 꽃이나 종자가 양의 형상을 하고 있을 뿐이라면 그다지 놀랄 만한 일이 아니라고 한다. 하지만 식물양에 대하여 글을 쓴 사람들이 우리를 속인 것이 아니라면, 무작정 그런 식으로 폄하해서 볼 일은 아닐 것이다. 스캘리거Scaliger는 그것이 어느 면으로 보더라도 양과 매우 닮았다고 설명하고 있다. 다만 뿔 대신에 뿔같이 긴 털이 나 있고, 몸체가 얇은 가죽으로 싸여 있다고 한다. 식물양은 상처를 입으면 피를 흘리며, 주변에 뜯어 먹을 풀이 있는 한 계속 살 수 있지만, 먹을 풀이 없어지면 죽는다고 했다. 또한 식물양이 늑대의 사냥감이라고도 했는데강론.182. 29 이 모든 것들은 정황상 거짓이 아닌 듯하다. 왜냐하면 첫째, 닉Nic이 기술했던 인도 열매의 경우처럼 이 식물도 양을 닮아서는 안 될 이유라도 있단 말인가? 용혈수龍血樹 Dracaena draco도 마치 화가가 인위적으로 채색을 하기라도 한 것인 양 용을 쏙 빼닮지 않았는가? 둘째, 복숭아, 모과, 밤 등 털로 덮여 있는 과일들의 예에서 보듯 이 식물양도 털 가죽으로 싸여 있지 말라는 법이라도 있단 말인가? 셋째, 위에서 언급한 용혈수도 용의 피와 같은 수액이 나오는 것으로 유명하다. 식물양 역시 용혈수처럼 피를 흘리지 말라는 법이라도 있는가? 넷째, 동물처럼 움직인다는 것이 또 어떻다는 말인가? 미모사 역시 사람이 가까이 다가서거나 건드리면 잎을 접었다가 다시 멀리 떨어지면 잎을 펼치곤 한다. 또한 심부본 섬이라는 곳에는 땅에 떨어진 나뭇잎이 벌레처럼 위아래로 움직이는 나무도 있지 않은가? 스캘리거에 따르면, 이 나무의 이파리는 양쪽에 작은 발이 나 있어 건드리면 달아난다고 한다강론. 112. 심지어는 접시에 담긴 이파리가 8일 동안이나 살아 있어 건드릴 때마다 움직였다는 이야기도 있다.

16세기의 뒤 바르타스Guillaume de Salluste, Seigneur du Bartas는 그의 서사시 「성주간(聖週間; La Semaine)」(1578)에서 천지창조의 둘째 주 동안 일어난 세상과 피조물들에 대해 설명하면서 이 식물양의 전설을 차용하였다. 그의 시에 따르면, 천지창조 후 2주차의 첫날 아담과 이브가 식물양을 발견했다고 한다. 런던의 약제상 존 파킨슨John Parkinson은 이 시를 읽고 나서 영감을 얻어 그가 지은 저서 『파킨슨의 천상화원(Paradisi in Sole Paradisus Terrestris)』(1629)의 표지에 이 식물양의 삽화를 게재하였다. 책의 표지에는 에덴동산에서 아담과 이브가 여러 동식물들을 탄복하며 바라보고 있는 모습이 나오는데, 바로 그 뒤쪽에 식물양이 평화롭게 풀을 뜯고 있는 모습이 보인다.

이 전설은 1698년 대영박물관(현재는 생물학 관련 부문만 따로 독립하여 자연사박물관이 되어 있음)의 창립자인 한스 슬론Sir Hans Sloane 경이 인도에서 온 특이한 표본을 수취할 당시까지만 해도 당대에 광범위하게 통용되고 있었다. 하지만 표본을 통해 마침내 수수께끼에 싸여 있던 식물양의 정체가 실물로 드러나게 되었다. 그는 그것이 다름 아닌 나무고사리의 줄기로 만들어진 것임을 간파하고 나서 이 허황된 전설을 조속히 타파하고자 왕립학회 앞에서 발표회를 개최하였다. 당대의 석학들로 구성된 왕립학회 회원들은 역시 가발을 쓴 머리를 끄덕이며 그의 주장에 공감을 표시하였다.

슬론의 주장은 독일 단치히 출신의 식물학자인 브라이언Breyn 박사가 인도에서 동일한 종류의 동물 모형을 독자적으로 찾아냄으로써 더욱 힘을 받게 되었다.그림 142 슬론과 마찬가지로 그 역시 이것이 나무고사리의 줄기로 만들어졌다고 결론지었다. 슬론과 브라이언의 발표로 인해 마침내 일반 대중들은 식물양 역시 무엇이든 쉽게 믿던 중세시대에서 비롯된 미신에 불과하다는 것을 확신하게 되었다. 린네 역시 이 설명을 수긍하여 1753년 동물 모형을 만드는 데 사용된 나무고사리 학명의 종소명種小名을 명명하는 데 있어 '작은 양'이란 뜻의 타타르어인 바로메츠barometz를 차용하였다: 키보티움 바로메츠(Cibotium barometz). 1790년에는 포르투갈의 식물학자이자 가톨릭 포교사였던 호아오 데 로우레이로João de Loureiro 역시 비슷한 생각을 갖고 있었다. 그의 저서 『남부 베트남의 식물상(Flora Cochinchinensis)』(1793)에서 그는 이렇게 적고 있다;

스키타이의 양, 즉 보라메츠에 대해서는 많은 작가들이 황당한 내용의 글들을 남겼다. 하지만 우리가 보라메츠라고 지칭하는 것은 열매가 아닌 식물의 뿌리로서, 이를 약간 가공함으로써 적갈색을 띤 작은 개 모형을 만들 수 있다. 중국인들도 이를 '양'이 아니라 개라는 의미가 포함된 명칭金毛狗으로 부르고 있다.

이 점에서 볼 때, 어떻게 타타르라는 지명이 동남아시아에 자라는 양치류와 결부시키게 되었는가에 대한 의문으로 다시 돌아가게 된다. 혹시나 슬론이 동정同定을 잘못했다는 말일까? 그렇게 믿은 사람이 적어도 한 사람은 있었던 것 같다. 1887년 영국의 자연사학자인 헨리 리Henry Lee는 인도의 목화야말로 식물양의 유래가 된 식물이라고 주장하였다. 그는 『타타르의 식물양: 목화에 대한 흥미로운 전설(The Vegetable Lamb of Tartary: A Curious Fable of the Cotton Plant)』이라는 잘 알려지지 않은 학구적인 책을 썼는데, 그의 주장은 상당히 설득력이 있다.

첫째, 목화의 형태는 가지 끝에 작은 양이 달리는 식물이라고 한 설화의 초기 버전과 맞아떨어진다: 리Lee는 이것이야말로 고대인들이 목화를 묘사하는 방식이라고 지적하였다. 구세계에서는 목화가 오직 인도에서만 재배되고 있었다. 그리스인들은 양모로 옷을 지었고, 이집트인은 아마亞麻로 아마포를 짰으며, 동남아시아인들은 비단을 사용했다. 기원전 484년 인도

를 여행했던 그리스 최초의 역사학자 헤로도토스는 다음과 같이 말했다;

인도에는 양모와 모양과 품질이 흡사한 열매가 달리는 나무가 야생하고 있다. 인도인들은 이 열매를 가지고 옷을 지어 입는다.

테오프라스토스나 알렉산더 대왕 휘하의 몇몇 장군들 역시 '현지인들이 옷을 만드는 데 쓰는 양털뭉치 같은 열매가 달리는 나무'를 언급했다. 그리스인들은 양떼는 키우기는 했지만 그전까지 목화를 본 적이 없었던 것이다. 목화를 설명하는 데 있어 가지 끝에 맺힌 흰 털이 북슬북슬한 양이 달린다고 하는 것보다 그 이상 더 좋은 표현이 또 어디 있겠는가? 리^{Lee}는 이런 종류의 이야기가 회자되면서 식물양의 전설이 생겨났을 것이라고 주장했다. 또한 리의 목화 유래설은 종자로부터 식물양을 키운다는 유형의—전설가령 폰 에베르슈타인 남작의 주장—과도 부합하고 있다.

하지만 목화 유래설 역시 나무고사리 유래설과 마찬가지로 지리적으로 모순점이 없지 않다. 전설이 유행할 당시 타타르에는 목화가 자라지 않았다. 그렇다면 어떻게 목화가 타타르와 결부되었단 말인가? 이 의문에 대해서도 리는 해답을 제시하고 있다. 중세시대에는 타타르가 동경 25°~116°에 이르는 광대한 스키타이제국의 일부로 편입되어 있었다. 오늘날 파키스탄의 신드 주와 펀잡 주에 걸친 인도-스키타이 지역 역시 당시에는 스키타이제국의 영토였는데, 목화는 바로 이곳에서 재배되고 있었다. 중세 초기에는 일단 육로를 통해 이집트와 콘스탄티노플까지 목면을 운송한 다음 그곳에서부터 다시 지중해 주변 지역의 상인들과 교역이 이루어졌다. 하지만 이슬람 세력이 이집트와 콘스탄티노플을 점령하면서 이 교역로가 차단됨에 따라 목면과 향신료를 비롯하여 큰돈을 벌 수 있었던 인도의 산물들은 카라반^{caraban}을 통해 히말라야 서쪽힌두쿠시을 가로질러 오늘날의 우즈베키스탄에 있는 사마르칸트(당시 스키타이제국 영역)로 보내졌다. 카라반은 그곳에서 서쪽으로 가는 일행들과 합류하여 마침내 유럽까지 이 동방의 물품들을 운송하였던 것이다.

유럽으로 가는 도중에 카라반은 질 좋은 양모와 양털을 운송하던 타타르의 무역상들과 합류하였는데, 수많은 교역물들이 타타르를 경유하여 유럽에 유입되는 과정에서 인도산의 식물성 양모(목면)도 덩달아 타타르의 산물로 여겨지게 되었다. 이와 마찬가지로, 향신료 중에서도 사실은 인도와 중국이 원산지임에도 교역 장소에 불과했던 아라비아가 산지인 것으로 오인 받았던 것들이 있다.

이상과 같이 식물양의 진정한 기원은 고사리가 아니라 목화였다. 1991년 나는 또다시 동료인 곽성맹 박사와 함께 대만에서 양치식물을 채집하고 있었다. 곽 박사에 의하면, 나무고사리로 만든 식물양 모형은 가격이 4~10달러 정도로 시중에서 쉽게 구입할 수 있다고 한다. 다행스럽게도 대만에서 식물양 모형을 만드는 데 사용하는 나무고사리는 키보티움 타이와넨시스(*Cibotium taiwanense*)로 비교적 흔한 양치류인지라 과도한 채취로 인해 희귀식물로 전락할 우려는 별로 없는 편이다. 그러므로 다음에 아시아 지역을 여행할 기회가 생긴다면 서슴지 말고 식물양 모형을 찾아보기 바란다! 혹시 당신 친구들 중에 양치식물 애호가들이 있다면 아주 훌륭한 선물이 될 것이다.

용어해설 Glossary

감수분열(meiosis) 식물에 있어 포자를 생성시키는 세포분열. 감수분열 과정 동안 세포의 염색체 복제는 1회, 세포분열은 2회가 발생한다. 그 결과 염색체 수가 모세포(母細胞)의 절반에 불과한 세포가 4개 생성된다.

경란기(archegonium) 난자를 만드는 암 생식기관으로 기부가 부풀어 오른 플라스크 모양으로 목이 길고, 배우자체의 뒷면에 생긴다. 장란기라고도 하며 목이 긴 것이 특징이다. 그렇지 않은 장란기(oogonium)와 구별하여 경란기라고 한다.

고사리 근친군(fern allies) 포자로 번식하며 고사리류와 유사한 생활환을 지니고 있지만, 포자낭이 달리는 방식이나 잎의 형태에서 차이를 보이는 관속식물들을 지칭한다. 현존하는 식물군으로서는 속새류, 물부추류, 석송류, 솔잎란류, 부처손류가 이에 해당한다. 하지만 최근 분자연구는 속새류와 솔잎란류가 고사리류에 포함됨을 보여준다.

괴경(tuber) 짧고 비대해진 육질(肉質)의 지하경(예, 감자). 양치류의 경우에는, Nephrolepis에 속한 일부 종들의 지하 포복경에서 생성되는 둥근 육질의 줄기와, 내부에 개미들이 서식하는 감자고사리(Solanopteris)의 줄기를 지칭한다.

근경(rhizome) 수평으로 뻗어가며 뿌리에 의해 토양 속에 고정되는 줄기.

근상간(rhizomorph) 일부 석송류(물부추류나 인목류)에 나타나는 뿌리 형태이나 발생상 뿌리는 아니다. 뿌리처럼 식물체를 지지하고 양분을 흡수하는 기능을 수행하기는 하지만 주로 통기기관 역할을 한다.

기공(stoma) 잎과 줄기의 표피에 있는 공변세포들로 둘러싸인 미세한 틈. 이 틈을 통하여 공기가 유입되며 식물체 내부의 수분이 증발되고 탄산가스를 흡수한다. 이 틈과 공변세포를 총칭하는 명칭으로 사용되기도 한다.

나자식물(gymnosperms) 종자(種子)를 생성하기는 하지만 밑씨가 밖으로 드러나 있는 식물. 소철, 은행나무, 소나무류가 이에 해당한다.

대엽(euphyll, megaphyll) 고사리류와 종자식물이 갖고 있는 잎으로, 관다발 여러 가닥이 들어가고 중심주에 엽극을 남긴다. 소엽과 대비되는 용어.

대포자(megaspore) 암포자라고도 한다. 대개 소포자(小胞子; microspore)보다 크기가 크므로 내포사(大胞子)라고 부른다.

마디(node) 잎이 부착되는 줄기 부위.

망상도(reticulogram) 교잡과 배수성(倍數性)으로 인하여 형성된 교잡 관계를 표현한 네트워크 형태의 도표.

무성아(bud, gemma) 양치류의 경우, 새로이 어린 모종으로 자라나는 세포조직을 지칭함.

무수정생식(apogamy) 수정된 난세포(접합자)가 아닌 전엽체의 세포조직으로부터 직접 포자체가 생성되는 무성생식의 형태.

물관부(xylem) 식물체 내부에서 수분과 무기양분을 이동시키는 통로 기능을 하는 조직.

반수체(haploid) 포자와 배우자체처럼 1쌍의 염색체를 지니고 있는 상태(1n). 2배체와 비교할 것.

배수성(polyploidy) 전체 염색체 세트가 배가(倍加)되는 현상.

배우자(gamete) 유성생식을 하기 위한 성세포로 난자와 정자를 말한다.

배우자체(gametophyte) 양치류의 경우, 배우자 즉 난자와 정자를 만드는 식물체. 간혹 배우체라고도 하나 배우가 아니라 배우자를 만드는 몸체이므로 배우자체가 맞다.

복엽(compound leaf) 2장 이상의 잎조각들로 구성된 잎. 한 조각으로만 된 단엽과 대비된다.

부식토(humus) 나뭇잎이나 부러진 나뭇가지 등이 분해되어 형성된 유기물.

빠라모(páramo) 아메리카 대륙의 열대지방, 그 중에서도 특히 안데스 산맥지대의 수목한계선 위쪽에 나타나는 초원 지대의 식생.

4배체(tetraploid) 4벌의 염색체를 지닌 상태(4x).

3배체(triploid) 3벌의 염색체를 지닌 상태(3x); 3배체는 불임 포자를 생성하든지, 아니면 무수정생식을 한다.

생존지역(refugia) 마지막 빙하기 동안 중앙아메리카와 남아메리카 등지에 산재했을 것으로 가정하고 있는 국지적 우림(雨林) 지역. 서식환경이 맞지 않는 초지나 사바나에 둘러싸인 식물종들이 우림(雨林) 속으로 피신했을 것으로 추정하여 생긴 명칭.

석송류(Lycophytes) 석송과, 부처손과, 물부추과 식물들의 총칭. 소엽을 갖고 있고, 포자낭은 포자엽의 향축면에 달린다.

선태류(Bryophytes) 관다발이 없으며, 포자로 번식하고 배우자체 세대가 주가 되는 육상식물군으로, 솔이끼류, 우산이끼류, 뿔이끼류를 포함한다.

셀룰로오스(cellulose) 섬유소, 식물의 세포벽의 주요 성분이 되는 탄수화물.

소엽(microphyll) 관다발이 하나뿐이고 중심주에 엽극(葉戟 leaf gap)을 내지 않는 잎. 석송류 식물에 나타나는 특징으로서, 진화적으로 대엽(大葉; megaphyll)과는 기원이 다르다.

소우편(pinnule) 잎조각, 복엽에서 2차로 분열된 잎의 조각.

소포자(microspore) 수포자. 보통 대포자(大胞子; megaspore)보다 크기가 작기 때문에 이렇게 부른다.

수관(canopy) 나무에서 가지와 잎들을 포함하는 최상층부.

식물상(flora) 특정 지역 안에 자라는 모든 식물종(種)들, 이들의 목록 또는 이들을 동정하는 데 사용되는 참고서. 국문으로는 이런 참고서를 도감이라고 한다.

양치식물(Pteridophytes) 고사리류, 솔잎란류, 석송류, 속새류를 총괄한 식물군. 포자로 번식하며 배우자체와 포자체가 각각 떨어진 생활환을 가져, 종자로 번식하고 배우자체가 포자체에 의존하는 종자식물과 대비된다.

염색체(chromosome) 유전자를 담고 있는 구조체; 동식물의 경우, 세포 핵 속에 들어있는 염색체는 세포분열 과정에서만 관찰된다.

엽각(phyllopodium) 밑동줄기 같은 근경의 연장부로서 잎이 붙는 부위. 보통 뚜렷한 탈리층(脫離層)에 의해 잎과 결합된다.

엽병(petiole) 잎자루, 잎몸을 달고 있는 자루.

엽액(axil) 잎겨드랑이, 줄기와 잎 사이의 공간.

영양엽(vegetative leaf) 포자낭을 달고 있지 않는 잎. 새로 삽입.

우림(rain forest) 연간 강우량이 2,500mm 이상인 수림. 보통 뚜렷한 건기(乾期)가 나타나지 않는다.

우편(pinnae) 잎조각, 복엽(複葉)에서 잎이 1차로 분열된 조각.

위포막(false indusium) 잎의 엽연부가 안쪽으로 말려서 형성된 포막; *Adiantum*, *Cheilanthes*, *Pellaea* 같은 식물군(群)에 나타나는 특징.

유사분열(mitosis) 염색체가 복제되면서, 2개의 딸염색체가 별개의 세포로 갈라져 유전적으로 동일한 딸세포들을 형성하게 되는 세포분열.

유전자(gene) 특정 형질의 유전을 결정하는 염색체 내의 단위.

육상식물(land plant) 선태류, 석송류, 양치류, 종자식물을 포괄적으로 지칭하는 명칭. 유배(有胚)식물(embryophyte)이라고도 한다.

응집력(cohesion) 동일한 물질의 분자들이 서로 끌어당기는 힘.

이명법(binomial) 생물종의 학명을 속명과 종소명의 두 단어를 결합하여 표기하는 방식.

2배체(diploid) 2벌의 염색체를 가진 상태(2n). 포자체세대의 특징. cf. 반수체(半數體).

2형(dimorphic) 2가지 형태를 지닌 상태. 양치류에서는 보통 포자엽과 영양엽의 크기나 형태가 다른 모습을 표현하는데 사용한다.

2형포자성(heterospory) 바위손류에서처럼, 수포자와 암포자를 따로 가지고 있는 성질. 수포자의 크기가 더 작고, 각각 다른 포자낭에서 생성된다.

인목(Lepidodendron) 석탄기 동안 번성했던 고목성(高木性)의 석송류; 규칙적인 패턴을 이룬 수피와 근상간(根狀幹)이라는 특이한 근계(根系)가 특징적이다.

인편(scale) 표피층이 외향생장한 부위로, 세포 2개 이상의 너비를 지닌 작고 납작한 구조체의 형태를 지닌다.

잎몸(blade) 잎의 얇고 넓은 부위 또는 엽병에 대비되는 잎의 본체, lamina라고도 함.

자매군(sister group) 진화계통수(進化系統樹; evolutionary tree) 상에서 가장 유연관계가 가까운 식물군. 진화계통수가 분지(分枝)하게 되면 그 결과 2개의 자매군들이 형성된다.

잡종(hybrid offspring) 서로 다른 2종의 식물이 수정하여 생겨난 자손.

장정기(antheridium) 정자(精子)를 만드는 수컷 생식기관.

재배품종(cultivar) 원예용으로 재배되는 식물의 변이종. 주로 재배 과정 또는 야생에서 발견된 특정 형질(들) 때문에 선정된다.

전연(entire) 가장자리가 갈라지거나 거치가 없이 매끄러운 상태.

전엽체(prothallus) 고사리류의 배우자체(配偶子體).

점착(adhesion) 상이(相異)한 물질이 서로 당기는 현상. 가령 물과 유리 또는 셀룰로오스 사이에 나타남.

접합자(zygote) 암수가 구별이 안 되는 반수체 생식세포가 합쳐진 배수체 세포, 또는 난자와 정자가 합쳐진 수정란.

종소명(specific epithet) 생물종의 학명(學名)에서 속명(屬名) 다음에 오는 이름. 가령, *Dryopteris cristata* 에서의 *cristata*.

종자식물(seed plant) 종자로 번식하는 식물로, 나자식물(소나무류와 은행나무, 소철)과 피자식물(현화식물)을 총칭하는 명칭.

주아(bulblet) 줄기나 잎에 붙어서 식물의 영양생식 수단이 되는, 작은 구근을 닮은 기관.

중축(rachis) 복엽(複葉)의 중앙 엽축.

질소 고정(nitrogen fixation) 식물이 사용하기 불가능한 대기 중의 질소를 흡수해 유기물을 만드는 작용으로 남조류나 질소고정세균이 수행한다.

착생식물(epiphyte) 다른 식물에 붙어 자라지만, 기생(寄生)은 하지 않고 단지 지지대로만 사용하는 식물.

체관부(phloem) 식물의 체내 양분 이동 통로 기능을 하는 조직. 물관부(木部)와 함께 관다발의 일부를 구성하고 있다.

탁엽(stipule) 엽병의 기부에 보통 1쌍이 생기는 부속체. 양치류의 경우에는 마라티아과(Marattiaceae) 외에 간혹 고비속(*Osmunda*)의 엽저에서 볼 수 있다.

탄사(elater) 튀김실, 속새류의 포자에 붙어 있는 흡습성의 띠로 포자를 널리 산포하는 역할을 한다.

테푸이(tepui) 안데스 산맥에 속하지 않은 베네수엘라 남부에 산재한, 편평한 정상부와 급격한 사면을 지닌 탁상산지(卓上山地; table mountain).

통기조직(aerophore, pneumatophore) 산소를 공급하는 잎의 세포조직. 주로 잎의 엽병을 따라 흰색 또는 노란색의 띠 모양으로 나타난다. 사자갈기속(*Blechnum*)과 처녀고사리속(*Thelypteris*) 등의 속(屬)에서는 우편의 기부와 우축이 만나는 부위에 뭉뚝한 돌기의 형태를 띤다. 통기조직은 양치류의 잎에만 보인다. 피자식물에도 있다.

특산(endemic) 고유식물, 지리적으로 특정한 지역에 국한된 상태. 주로 분포역이 좁은 식물들을 지칭하는데 사용한다.

퍼프(pup) 성숙한 박쥐란(*Platycerium*)의 근아(根芽)에서 생성되는 어린 모종.

포막(indusium) 포자낭군을 덮고 있는 구조체. 위포막 참조.

포복경(stolon) 토양 표면을 따라 수평으로 뻗는 길고 가는 줄기. 말단부 또는 중간에 어린 모종을 만든다.

포자(spore) 포자낭 속에서 생성되는 번식세포. 발아하여 전엽체가 된다.

포자낭(sporangium) 내부에 포자가 생성되는 특화된 기관.

포자낭과(sporocarp) 포자낭군을 싸고 있는 단단한 콩 모양의 구조체. 네가래과 식물의 특징. 진화학적으로는 우편이 겹쳐져서 변형된 기관이다.

포자낭군(sorus) 포자낭이 모인 집합체. 복수는 sori.

포자낭탁(strobilus, cone) 포자낭수(胞子囊穗) 다수의 포자엽이 부착된 중축으로 구성된 생식기관. 현존하는 식물들 중에서는 부처손류, 석송류, 속새류 식물들에서 볼 수 있다.

포자낭자루(receptacle) 포자낭이 달리는 자루. 처녀이끼속(*Hymenophyllum*)과 괴불이끼속(*Trichomanes*)에서는 강모(剛毛) 같은 형태를 지니고 있지만, 대부분의 양치류에서는 잎 표면과 같은 높이거나 약간 돌출된 형태를 띤다.

포자모세포(spore mother cell) 감수분열에 의하여 포자를 생성시키는 세포.

포자엽(sporophyll) 포자가 생성되는 잎.

포자체(sporophyte) 식물의 생활환 중에서 포자를 생성하는 단계의 세대.

표피(epidermis) 잎과 소지(小枝), 그리고 뿌리의 가장 바깥부위 세포층.

피자식물(angiosperm) 속씨식물, 현화식물. 종자(씨)가 자방(씨방)으로 둘러싸인 식물.

환대(annulus) 포자낭 표면에 위치한 고리와 유사한 형태의 두터운 세포열. 포자낭을 열개(裂開)하는 기능을 한다.

참고문헌 References

Allen, D. E. 1969. The Victorian Fern Craze, a History of Pteridomania. Hutchinson & Co., London.
André, E. F. 1883. Tour du Monde. Paris.
Andrews, H. N., and E. M. Kerns. 1947. The Idaho tempskyas and associated fossil plants. Annals of the Missouri Botanical Garden 34: 119–186.
Ash, S., R. J. Litwin, and A. Traverse. 1982. The Upper Triassic fern *Phlebopteris smithii* (Daugherty) Arnold and its spores. Palynology 6: 203–219.
Balick, M. J., and J. M. Beitel. 1988. *Lycopodium* spores found in condom dusting agent. Nature 332: 591.
Bancroft, T. L. 1893. On the habit and use of nardoo (*Marsilea drummondii*, A. Br.), together with some observations on the influence of water plants in retarding evaporation. Proceedings of the Linnean Society of New South Wales, series 2, 8: 215–217.
Barber, L. 1980. The Heyday of Natural History, 1820–1870. Jonathan Cape, London.
Boston, H. L. 1986. A discussion of the adaptations for carbon acquisition in relation to the growth strategy of aquatic isoetids. Aquatic Botany 26: 259–270.
Boufford, D. E., and S. A. Spongberg. 1983. Eastern Asian–eastern North American phytogeographical relationships—a history from the time of Linnaeus to the twentieth century. Annals of the Missouri Botanical Garden 70: 423–439.
Brockway, L. H. 1979. Science and Colonial Expansion, the Role of the British Royal Botanic Gardens. Academic Press, New York.
Browne, T. 1672. *Pseudodoxia Epidemica*: or, Enquiries Into Very Many Received Tenets and Commonly Presumed Truths. Sixth edition. Edward Dod, London.
Brownsey, P. J. 2001. New Zealand's pteridophyte flora: Plants of ancient lineage but recent arrival? Brittonia 53: 284–303.
Calvert, H. E., and G. A. Peters. 1981. The *Azolla–Anabaena azollae* relationship, IX. Morphological analysis of leaf cavity hair populations. New Phytologist 89: 327–335.
Campbell, D. H. 1928. The Structure and Development of Mosses and Ferns. Macmillan, New York.
Chiou, W.-L., and D. R. Farrar. 1997. Antheridiogen production and response in Polypodiaceae species. American Journal of Botany 84: 633–640.
Clute, W. N. 1901. Our Ferns and Their Haunts. Frederick A. Stokes, New York.
Cook, T. A. 1914. The Curves of Life, Being an Account of Spiral Formations and Their Application to Growth in Nature, to Science and to Art; with Special Reference to the Manuscripts of Leonardo da Vinci. Constable and Company, London. [reprinted unabridged by Dover, New York, in 1979]
Cooper-Driver, G. A. 1985. Anti-predation strategies in pteridophytes—a biochemical approach. Proceedings of the Royal Society of Edinburgh 86B: 397–402.

Cooper-Driver, G. A. 1990. Defense strategies in bracken, *Pteridium aquilinum* (L.) Kuhn. Annals of the Missouri Botanical Garden 77: 281–286.
Cooper-Driver, G. A., and T. Swain. 1976. Cyanogenic polymorphism in bracken in relation to herbivore predation. Nature 260: 604.
Corsin, P., and M. Waterlot. 1979. Paleobiogeography of the Dipteridaceae and Matoniaceae of the Mesozoic. Fourth International Gondwana Symposium 1: 51–70.
Davies, K. L. 1991. A brief comparative survey of aerophore structure within the Filicopsida. Botanical Journal of the Linnean Society 107: 115–137.
Domanski, C. W. 1993. M. J. Leszczyc-Suminski (1820–1898), an unknown botanist-discoverer. Fiddlehead Forum 20: 11–15.
Dyer, A. F., and S. Lindsay. 1992. Soil spore banks of temperate ferns. American Fern Journal 82: 89–12.
Eames, A. J. 1936. Morphology of Vascular Plants, Lower Groups. McGraw-Hill, New York.
Earl, J. W., and B. V. McCleary. 1994. Mystery of the poisoned expedition. Nature 368: 683–684.
Edwards, D. S. 1986. *Aglaophyton major*, a non-vascular land-plant from the Devonian Rhynie Chert. Botanical Journal of the Linnean Society 93: 173–204.
Emigh, V. D., and D. R. Farrar. 1977. Gemmae: a role in sexual reproduction in the fern genus *Vittaria*. Science 198: 297–298.
Farley, J. 1982. Gametes & Spores, Ideas About Sexual Reproduction, 1750–1914. Johns Hopkins University Press, Baltimore.
Farrar, D. R. 1985. Independent fern gametophytes in the wild. Proceedings of the Royal Society of Edinburgh 86B: 361–369.
Farrar, D. R. 1990. Species and evolution in asexually reproducing independent fern gametophytes. Systematic Botany 15: 98–111.
Farrar, D. R. 1991. *Vittaria appalachiana*: a name for the "Appalachian gametophyte." American Fern Journal 81: 69–75.
Farrar, D. R. 1992. *Trichomanes intricatum*: the independent *Trichomanes* gametophyte in the eastern United States American Fern Journal. 82: 68–74.
Farrar, D. R. 1998. The tropical flora of rockhouse cliff formations in the eastern United States. Journal of the Torrey Botanical Society 125: 91–108.
Farrar, D. R., and C. L. Johnson-Groh. 1990. Subterranean sporophytic gemmae in moonwort ferns, *Botrychium* subgenus *Botrychium*. American Journal of Botany 77: 1168–1175.
Flora of North America Editorial Committee. 1993. Flora of North America. Volume 2, Pteridophytes and Gymnosperms. Oxford University Press, New York.
Fox, D. L., and J. R. Wells. 1971. Schemochromic blue leaf-surfaces of *Selaginella*.

American Fern Journal 61: 137–139.
Gastony, G. J. 1988. The *Pellaea glabella* complex: electrophoretic evidence for the derivations of apogamous taxa and a revised synonymy. American Fern Journal 78: 44–67.
Gay, H. 1991. Ant-houses in the fern genus *Lecanopteris* Reinw. (Polypodiaceae): the rhizome morphology and architecture of L. *sarcopus* Teijsm. & Binnend. and L. *darnaedii* Hennipman. Botanical Journal of the Linnean Society 106: 199–208.
Gay, H. 1993. Animal-fed plants: an investigation into the uptake of ant-derived nutrients by the Far-Eastern epiphytic fern *Lecanopteris* Reinw. (Polypodiaceae). Biological Journal of the Linnean Society 50: 221–233.
Gómez, L. D. 1974. Biology of the potato fern *Solanopteris brunei*. Brenesia 4: 37–61.
Gómez, L. D. 1977. The *Azteca* ants of *Solanopteris brunei*. American Fern Journal 67: 31.
Gould, K. S., and D. W. Lee. 1996. Physical and ultrastructural basis of blue leaf iridescence in four Malaysian understory plants. American Journal of Botany 83: 45–50.
Graham, A. 1966. *Plantae Rariores Camschatcenses*: a translation of the dissertation -of Jonas P. Halenius, 1750. Brittonia 18: 131–139.
Graham, R., D. W. Lee, and K. Norstog. 1993. Physical and ultrastructural basis of blue leaf iridescence in two Neotropical ferns. American Journal of Botany 80: 198–203.
Grayum, M. H., and H. W. Churchill. 1987. An introduction to the pteridophyte flora of Finca La Selva, Costa Rica. American Fern Journal 77: 73–89.
Hagemann, W. 1969. Zur Morphologie der Knolle von *Polypodium bifrons* Hook. und P. *brunei* Wercklé. Société Botanique de France, Mémoires, 1969: 17–27.
Harris, T. M. 1961. The Yorkshire Jurassic Flora. I. Thallophyta–Pteridophyta. British Museum (Natural History), London.
Haufler, C. H., and C. B. Welling. 1994. Antheridiogen, dark germination, and outcrossing mechanisms in *Bommeria* (Adiantaceae). American Journal of Botany 81: 616–621.
Hirmer, M. 1927. Handbuch der Paläobotanik. R. Oldenbourg, Berlin.
Hodge, W. H. 1973. Fern foods of Japan and the problem of toxicity. American Fern Journal 63: 77–80.
Hoshizaki, B. J., and R. C. Moran. 2001. Fern Grower's Manual. Revised and Expanded Edition. Timber Press, Portland, Oregon.
Ingold, C. T. 1939. Spore Discharge in Land Plants. Clarendon Press, Oxford.
Ingold, C. T. 1965. Spore Liberation. Clarendon Press, Oxford.
Jacono, C. C. 1999. *Salvinia molesta* (Salviniaceae), new to Texas and Louisiana. Sida 18: 927–928.
Johnson, D. M. 1985. New records for longevity of *Marsilea* sporocarps. American Fern Journal 75: 30–31.
Kato, M. 1993. Biogeography of ferns: dispersal and vicariance. Journal of Biogeography 20: 265–274.
Kato, M., and D. Darnedi. 1988. Taxonomic and phytogeographic relationships of *Diplazium flavoviride*, D. *pycnocarpon*, and *Diplaziopsis*. American Fern Journal 78: 77–85.
Kato, M., and K. Iwatsuki. 1983. Phytogeographic relationships of pteridophytes between temperate North America and Japan. Annals of the Missouri Botanical Garden 70: 724–733.

Keeley, J. E. 1981. *Isoëtes howellii*: a submerged aquatic CAM plant? American Journal of Botany 68: 420–424.
Keeley, J. E. 1987. Photosynthesis in quillworts, or why are some aquatic plants similar to cacti? Plants Today 1: 127–132.
Keeley, J. E. 1988. A puzzle solved for the quillwort. Fremontia 16: 15–16.
Keeley, J. E. 1998. CAM photosynthesis in submerged aquatic plants. Botanical Review 64: 121–175.
Kenrick, P. 2001. Turning over a new leaf. Nature 410: 309–310.
Kenrick, P., and P. R. Crane. 1997. The Origin and Early Diversification of Land Plants, a Cladistic Study. Smithsonian Institution Press, Washington, D.C.
Lee, D. W. 1977. On iridescent plants. Gardens' Bulletin, Straits Settlements, Singapore 30: 21–31.
Lee, D. W. 1986. Unusual strategies of light absorption in rain-forest herbs, pages 105–131 *in* Thomas J. Givnish, editor, On the Economy of Plant Form and Function. Cambridge University Press, New York.
Lee, D. W., and J. B. Lowry. 1975. Physical basis and ecological significance of iridescence in blue plants. Nature 254: 50–51.
Lee, H. 1887. The Vegetable Lamb of Tartary: a Curious Fable of the Cotton Plant, to Which Is Added a Sketch of the History of Cotton and the Cotton Trade. S. Low, Marston, Searle & Rivington, London.
León, B., and H. Beltrán. 2002. A new *Microgramma* subgenus *Solanopteris* (Polypodiaceae) from Peru and a new combination in the subgenus. Novon 12: 481–485.
Lellinger, D. B. 1967. *Pterozonium* (Filicales: Polypodiaceae), *in* B. Maguire, editor, The Botany of the Guayana Highland. Memoirs of the New York Botanical Garden 17: 2–23.
Lellinger, D. B. 1987. Hymenophyllopsidaceae (Filicales), *in* B. Maguire, editor, Botany of the Guayana Highlands. Memoirs of the New York Botanical Garden 38: 2–9.
Li, H.-L. 1952. Floristic relationships between eastern Asia and eastern North America. Transactions of the American Philosophical Society 42: 371–429. [reprinted with foreword and additional references as a Morris Arboretum Monograph in 1971]
Lindsay, J. 1794. Account of the germination and raising of ferns from the seed. Transactions of the Linnean Society 2: 93–100.
Lloyd, R. M., and E. J. Klekowski, Jr. 1970. Spore germination and viability in Pteridophyta: evolutionary significance of chlorophyllous spores. Biotropica 2: 129–137.
Lumpkin, T. A., and D. L. Plucknett. 1982. *Azolla* as a Green Manure: Use and Management in Crop Production. Westview Tropical Agriculture Series, no. 5.
McCleary, B. V., and B. F. Chick. 1977. The purification and properties of a thiaminase I enzyme from nardoo (*Marsilea drummondii*). Phytochemistry 16: 207–213.
McCleary, B. V., C. A. Kennedy, and B. F. Chick. 1980. Nardoo, bracken and rock ferns cause vitamin B_1 deficiency in sheep. Agricultural Gazette of New South Wales 91(5): 1–4.
Madsen, T. V. 1987. Interactions between internal and external CO_2 pools in the photosynthesis of the aquatic CAM plants *Littorella uniflora* (L.) Aschers and *Isoëtes lacustris* L. New Phytologist 106: 35–50.
Menéndez, C. A. 1966. La presencia de *Thyrsopteris* en la Cretácico Superior de Cerro

Guido, Chile. Ameghiniana 4: 299–302.

Mickel, J. T. 1981. *Marattia* propagation stipulated. Fiddlehead Forum 8: 40.

Mickel, J. T. 1985. The proliferous species of *Elaphoglossum* (Elaphoglossaceae) and their relatives. Brittonia 37: 261–278.

Mickel, J. T., and J. M. Beitel. 1988. Pteridophyte Flora of Oaxaca, Mexico. Memoirs of the New York Botanical Garden 46: 1–568.

Milton, G. 2001. The Riddle and the Knight: in Search of Sir John Mandeville, the World's Greatest Traveler. Farrar Straus & Giroux, New York.

Mitchell, D. S. 1972. The Kariba weed: *Salvinia molesta*. British Fern Gazette 10: 251–252.

Moore, W. A. 1969. *Azolla*: biology and agronomic significance. Botanical Review 35: 17–35.

Moorehead, A. 1963. Cooper's Creek. Harper & Row, New York.

Moran, R. C. 1995. The importance of mountains to pteridophytes, with emphasis on Neotropical montane forests, pages 359–363 *in* S. P. Churchill, H. Balslev, E. Forero, and J. L. Luteyn, editors, Biodiversity and Conservation of Neotropical Montane Forests. New York Botanical Garden, Bronx.

Moran, R. C., and A. R. Smith. 2001. Phytogeographic relationships between Neotropical and African–Madagascan pteridophytes. Brittonia 53: 304–351.

Moran, R. C., S. Klimas, and M. Carlsen. 2003. Low-trunk epiphytic ferns on tree ferns versus angiosperms in Costa Rica. Biotropica 35: 48–56.

Müller, L., G. Starnecker, and S. Winkler. 1981. Zur Ökologie epiphytischer Farne in Sudbrasilien 1. Saugschuppen. Flora 171: 55–63.

Nasrulhaq-Boyce, A., and J. G. Duckett. 1991. Dimorphic epidermal cell chloroplasts in the mesophyll-less leaves of an extreme-shade tropical fern, *Teratophyllum rotundifoliatum* (R. Bonap.) Holtt.: a light and electron microscope study. New Phytologist 119: 433–444.

Niklas, K. J., B. H. Tiffney, and A. H. Knoll. 1983. Patterns in vascular land plant diversification. Nature 303: 614–616.

Øllgaard, B., and K. Tind. 1993. Scandinavian Ferns. Rhodos Press, Copenhagen.

Page, C. N. 1976. The taxonomy and phytogeography of bracken—a review. Botanical Journal of the Linnean Society 73: 1–34.

Parrish, J. T. 1987. Global palaeogeography and palaeoclimate of the late Cretaceous and early Tertiary, pages 51–74 *in* E. M. Friis, W. G. Chaloner, and P. R. Crane, editors, The Origins of Angiosperms and Their Biological Consequences. Cambridge University Press, Cambridge.

Perkins, S. K., and G. A. Peters. 1993. The *Azolla–Anabaena* symbiosis: endophyte continuity in the *Azolla* life-cycle is facilitated by epidermal trichomes. New Phytologist 123: 53–61.

Perrie, L. R., P. J. Brownsey, P. J. Lockhart, E. A. Brown, and M. F. Large. 2003. Biogeography of temperate Australasian *Polystichum* ferns as inferred from chloroplast sequence and AFLP. Jaurnal of Biogeography 30:1729-1736.

Perring, F. H., and B. G. Gardiner, editors. 1976. The biology of bracken. Journal of the Linnean Society, Botany, 73: 1–302.

Pessin, L. J. 1924. A physiological and anatomical study of the leaves of *Polypodium polypodioides*. American Journal of Botany 11: 370–381.

Pessin, L. J. 1925. An ecological study of the polypody fern *Polypodium polypodioides* as an epiphyte in Mississippi. Ecology 6: 17–38.

Phillips, T. L. 1979. Reproduction of heterosporous arborescent lycopods in the Mississippian–Pennsylvanian of Euramerica. Review of Paleobotany and Palynology 27: 239–289.

Phillips, T. L., and W. A. DiMichele. 1992. Comparative ecology and life-history biology of arborescent lycopsids in late Carboniferous swamps of Euramerica. Annals of the Missouri Botanical Garden 79: 560–588.

Phipps, C. J., T. N. Taylor, E. L. Taylor, N. Rubén Cúneo, L. D. Boucher, and X. Yao. 1998. *Osmunda* (Osmundaceae) from the Triassic of Antarctica: an example of evolutionary stasis. American Journal of Botany 85: 888–895.

Posthumus, O. 1928. *Dipteris novo-guineensis*, ein 'lebendes Fossil.' Recueil des Travaux Botaniques Néerlandais 24: 244–249.

Pring, G. H. 1964. The bracken in the grove, *Pteridium aquilinum*. Missouri Botanical Garden Bulletin 52(8): 3–5.

Pryer, K. M., H. Schneider, A. R. Smith, R. Cranfill, P. G. Wolf, J. S. Hunt, and S. D. Sipes. 2001. Horsetails and ferns are a monophyletic group and the closest living relatives to seed plants. Nature 409: 618–622.

Puri, V., and M. L. Garg. 1953. A contribution to the anatomy of the sporocarp of *Marsilea minuta* L. with a discussion of the nature of sporocarp in the Marsileaceae. Phytomorphology 3: 190–209.

Raghaven, V. 1992. Germination of fern spores. American Scientist 80: 176–185.

Rasbach, H., K. Rasbach, and C. Jérôme. 1993. Über das Vorkommen des Hautfarns *Trichomanes speciosum* (Hymenophyllaceae) in den Vogesen (Frankreich) und dem benachbarten Deutschland. Carolinea 51: 51–52.

Ratcliffe, D. A., H. J. B. Birks, and H. H. Birks. 1993. The ecology and conservation of the Killarney fern *Trichomanes speciosum* Willd. in Britain and Ireland. Biological Conservation 66: 231–247.

Rauh, W. 1973. *Solanopteris bismarckii* Rauh, ein neuer knollenbildender Ameisenfarn aus Zentral-Peru. Tropische und Subtropische Pflanzenwelt 5: 223–256.

Ritman, K. T., and J. A. Milburn. 1990. The acoustic detection of cavitation in fern sporangia. Journal of Experimental Botany 41(230): 1157–1160.

Room, P. M. 1990. Ecology of a simple plant-herbivore system: biological control of *Salvinia*. Trends in Ecology and Evolution 5: 74–79.

Rothwell, G. W., and R. Roessler. 2000. The late Palaeozoic tree fern *Psaronius*—an ecosystem unto itself. Review of Palaeobotany and Palynology 108: 55–74.

Rothwell, G. W., and R. A. Stockey. 1991. *Onoclea sensibilis* in the Paleocene of North America, a dramatic example of structural and ecological stasis. Review of Paleobotany and Palynology 70: 113–124.

Rumsey, F. J., E. Sheffield, and D. R. Farrar. 1990. British filmy-fern gametophytes. Pteridologist 2: 39–42.

Rumsey, F. J., A. D. Headley, D. R. Farrar, and E. Sheffield. 1991. The Killarney fern (*Trichomanes speciosum*) in Yorkshire. Naturalist 116: 41–43.

Sand-Jensen, K., and J. Borum. 1984. Epiphyte shading and its effects on photosynthesis and diel metabolism of *Lobelia dortmanna* L. during the spring bloom in a Danish lake. Aquatic Botany 20: 109–119.

Sand-Jensen, K., and M. Søndergaard. 1981. Phytoplankton and epiphyte development and their shading effect on submerged macrophytes in lakes of different nutrient status. Internationale Revue der Gesamten Hydrobiologie 66: 529–552.

Schneider, H., K. M. Pryer, R. Cranfill, A. R. Smith, and P. G. Wolf. 2002. Evolution of vascular plant body plans: a phylogenetic perspective, pages 330–364 *in* Q. C. B. Cronk, R. M. Bateman, and J. A. Hawkins, editors, Developmental Genetics and Plant Evolution. Taylor & Francis, London.

Schneider, H., E. Schuettpelz, K. M. Pryer, R. Crantill, S. Magalión, and R. Lupia. 2004. Ferns diversified in the shadow of angiosperms. nature 428: 553-557.

Simán, S. E., A. C. Povey, and E. Sheffield. 1999. Human health risks from fern spores?—A review. Fern Gazette 18: 275–287.

Slosson, M. 1906. How Ferns Grow. Henry Holt & Co., New York.

Smith, A. R. 1972. Comparison of fern and flowering plant distributions with some evolutionary interpretations for ferns. Biotropica 4: 4–9.

Smith, A. R. 1995. Pteridophytes, pages 1–334 *in* J. A. Steyermark, P. E. Berry, and B. K. Holst, general editors, Flora of the Venezuelan Guayana. Volume 2. Missouri Botanical Garden, St. Louis, and Timber Press, Portland, Oregon.

Smith, G. M. 1955. Cryptogamic Botany. Volume II, Bryophytes and Pteridophytes. Second Edition. McGraw-Hill, New York.

Spruce, R. 1908. Notes of a Botanist on the Amazon & Andes; Being Records of Travel on the Amazon and Its Tributaries the Trombetas, Rio Negro, etc. . . . during the years 1849–1864. Macmillan & Co., London.

Stearn, W. T. 1957. An introduction to the *Species Plantarum* and cognate botanical works of Carl Linnaeus [prefixed to facsimile of Volume 1]. Ray Society, London.

Stevens, P. S. 1974. Patterns in Nature. Little, Brown & Company, New York.

Stewart, W. N. 1947. A comparative study of stigmarian appendages and *Isoëtes* roots. American Journal of Botany 34: 315–324.

Stewart, W. N., and G. W. Rothwell. 1993. Paleobotany and the Evolution of Plants. Second Edition. Cambridge University Press, New York.

Stuart, T. S. 1968. Revival of respiration and photosynthesis in dried leaves of *Polypodium polypodioides*. Planta 83: 185–206.

Tessenow, U., and Y. Baynes. 1975. Redox-dependent accumulation of Fe and Mn in a littoral sediment supporting *Isoëtes* lacustris L. Naturwissenschaften 62: 342–343.

Tessenow, U., and Y. Baynes. 1978. Experimental effects of *Isoëtes lacustris* L. on the distribution of Eh, pH, Fe and Mn in lake sediment. Internationale Vereinigung für Theoretische und Angewandte Limnologie, Verhandlungen 20: 2358–2362.

Thomas, B. A. 1966. The cuticle of the lepidodendrid stem. New Phytologist 65: 296–303.

Thomas, B. A. 1981. Structural adaptations shown by the Lepidocarpaceae. Review of Palaeobotany and Palynology 32: 377–388.

Thomas, P. A. 1986. Successful control of the floating weed *Salvinia molesta* in Papua New Guinea: a useful biological invasion neutralizes a disastrous one. Environmental Conservation 13: 242–248.

Thomas, P. A., and P. M. Room. 1986. Taxonomy and control of *Salvinia molesta*. Nature 320: 581–584.

Thompson, D. W. 1942. On Growth and Form. Second edition. University Press, Cambridge, England.

Thompson, J. A., and R. T. Smith, editors. 1990. Bracken biology and management. Australian Institute of Agricultural Science Occasional Publication 40: 1–341.

Thomson, J. A. 2000. New perspectives on taxonomic relationships in Pteridium, pages 15–34 *in* Bracken Fern: Toxicity, Biology and Control. International Bracken Group

Special Publication 4.
Tiffney, B. H. 1985a. Perspectives on the origin of the floristic similarity between eastern Asia and eastern North America. Journal of the Arnold Arboretum 66: 73–94.
Tiffney, B. H. 1985b. The Eocene North Atlantic land bridge: its importance in Tertiary and modern phytogeography of the northern hemisphere. Journal of the Arnold Arboretum 66: 243–273.
Tippo, O., and W. L. Stern.1977. Humanistic Botany. W. W. Norton & Co., New York.
Troop, J. E., and J. T. Mickel. 1968. Petiolar shoots in the dennstaedtioid and related ferns. American Fern Journal 58: 64–69.
Tryon, A. F., and B. Lugardon. 1991. Spores of the Pteridophyta. Springer-Verlag, New York.
Tryon, A. F., and R. C. Moran. 1997. The Ferns and Allied Plants of New England. Massachusetts Audubon Society, Lincoln.
Tryon, R. M. 1941. A revision of the genus *Pteridium*. Rhodora 43: 1–31, 37–67.
Tryon, R. M. 1970. Development and evolution of fern floras of oceanic islands. Biotropica 2: 76–84.
Tryon, R. M., and A. F. Tryon. 1982. Ferns and Allied Plants with Special Reference to Tropical America. Springer-Verlag, New York.
van Hove, C. 1989. *Azolla* and Its Multiple Uses, with Emphasis on Africa. Food and Agriculture Organization of the United Nations, Rome.
von Hagen, V. W. 1949. South America Called Them; Explorations of the Great Naturalists: Charles-Marie de la Condamine, Alexander Humboldt, Charles Darwin, Richard Spruce. Scientific Book Club, London.
Wagner, W. H., Jr. 1972. *Solanopteris brunei*, a little-known fern epiphyte with dimorphic stems. American Fern Journal 62: 33–43.
Walker, T. G., and A. C. Jermy. 1982. The ecology and cytology of *Phanerosorus* (Matoniaceae). Fern Gazette 12: 209–213.
Wallace, A. R. 1886. The Malay Archipelago. Macmillan, London.
White, M. F. 1986. The Greening of Gondwana. Reed Books, Frenchs Forest, Australia.
Wium-Andersen, S. 1971. Photosynthetic uptake of free CO_2 by the roots of *Lobelia dortmanna*. Physiologia Plantarum 25: 245–248.
Wolf, P. G., S. D. Sipes, M. R. White, M. L. Martines, K. M. Pryer, A. R. Smith, and K. Ueda. 1994. Phylogenetic relationships of the enigmatic fern families Hymenophyllopsidaceae and Lophosoriaceae: evidence from rbcL nucleotide sequences. Plant Systematics and Evolution 3: 383–392.
Wolf, P. G., K. M. Pryer, A. R. Smith, and M. Hasebe. 1998. Phylogenetic studies of extant pteridophytes, pages 541–556 *in* D. E. Soltis, P. S. Soltis, and J. J. Doyle, editors, Molecular Systematics of Plants II, DNA sequencing. Kluwer Academic Publishers, New York.
Yatskievych, G. 1993. Antheridiogen response in *Phanerophlebia* and related fern genera. American Fern Journal 83: 30–36.
Yatskievych, G., M. A. Homoya, and D. R. Farrar. 1987. The fern genera *Vittaria* and *Trichomanes* in Indiana. Proceedings of the Indiana Academy of Science 96: 429–434.

찾아보기 - 가나다순 Index

ㄱ

가엽(enation) 98~100
가엽(enation)이론 99~100
각기병 313
갈라파고스 제도(Galagos Islands) 242
감수분열(meiosis) 44, 55, 64, 66~67, 81, 84~85, 300
감자고사리(potato fern) 130, 186~191
개미 130, 186~191
건초열 61~62
경란기(archegonia) 42~43, 55, 64, 245, 269, 화보4
고란초과(Polypodiaceae) 58, 170, 178, 187, 190, 화보16
고란초목(Polypodiales) 107, 117, 120, 122
고비과(Osmundaceae) 112, 178, 197~198
고사리 어지럼증(bracken staggers) 227
고사리 열풍(pteridomania) 271, 318, 320, 323, 327
고사리강(Polypodiopsida) 95
고사리류 재배품종 324~325
고사리류 종자 39, 44~45
고사리류 스파이크(spike) 173~174
고사리삼목(Ophioglossales) 107~108, 111
고사리속(*Pteridium*) 222~224, 226, 314

고사리의 새순(fiddlehead) 81, 106, 116, 181, 224, 228, 230~231, 233~235, 321, 328
과야나 쉴드(Guayana Shield) 263
과테말라 126, 275
곽성맹(郭城孟; Kuo, Chen-meng) 287, 289, 328, 337
관속식물(tracheophyte) 241~242
괌 242
구르몽(Gourmont, Ry de) 63
국제식물명규약(International Code of Botanical Nomenclature) 129, 140
그루(Nehemiah Grew) 36, 235
그린란드 165, 181, 246, 253~254, 270, 275
근구(rhizosphere) 219
근상간(rhizomorph) 151~153, 155
기공 86, 149, 209~210, 218, 220, 261, 268
기준표본 141

ㄴ

나무고사리(Cyatheales) 111, 138, 169, 193~197
나선형 12, 147, 152, 230~234, 321
나선형 아르키메데스 또는 균등 230~232
나선형 로그 또는 등각 231~233
나자식물 169~170, 176~178

낙우송(*Taxodium distichum*) 270
날두(Nardoo) 310~217
남극 대륙 120, 165, 245
남조류(cyanobacterium) 302
노목 156~163, 196, 199
뇌겔리(Neli, Karl von) 42
뉴먼(Newman, Edward) 323~324
뉴욕식물원 54, 111, 263~264
뉴잉글랜드 252, 275
뉴질랜드 110, 180, 243~244
느헤미야 그루(Grew, Nehemiah) 36, 235
능금산(malic acid) 220
니 마이클(Nee, Michael) 264

ㄷ

다니엘 데포(Defoe, Daniel) 239
다명법(polynomial) 123~124
다발(Davall, Edmond) 127
다운증후군(Down's syndrome) 84
단 계통군(monophyletic group) 103, 107
단속적 잎의 생장(Gleicheniaceae) 116~117
대륙이동(continental drift) 154
대만 73, 274, 284~285, 287~289, 328, 337, 화보 11
대엽(euphyll, megaphyll) 99~100, 104

대포자(megaspore) 150
덩굴손 233~234
덮개뿌리(root mantle) 193~196, 199
데니스 팍스(Fox, Denis) 201
데카르트(Descartes, Ren) 231
독립배우자체(Independent gametophyte) 265~266, 268~273

ㄹ

라브(Llave, Pablo de la) 127
라틴명 140
런던자연사박물관 247~148, 334
레드우드 Metasequoia lyptostroboides 253, 270
렐링거(Lellinger, David) 29, 128
로빈슨 크루소 238~239
로스(Ross, Alexander) 333
로우레이로(Loureiro, Jo de) 335
루모르(Rumohr, Karl F. von) 128
룸(Room, Peter) 294
리(Lee, David) 202~203
리(Lee, Henry) 335~336
리니에(Lignier, Elie Antoine Octave) 96
리우데자네이루식물원 297
린네(Linnaeus, Carl) 이명법 124~125
린네(Linnaeus, Carl) 고사리의 씨앗 38
린네학회(Linnean Society) 41, 320
린제이(Lindsay, John) 38~41

ㅁ

마르씰리(Marsigli, Count Luigi Ferdinando) 128
마퀘사스 제도(Marquesas Islands) 243
말라리아 158~159
말피기(Malpighi, Marcello) 36
망상도(reticulogram) 82~83
맥클리어리(McCleary, Barry) 313~314
맨더빌(Mandeville, Sir John) 329~331
메니스커스(meniscus of water) 49
메이(May, Elaine) 137
명명법 124
모세관 실험 49~51
목면 336~337
몰레스타생이가래(*molesting Salvinia*) S. molesta 119, 290~291, 294~300
무성생식(asexual reproduction) 63, 81, 300
무성아(gemmae) 70~81, 252, 266~267, 271
무수정생식(apogamy) 63~67
문다라 호(Lake Moondarra) 297
물 점착력 48~51
물 공동화현상 47, 50~53
물 응집력 48~51
물 극성 48
물고사리 43, 73~74
뮤즈(muses) 127
미주리식물원 197, 222
미첼(Mitchell, David S.) 294, 296~297, 300
미켈(Mickel, John) 134, 319, 324~325
밀번(Milburn, John) 51

ㅂ

바구미(curculionid) 294, 297~300, 305
바누아투(Vanuatu) 195
바로 꼴로라도(Barro Colorado)섬 241
박막 간섭 202~203
박막층 203~205
박벽포자낭고사리류(leptosporangiate ferns) 102, 112, 120, 178
반수체(haploid) 64
배수성(polyploidy) 82.~86, 89, 182
배우자체세대 44, 63~65, 93, 화보5
백악기 169~175, 177~178, 196~197, 246
밴쿠버(Vancouver) 271
뱅크스(Banks, Sir Joseph) 40
버크&윌즈 탐험 312
베네수엘라 242, 257, 259~260, 262, 278
베르누이(Jakob Bernoulli; 1645-1705) 232
베르텔로(Pierre Berthelot) 49~51
베이텔(Joseph M. Beitel, 1952-1991) 263~264
베트남 302, 304~307, 335
보고르식물원(bogor) 164, 201
보르네오 168, 274
부영양화 vs. 빈영양화 221
분계도(cladogram) 107~108
브라운경(Sir Thomas Browne) 332~333
브라이언(Breyn)박사 334
비타민 B1 227, 313
빅토리아여왕 325
빙하기 154, 182~183, 262, 269~270,

277
빙하기(Pleistocene; 홍적세) 피난처 가설
  (Ice Age refuge hypothesis)
  277~278
빠라모(páramo) 127, 180~182, 277
뿌리차례(rhizotaxy) 152

4배체 67, 84, 화보2
사무엘 존슨(Johnson. Samuel) 289
사이잘(sisal) 322
살비니(Salvini, Antonio Maria) 128
상장만곡(epinastic curvature) 233
새둥지고사리(*Asplenium nidus*) 123,
  324, 화보7
색의 간섭 203
샌버나디노 국유림(San Bernardino
  National Forest) 224
생이가래목(Salviniales) 107, 119
석송류(lycophytes) 56, 60~61,
  82~83, 86, 92~94, 96, 98~101,
  103~104, 112, 131, 146, 198~199,
  241~242, 274~275
석송류(lycophytes) 엽록체 DNA 101
석송문(Lycophytina) 104
석탄기 99, 102, 111, 146, 154, 157,
  176~177, 196, 198~199, 216, 218
선태식물문(Bryophyta) 95, 102
성(聖)요한 축일 전야(前夜) 35
세대교번 111
세인트헬레나섬 242
세픽 강(Sepik River) 290, 298, 300
셀커크(Selkirk, Alexander) 238~239,
  247

셰익스피어(Shakespeare, William)
  34~35, 330
소렐(Sorrell, Brian) 215
소엽(microphyll) 98~99, 119~120
소철 96, 169, 241
소포자(microspore) 149~150
솔잎란강(Psilotopsida) 95
솔잎란과(Psilotaceae) 101, 108, 110~111
솔잎란속(*Psilotum*) 77, 110
쇼(Shaw, Henry) 222, 229
쇼니 국유림(Shawnee National Forest)
  268
수민스키-제롬(Leszczyc-Suminski,
  Michael Je) 42
수세미풀 161
스리랑카 292, 294
스미스(Smith, Alan) 263
스미스(Smith, James Edward) 41
스키타이(Scythia) 335
스탈(Stahl, Ernst) 201
스티븐스 클린트(Stevns Klint) 171~172
스포로폴레닌(sporopollenin) 98
스프루스(Spruce, Richard) 156~159,
  162~163
스피츠베르겐(Spitsbergen) 246, 253
슬론(Sloane, Sir Hans) 334~335
시안화수소 227~228
식물의 종(*Species Plantarum*) 124, 140
실고사리목(Schizaeales) 107, 117
실루리아기의 식물 96, 215
싱크포츠(Cinque Ports)호 239

6배체 84, 화보2

2배체(diploid) 64~65, 67, 83~84, 86, 화보2
2형엽(dimorphic) 133
아르키메데스(Archimedes) 230~232
아마조니아(Amazonia) 258, 278~279
아이소자임(isozymes) 87
아한대 식물상(boreotropical flora) 253~254
안데스 산맥(Andes) 127, 158, 162, 181, 263, 278~279, 화보8
안정성-시간 가설(stability-time hypothesis) 276~277
알로자임(allozymes) 87
애팔래치아일엽아재비 266~269
앤서리디오겐(antheridiogen) 60, 272
야노스(llanos) 278
양치식물문(Pteridophyta or pteridophytes) 95, 103
얼(Earl L. Bishop, 1943-1991) 127
에두와르도 앙드레(douard Andr) 158
에베르슈타인(I leberstein, Daron von) 331, 336
에콰도르 58, 92, 127, 156, 158, 162~163, 212, 231, 261, 275, 322
염색체 64, 66~67, 82~86, 300, 화보2
엽각(葉脚; phyllopodia) 313
엽록체 DNA 101
엽록체 205~207
엽침 111, 147~149
영국 양치식물의 분석; An Analysis of the British Ferns and Their Allies(1837) 323
영국 양치식물의 역사; A History of British Ferns, and Allied Plants(1840) 323
영양번식 65, 70, 74

오피르 산(Mount Ophir) 168
오하라 버크(Robert O'Hara Burke) 312
온도조절기의 원리 235
와그너(Wagner, Warren H, Jr.) 128, 198
왕립학회 40, 320, 334
요나스 페트루스 할레니우스(Halenius, Jonas Petrus) 248
우드워드(Woodward, Thomas J.) 128
우주의 축소판인 인간 본성의 비밀(Arcana Microcosmi) 333
운석충격설 172~173
워드(Ward, Nathaniel Bagshaw) 320~321
워드상자(Wardian case) 319~323
월리스(Wallace, Alfred Russell) 168~169
웰즈(Wells, James) 201~202
위도다양성구배(latitudinal diversity gradient) 274~275
윌스(Wills, William John) 310~313, 317
유럽 89, 123~124, 127, 154, 158, 196, 253~256, 599, 314, 317, 337
육상식물(embryophytes) 93, 96~98, 102, 104, 149, 212
이리듐 173
이산화탄소 100, 149, 153, 217~221
이산화탄소 흡수 153, 217~218, 220~221
이스터 제도 242
이형포자성(heterospory) 56, 58, 119
인목(鱗木) 99, 146~150, 152~155, 196, 198~199, 216
인목의 수낭과(aquacarp) 150~151
인목의 멸종 146, 154~155
인목의 엽침(leaf cushion) 147~149
인목의 1회결실성(monocarpy) 149
인목의 근상간(rhizomorph) 151~153, 155

인목의 지근(rootlet) 151~153, 155, 241
인편 39, 41~42, 58, 72, 120~121,
  160~161, 208~210, 213
일본 65, 89, 129, 181, 196, 224, 229,
  254~256, 271, 274
잃어버린 세계 257~258, 264

자매종(sister species) 251~252
잠비아 292
잡종 81~89, 222
잡종 무성아 81
잡종 식별 87
잡종 임성(姙性) 82~86, 182
잡종 형성 82~89
잡종 모종(母種) 간의 중간 형태 87
잡종 식별 아이소자임 87
잡종 불임 81~87, 222
잡종 표식 × 88~89
전기영동(electrophoresis) 87
전엽체(prothalli) 38, 42~45, 64~65,
  120, 265, 267, 화보4, 24
접합자(接合子; zygote) 43~44, 63~64, 84
정자세포 42~44, 58, 60, 64~65, 84, 150
제3기(Tertiary) 102, 111, 171~175,
  252~256, 270~271, 273, 277
제임슨(Jameson, William) 127, 화보8
제프리(Jeffrey, Edward C.) 96
조숙묘(趙淑妙, Shu-miaw, Chaw)
  284~287, 289
조스테로필룸(zosterophyllum) 97~100
조지 윌리엄 프란시스(Francis, George
  William) 323
존 맨더빌경의 여행기 329~331

존 얼(John Earl) 313~314
존 제라드(John Gerard) 288~289
종소명 89, 125, 139~140, 162, 335
종자식물 93~94, 96, 99~101, 103~104,
  152~153, 174, 196, 243, 245
중국 127, 154, 254, 256, 284, 302,
  304~307, 322, 329, 335, 337
중생대(Mesozoic) 113, 164~170,
  197~198, 246, 화보11, 화보19
지리적 고립 260
진엽식물(Euphyllophytina) 104
진인창(秦仁昌, Ren Chang Ching,
  1898-1986) 127
진화정지(stasis) 181
질소 고정 302
짐바브웨 292

착생식물 80, 114, 169~170, 186, 190,
  196~197, 269
찰스 에방(Hant, Charles) 203
채광성(iridescence) 201~206
측계통군(paraphyletic group) 103
칙술럽(Chicxulub)운석구 173

카라반 336~337
칼가르드호(Lake Kalgaard) 215, 217
캄차카 반도 274
캠(CAM) 광합성 221
케르마데크 제도(Kermadec Islands) 243
코난 도일(Doyle, Sir Arthur Conan)

257~258, 261
코스타리카 72, 88, 186, 191, 205, 231, 242, 261, 275, 화보6, 화보9, 화보16, 화보25
코친차이나의 식물상(Flora Cochinchinensis) 335
콜럼버스 330
쿠퍼 강(Cooper's Creek) 310, 312
퀸샬로트 제도 271
큐왕립식물원 40~41, 321~323
큐티클 149, 201~202, 212
크래슐산 대사(CAM photosynthesis) 220~221
크리스트(Christ, Hermann) 128
키니네 158, 321~322
킬리(Keeley, Jon) 220
킹(King, John) 311~312

타타르의 식물양 329, 337
탁엽(stipule) 110~111
탄닌 228
탄사(튀김실, elater) 160~161
탈피호르몬(ecdysone) 226~227
테오프라스토스 336
테푸이(tepui) 257~264
통기조직(aerenchyma) 73
투르느포르(Tournefort, Joseph Pitton de) 35
트라이아스기(Triassic) 113, 165, 181
티아민 결핍증 227, 313~314
티아민 분해효소(thiaminase) 227~228, 314~315

ㅍ

8배체 84
파킨슨(Parkinson, John) 334
파킨슨의 천상화원(Paradisi in Sole Paradisus Terrestris) 334
파푸아 뉴기니 290
패러(Farrar, Donald) 69, 265, 268, 화보12
페름기(Permian) 102, 146, 154, 177~179, 화보17
페싱(Pessin, Louis) 209~213
포막 37, 114~115, 121, 133~134, 138, 180, 245, 316, 화보16
포복경(stolon) 76~79, 81, 187
포스투무스(Posthumus) 164, 170
포자 불임 66~67, 81, 85, 87, 222, 300
포자 색깔 55, 58~59
포자 원거리 산포 179~181, 243~244, 269, 270
포자 크기 54~55, 58
포자 토양 42, 60, 64
포자 형태 55~56, 58
포자내벽(exospore) 56
포자외벽(perispore) 56
포자낭 구성 36
포자낭 열개 47, 50, 61, 112
포자낭 유형 36, 48, 112~113
포자낭 위치 36, 46, 96
포자낭과(sporocarp) 119, 296, 315~316, 296, 310~311, 314~316
포자낭군 36~37, 54, 57, 73, 110, 112, 114~115, 119~121, 132~136, 210, 225, 245, 260~261, 315~316, 화보16
포자낭탁(receptacle) 114~115, 135~136

포자낭이삭 149~150, 160~161, 163
포자모세포 55, 64
포자벽 내부 발아(endosporic germination) 58
포자병(sorophore) 315~316
포자은행 59
포자체세대(sporophyte) 44, 63, 93, 271, 273
표피층(epidermis) 206
프랫(Pratt, Anne) 288~289
프루나신(prunasin) 227
프링(Pring, George) 222
프타퀼로시드(ptaquiloside) 229
플랑크톤선 172
플로리다 223, 275, 299, 화보26
플로리다 양치식물종의 개수 275
피레네 산맥 254
피자식물(angiosperms) 169, 178
피지(Fiji) 242, 294
필리핀 168, 274, 307

혼슈 274
홀툼(Holttum, Richard E.) 128
홋카이도 250, 274
환대(annulus) 36, 47~52, 113, 117~118, 120, 122, 170, 178
후벽조직(sclerenchyma) 193~195
후안페르난데스 제도 (Juan Fern dez Islands) 238~239, 241~246
후커(Hooker, Sir William Jackson) 321

하드리아누스 성벽(Hadrian's Wall) 226
하와이 138, 242, 246
하장만곡(hyponastic curvature) 233
할러(Haller, Albrecht von) 38
핼리(Halley, Edmund) 232
헛뿌리(rhizoid) 43, 267
헤로도토스 336
헤리엇(Herriot, James) 227
헤테로시스트(heterocyst) 302~303
헨리4세 34~35
호주 51, 110, 180, 243~244, 292, 294, 297, 310, 312~315, 317

찾아보기 - A B C 순 Index

A

Acrostichum 135
Actinostachys 74
Adiantum 125
Adiantum caudatum 74
Adiantum chilense 240
Adiantum lunulatum 74~75
Adiantum pedatum 37, 251
Adiantum × variopinnatum (A. latifolium × A. petiolatum) 89
Afropteris 129
Aglaomorpha 127
Aglaophyton major 97
Alsophila 129, 138
Anabaena azollae 302
Anachoropteridaceae 177
Anapausia 136
Anemia 57, 117
Anemia phyllitidis 118
Anogramma 135
Antrophyum 129
Apoxogenesis 159
Arcto-Tertiary geoflora 253
Arthropteris altescandens 243~244
Asplenium 65, 74, 80, 83, 133
Asplenium bulbiferum 71~72
Asplenium chondrophyllum 243
Asplenium×ebenoides(A. Platyneuron × A. rhizophyllum) 86, 89
Asplenium macrosorum 240
Asplenium mannii 74
Asplenium monanthes 66
Asplenium nidus 123~124, 324~325, 화보7
Asplenium obtusatum 243
Asplenium platyneuron 86, 89
Asplenium resiliens 66
Asplenium rhizophyllum 37, 86, 251, 화보10
Asplenium ruprechtii 251
Asplenium scolopendrium 255
Asplenium stoloniferum 74
Asplenium stolonipes 74, 76
Asplenium trichomanes 84, 화보2
Asplenium triphyllum 74
Asplenium volubile 57
Astrolepis 67
Astrolepis sunuata var. sinuata 66
Athyrium filix-femina 324~325, 화보24
Athyrium filix-femina 'Victoriae' 325
Athyrium niponicum 'Pictum' 256
Azolla 57, 119, 301~303
Azolla filiculoides 307
Azolla pinnata 307

B

Blechnaceae 117, 178
Blechnum 65, 81
Blechnum cycadifolium 241

Blechnum schottii 240
Blechnum stoloniferum 77
Blotiella 128
Bolbitis heteroclita 74
Bolbitis portoricensis 74~75
Bommeria 67
Botrychium 60
Botryopteridaceae 177

C

Camptosorus 133, 252
Campyloneurum 130, 132
Campyloneurum phyllitidis 130
Campyloneurum repens 130
Ceratopteris 44
Ceratopteris pteridoides 73
Cerro de Neblina 263
Cheilanthes 65, 134
Cheilanthes feei 66
Cheilanthes kaulfussii 132
Cheiropleuriaceae 114
Chingia 127
Christella 128
Christensen, Carl 128
Christensenia 128
Christiopteris 128
Cibotium barometz 328, 335
Cibotium taiwanense 337
Cinchona 158
Cooksonia caledonica 97
Costaricia 129

Cryptogramma 135
Ctenitis 131
Cyathea 134~135
Cyatheaceae 65, 120~121, 178, 261
Cyatheales 107, 120
Cyrtomium 65
Cyrtomium fortunei 66
Cystopteris 66, 83, 88, 125, 135
Cystopteris bulbifera 70, 85
Cystopteris fragilis 240
Cystopteris hemifragilis 83
Cystopteris protrusa 85
Cystopteris tennesseensis 85

D

Danaea 72, 204
Davallia 127
Dennstaedt, August Wilhelm 128
Dennstaedtia 72, 252
Dennstaedtia appendiculata 252
Dennstaedtia punctilobula 76, 252
Dennstaedtia scabra 252
Dennstaedtiaceae 74
Deparia acrostichoides 250, 251
Dicksonia berteriana 240
Dicksoniaceae 65, 120~121, 169, 178, 246, 261, 328
Diplazium 72, 134~135, 252
Diplazium flavoviride 252
Diplazium pycnocarpon 252
Diplazium tomentosum 204

Dipteridaceae 116, 164, 167
Dipteris 131, 164, 166
Dipteris conjugat 166, 168~169, 화보11
Dipteris novoguineensis 165
Drynaria 131
Dryopteridaceae 58, 178
Dryopteris 65, 73, 83, 124, 129
Dryopteris affinis 'Cristata' 324
Dryopteris atrata 66
Dryopteris carthusiana 37, 54
Dryopteris celsa 182
Dryopteris cycadina 66
Dryopteris filix-mas 126~127
Dryopteris goldiana 182
Dryopteris ludoviciana 182

E

Elaphoglossum 72, 106
Elaphoglossum hoffmannii 화보6
Elaphoglossum proliferans 72
Elaphoglossum rufum 57
Equisetales 107
Equisetopsida 95
Equisetum 59, 92, 94, 101, 112, 129, 131, 159
Equisetum giganteum 162
Equisetum hyemale 160~161
Equisetum laevigatum 163
Eriosorus 135

F

Flora of North America 82~83, 267
Fuziifilix 129

G

Gleicheniaceae 114, 178, 276
Gleicheniales 107, 114
Grammitidaceae 80, 269, 276
Grammitis poeppigiana 243~244
Gymnocarpium 135

H

Hemionitis 72
Hemionitis arifolia 72
Hemionitis palmata 81
Hemionitis tomentosa 57
Histiopteris 77
Histiopteris incisa 76, 240
History of British Ferns and Allied Plants 323
Holttumiella 128
Huperzia 77, 131, 182
Huperzia lucidula 81
Huperzia porophila 81
Huperzia reflexa 57
Huperzia talamancana 화보9
Hymenophyllales 107, 114
Hymenophyllopsis 260~261
Hymenophyllum 114, 132, 261
Hymenophyllum cruentum 240
Hymenophyllum cuneatum 240
Hymenophyllum ferrugineum 243~244
Hymenophyllum myriocarpum 115
Hymenophyllum tayloriae 266, 화보5
Hymenophyllum wrightii 271
Hypolepis 77, 135, 276

I

Ibyka 136
International Rice Research Institute 307
Isoetes 92, 217, 화보3
Isoetes lacustris 216

J

Jamesonia 127, 180~181, 화보8
Japanobotrychium 129

L

La Selva Biological Field Station 205, 242
La Semaine 334
Lecanopteris 190
Lellingeria 128
Lindsaea 41, 204
Lindsaea lucida 204
Lindsaeaceae 74
Llavea cordifolia 126
Lomariopsis hederacea 57
Lonchitis hirsuta 57
Lophosoria quadripinnata 240
Lophosoriaceae 120, 261
Lycopodiella 92, 131
Lycopodium 60, 92, 131
Lycopodium clavatum 131
Lygodium 89, 117, 132, 234, 276
Lygodium×lancetillanum (L. heterodoxum × L. venustum) 89

M

maquique 195
Marsilea 56, 119, 128, 315~316
Marsilea drummondii 310~311
Marattiaceae 101, 110, 177
Más a Tierra Island 238
Matonia pectinata 166, 168~169, 화보19
Matoniaceae 116, 164~165, 167
Matteucci, Carlo 128
Matteuccia struthiopteris 59, 78, 139
Matthau, Walter 137
Megalastrum inaequalifolia var. glabrior 240
Melpomene 127
Metasequoia glyptostroboides 253, 270
Metaxyaceae 120, 261
Micrograma 133, 187
Microlepia 77
Micropolypodium nimbata 266, 270
Microsorum 133
Midsummer's Day 35

N

Nephrolepis 78, 135
Nephrolepis cordifolia 79
Nephrolepis pectinata 134
Niphidium 132

O

Odontosoria 276
Øllgaard, Benjamin 163, 194

Onoclea sensibilis 59, 130, 181, 254
Ophioglossaceae 101, 108
Ophioglossum 60, 80, 110, 133, 285, 287~288
Ophioglossum lusitanicum 326
Ophioglossum petiolatum 286
Osmunda 114, 125, 139~140, 198
Osmunda cinnamomea 198
Osmunda claytoniana 113, 181, 198, 250~251
Osmunda regalis 139, 198

P

Paesia anfractuosa 57
Palaeosmunda 198, 화보17
Paulinia acuminata 293
Pecluma 67, 80
Pellaea 65, 133
Pellaea atropurpurea 66
Pellaea glabella 67~68
Phanerosorus 166, 168
Phegopteris 129
Phegopteris connectilis 65
Phegopteris decursive-pinnata 80
Phlebodium aureum 58
Phlebopteris smithii 165
Pilularia 56, 119
Pityrogramma 132
Plagiogyriaceae 120, 261
Platycerium 79~80, 131
Pleopeltis 135
Pleopeltis polypodioides 208~210, 213, 234, 화보14, 화보15
Polypodium 128, 131, 133, 170, 화보16
Polypodium virginianum 37
Polystichum 135
Prunus 228

Psalixochlaenaceae 177
Psaronius 111, 177
Pseudodoxia Epidemica 332
Pteris 65, 67, 125~126, 129~130, 132, 135, 187, 261
Pteris cretica var. *albolineata* 66
Pterozonium 261~262
Pyrrosia 132

Q

Quercifilix 131

R

Regnellidium 56, 119
Rumohra 128

S

Salpichlaena 117, 234
Salvinia 56, 119, 128, 290, 292, 200
Salvinia auriculata 293~294, 296~297
Salvinia minima 299
Salvinia molesta 290~291, 294~296, 299, 화보21
Samaea multiplicaulis 293
Schizaea 74, 131
Schizaeaceae 181, 197
Selaginella 55~56, 92, 203, 206
Selaginella exaltata 58
Selaginella lepidophylla 234
Selaginella uncinata 204
Selaginella willdenowii 201~202, 207, 화보18

Sequoia sempervirens 253
Sigillaria 199
Solanopteris 130, 186~187
Solanopteris bifrons 188~189
Solanopteris bismarckii 188~189
Solanopteris brunei 186, 화보25
Sticherus 116
Stigmaria 151~152
Stigmatopteris ichthiosma 231
Stomoxys calcitrans 226
Stuessy, Tod 241
Stylites 136

T

Tardieu-Blot, Marie-Laure 128
Taxodium distichum 270
Tectaria 72, 135~136
Tempskya 196
Teratophyllum rotundifoliatum 204
Terpsichore 127
Thamnopteris 198
Thelypteris 65, 126
Thelypteris decussata 231
Thelypteris glanduligera 252
Thelypteris japonica 252
Thelypteris nipponica 252
Thelypteris noveboracensis 252
Thelypteris palustris 251
Thelypteris simulata 252
Thyrsopteris elegans 240, 245~246
Tillandsia usneoides 213
Tmesipteris 92, 101, 110
Trichomanes 114, 136, 201, 203, 205
Trichomanes collariatum 115
Trichomanes elegans 200~201, 204~205, 207
Trichomanes exsectum 240

Trichomanes intricatum 266~267
Trichomanes philippianum 240
Trichomanes speciosum 271
Tryonella 128

V

Vittaria 131
Vittaria appalachiana 266~267
Vittaria lineata 화보26

W

Wagneriopteris 128
Woodwardia 128

Z

Zalesskya 198
Zosterophyllum myretonianum 97

옮긴이 후기 Epilogue

　수년 전 말레이시아 쿠알라룸푸르의 한 서점에서 내가 『양치식물의 자연사』를 처음 발견했을 때의 심정은 마치 사막에서 오아시스라도 만난 것 같았다고 해야 할 것 같다.
　나는 수십 년 동안 산과 인연을 맺고 살아왔다. 한때는 시류를 좇아 예쁘고 화려한 야생화들을 찾아 사진을 찍으러 돌아다니기도 하였지만 자연 생태에 대해서 본격적으로 관심을 가지게 되면서부터 보다 수수한 모습의 이런 저런 식물들도 눈여겨보게 되었다(사실 꼼꼼히 뜯어보면 예쁘지 않은 식물들이 어디 있겠는가?). 그러다가 언제부터인지 특정 식물군의 생식기관에 불과한(?) '꽃' 뿐만 아니라 식물체 전체의 모습과 나아가서는 숲 전체를 보고 느끼고 싶다는 바람도 생기게 되었다. 그러자 신기하게도 그 동안 무심코 지나쳤던 고사리들의 시퍼런 잎들이 자꾸 눈에 밟히기 시작하는 것이었다(다시금 돌아보니 이 세상은 온통 고사리 천지가 아닌가!).
　하지만 관심이 생겼다고 해서 막상 특정 생태분야에 대해 배우고 싶어도 참고서적조차 찾기 어려운 것이 지적知的인 인프라가 척박하기 짝이 없는 이 땅의 현실이다. 어디 그런 사례가 고사리뿐일까…….
　『양치식물의 자연사』는 여러모로 식물과 자연 생태에 대한 교양 필독서가 될 만하다고 생각한다. 책 자체의 내용이 알차기도 하거니와, 이 분야의 권위자인 지은이 로빈 C. 모란 박사가 다양한 관련 분야의 최신 학문 성과들을 일반 독자들이 이해하기 쉽도록 간결한 필치로 소개하고 있기 때문이다. 또한 이 책은 인간 사회의 문화와 역사에 연관된 다양하고 흥미로운 일화들을 담고 있으므로, 폭넓은 인문학적 교양을 추구하며 인간의 본성과 자연과 인간을 관통하는 삶의 법칙을 이해하고자 하는 분들에게도 꼭 권하고 싶은 책이다.

비록 지은이의 글이 학술적 개념들을 명확하게 사용하고 있어 본문의 내용을 이해하는 데에 큰 문제가 없었다 하겠지만, 막상 이 책을 한국어로 번역을 하려 하니 어려움이 적지 않았다. 양치식물의 분류가 아닌 식물의 생태라는 아직 국내에서는 생소한 분야이다 보니 한국어로 정립되지 않은 전문용어들이 많았던 것이다. 또한 국내에 자생하지 않는 고사리종들의 영문명을 어떻게 처리할까 하는 문제도 고민이 되었다.

또한 ferns의 번역어로 고사리가 맞는지 양치류가 맞는지 애매해 골칫거리였다. 따라서 이 문제는 감수자의 몫으로 돌리고자 한다. 번역을 하는 데 있어 제일 중점을 둔 것은 본문의 내용을 가감 없이 정확하게 옮기고자 한 것이다. 번역 작업 도중 원문의 내용에 의문이 생길 때마다 지은이 모란 박사와 여러 차례 이메일을 주고받으며 내용의 확인 작업을 거쳤다. 이 자리를 빌려 여러 차례의 질의에도 귀찮은 내색을 일체 보이지 않고 신속하고 자상하게 확인을 해준 모란 박사에게 감사를 드리고 싶다. 그리고 일부 한국어에 없는 표현이나 문화적인 정서가 달라 표현이 어려운 부분을 제외하고는 가능한 한 철저하게 원문 그대로 충실하게 옮기려 노력했지만, 그런 연유로 인하여 글의 표현이 다소 투박하게 느껴진다고 한다면 그것은 전적으로 옮긴이의 역량이 부족한 탓이다. 이 점에 대해서는 독자 여러분들의 너그러운 이해를 바랄 뿐이다. 아무쪼록 이 작은 책이 자연을 있는 그대로 사랑하고 이해하고자 하는 사람들에게 작은 즐거움을 줄 수 있기를 희망한다.

2008년 5월
옮긴이 김 태 영

감수자 후기 Epilogue

『양치식물의 자연사』를 우연히 감수하게 되었다. 양치식물의 전문가가 아니므로 망설였지만 관심이 있어 한번 해보자고 한 것이, 큰일을 저지르게 만들었다. 출판사에서 손을 댈 일이 그리 많지 않을 것이라고 했지만, 번역자가 비전문가이다 보니(최소한 감수자보다는) 어색한 부분이 적지 않았기 때문에 일일이 읽고 전공서적을 찾아 확인해보느라 많은 시간과 노력을 들여야 했기 때문이다.

하지만 새로운 사실을 많이 담고 있고 너무나 재미있게 쓴 책이라 감수를 하면서도 신이 났다. 재미있는 연속극을 보는 것처럼 한 장을 읽고 나면 '와 재밌다!'가 저절로 나오고 다음 장이 기대되었다. 참으로 평생 고사리 연구와 강의를 해온 저자의 해박한 지식과 이를 글로 엮어낸 기술이 탄복스러워 저자인 모란 박사에게 존경을 표하게 된다.

이 책은 고사리에 대해서 기본적인 지식, 즉 형태, 분류, 생활사, 생태, 지리, 분포 등 전반적인 이야기를 쉽게 설명하면서도 그동안 연구하면서 경험한 재미있는 이야기들을 소개하고 있다. 따라서 이 책은 고사리에 대해서 잘 아는 분들에게도 그 깊이와 넓이를 더하게 해주는 책인 동시에, 고사리에 대해 전혀 모르는 분들에게도 고사리에 대해 관심과 애정을 갖게 해주는 책이라고 평하고 싶고, 이런 의미에서 이 책을 감수를 할 수 있는 기회를 갖게 된 것도 행운이라고 생각된다.

번역자(김태영씨)의 말대로 우리말 용어(꼭 전문용어가 아니더라도)가 없어 번역에 궁색한 점이 많았고, 감수자도 가급적 보완하려고 노력했으나 역부족이라 그대로 넘어간 부분도 여러 군데 있다. 특히 ferns의 번역어로 고사리가 맞는지 양치식물이 맞는지는 본 감수자가 판정해 많은 곳을 수정하였다. 또한 저자의 생각과 상당히 다르거나 독자들이 알았으면 해서 꼭 한마디 첨언하고 싶은 곳에 '감수자주'를 넣었다. 다른 번역서에서 이런 것을 보지 못해 '내가 너무했나?' 하는 걱정도 되지만, 몇 개 밖에 되지 않으니 감수자의 팁으로 생각하면서 읽어주시면 독자들도 좋아하지 않을까 기대해본다.

나는 식물학에 종사하거나 관련 공부를 하고 계신 분들뿐 아니라, 일반인들도 이 책을 읽고 고사리에 대해서 많은 이해와 관심을 갖기를 바라고, 나아가서 다른 식물과도 아니 모든 생물이나 자연과도 교감하고 사랑을 나눌 수 있기를 바라 마지않는다.

2009년 10월
감수자 이 상 태

양치식물의 자연사

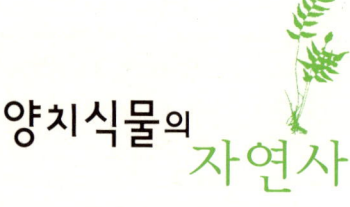

초판 1쇄 인쇄 2010년 5월 10일
초판 1쇄 발행 2010년 5월 20일

지은이 로빈 C. 모란
옮긴이 김태영
감수 이상태

펴낸곳 지오북(GEO BOOK)
펴낸이 황영심
편집 전유경, 김민정
디자인 김길례

주소 서울특별시 종로구 내수동 73번지
      경희궁의아침 오피스텔 4단지 1004호
Tel_ 02-732-0337
Fax_ 02-732-9337
eMail_ geo@geobook.co.kr
www.geobook.co.kr

출판등록번호 제300-2003-211
출판등록일 2003년 11월 27일

앞표지사진 가래고사리 ⓒ 김진석
           청부싯깃고사리 잎 뒷면, 개톱날고사리 새순, 가래고사리 잎 뒷면 ⓒ 이강협
책등사진 고비 포자엽 ⓒ 이강협
뒷표지사진 주저리고사리와 좀미역고사리 군락 ⓒ 이강협

ISBN 978-89-94242-01-9 03480

이 책은 저작권법에 따라 보호받는 저작물입니다. 이 책의 내용과
사진 저작권에 대한 문의는 지오북(GEO BOOK)으로 해주십시오.